環境学への誘い

浜本光紹 [監修]
獨協大学環境共生研究所 [編]

創成社

はしがき

　「環境の世紀」とも呼ばれる21世紀に入ってから，かつては局地的・地域的な問題であった環境汚染や自然破壊は，国際社会が協調して行動しなければ解決が困難な事態が増えており，それにどう対応するかが喫緊の課題となっている。近年におけるグローバル化の進展や新興国の目覚ましい経済成長といった要因が招いている地球環境問題の深刻化に対しては，個人，企業やNGOなどの組織，地方政府や国家，そして国際社会のそれぞれが，その解決に向けていかなる役割や機能を果たすべきかを認識しつつ連携して行動するという，いわば重層的な取り組みが求められている。そして，これをいかにして実現するかを探るには，自然科学・社会科学・人文科学の諸領域における環境研究の深化とそれらの総合化・体系化が不可欠となっている。環境学という学問領域の確立が必要とされる所以である。

　獨協大学では，身近な疑問や関心を学問の世界へと結び付け，視野を広げることを目的とした「全学総合講座」の科目の1つとして「環境学1・2（環境基礎学・環境応用学）」を開講している。これは同大学の付属機関である環境共生研究所が提供している科目であり，受講を希望する学生は所属学部・学科にかかわりなく履修することができる。この科目では，獨協大学に所属する教員や学外より招聘した専門家が講師となって，春学期・秋学期にそれぞれ15回ほどの講義を行っている。本書は，この「環境学1・2」で講義を担当している講師，および環境分野の研究・教育を行っている同大学教員の執筆による環境学の入門書である。本書を作成した目的の1つには「環境学1・2」のために教科書を用意するということがあるが，編集に際しては，学生のみならず一般の読者にも，いま環境分野では何が課題となっているか，また具体的にどのような議論がなされ，いかなる取り組みが実践されているかを理解してもらえるように配慮した。本書を通して，読者が環境への関心と理解を深め，環境問

題を解決するためにいま問われるべきことは何かを考えていく契機を得ることができたとするならば幸甚である。

　本書の出版を企画する段階より創成社出版部の西田徹氏と江崎智行氏からは大変なお力添えをいただき，また当方の編集作業が遅れがちになる中で心強い励ましのお言葉を送ってくださった。この場を借りて感謝申し上げたい。

　2016年8月

編者を代表して
獨協大学環境共生研究所

所長　浜本光紹

目　次

はしがき

序　章　環境学で何を学ぶか ―――― 1
1. 人間活動が招く環境変化にどう対応するか ………… 1
2. 環境学を学ぶことの意義 ………… 2
3. 環境学への第一歩として何を学ぶか ………… 4
4. 環境学を通した「学び」――期待と展望 ………… 6

第Ⅰ部　人間は環境とどうかかわっているのか

第1章　地球環境と人間 ―――― 11
1. はじめに ………… 11
2. 地球システム ………… 11
3. 気候と人間 ………… 16
4. 公害と環境問題 ………… 19
5. 地球環境問題 ………… 22
6. おわりに ………… 28

第2章　熱帯林の破壊 ―――― 30
1. 熱帯林の生態的特徴 ………… 30
2. 熱帯林と先住民の生活 ………… 34
3. 熱帯林の破壊と消失 ………… 36
4. 先住民の焼畑耕作は熱帯林破壊の元凶か？ ………… 38
5. 熱帯林の保全と適切な開発 ………… 39

第 3 章　持続可能な社会に向けて
　　　　　－人口問題を考える－ ──────────── 42
　　1．世界の人口 ……………………………………… 42
　　2．なぜ人口は増加したのか ……………………… 44
　　3．人口問題の出現とその解決──マルサスの人口論から
　　　　ローマ・クラブ『成長の限界』へ ……………… 49
　　4．現代の人口と食料問題 ………………………… 53
　　5．私たちの暮らしと地球資源──エネルギー効率と
　　　　エコロジカル・フットプリント ………………… 59

第 4 章　地域の気候変化－都市の温暖化と都市気候－ ─── 64
　　1．はじめに ………………………………………… 64
　　2．都市化が大気環境に与える影響 ……………… 67
　　3．都市における気温変化とヒートアイランド ……… 69
　　4．環境問題としての都市の温暖化 ……………… 74

　　　　　　第Ⅱ部　現代社会と環境問題

第 5 章　日本の環境現代史－時事問題から学ぶ－ ─────── 79
　　1．はじめに ………………………………………… 79
　　2．日本の環境問題, その原点 …………………… 80
　　3．京都議定書と名古屋議定書 …………………… 86
　　4．東日本大震災がもたらしたもの ………………… 91
　　5．おわりに ………………………………………… 95

第 6 章　低炭素社会の実現に向けて
　　　　　－地球・地域環境問題を考える－ ─────── 97
　　1．はじめに ………………………………………… 97
　　2．エネルギーの単位系を知る …………………… 99

3．エネルギーの評価について ……………………………… 100
4．地球環境問題 …………………………………………… 102
5．地球環境問題と地域（都市）環境問題 ………………… 107
6．環境建築への期待 ……………………………………… 109
7．獨協大学の環境配慮への取り組み
　　——エコキャンパスの実現 ……………………………… 114
8．エネルギー消費削減とピーク電力削減の時代へ ………… 117
9．スマートシティへの期待 ………………………………… 122

第Ⅲ部　環境マインドをいかにして育み，どう活かすか

第7章　環境教育 — 127
1．はじめに ………………………………………………… 127
2．環境教育の目的 ………………………………………… 128
3．我が国の環境教育に関する近年の動向 ………………… 130
4．学習指導要領における環境学習の扱い ………………… 132
5．環境教育のカリキュラム開発の課題 …………………… 136
6．環境教育のよりよいカリキュラムの実現に向けて ……… 138
7．おわりに ………………………………………………… 140

第8章　ドイツにおける環境意識
　　—ボトムアップを支えるもの— — 144
1．教育機関における環境教育 ……………………………… 144
2．地域の取り組み ………………………………………… 152
3．「エコマーク」——日常生活の中での環境意識 ………… 153
4．環境意識を高めるには …………………………………… 161

第9章　フィールドワークの方法 — 165
1．フィールドワークとは …………………………………… 165

2．フィールドワークの準備 …………………………………… 167
　3．調査地域および研究対象の概要 …………………………… 169
　4．フィールドワーク …………………………………………… 171
　5．おわりに ……………………………………………………… 178

第10章　歴史的環境の保全とナショナルトラスト ─── 181
　1．はじめに ……………………………………………………… 181
　2．黎明期の歴史的環境の保全──古都保存法・
　　　倉敷市伝統美観保存条例・金沢市伝統環境保存条例 …… 182
　3．歴史的環境保全の先進地・英国に学ぶ
　　　まちづくりの思想 ………………………………………… 186
　4．我が国における歴史的環境保全と市民活動の台頭 ……… 196
　5．文化財保存は点から面へ
　　　──重要伝統的建造物群保存制度のダイナミズム ……… 201
　6．都市計画の視点で歴史的環境を保全する
　　　──「歴史を生かしたまちづくり」の元祖・横浜市 …… 206
　7．おわりに ……………………………………………………… 208

|第Ⅳ部　法と経済から環境問題を考える|

第11章　「環境」と「法」の変容 ─────────── 213
　1．はじめに ……………………………………………………… 213
　2．「環境」の議論がもたらした変容 ………………………… 214
　3．権利の「実体的保障」のヴァリエーション ……………… 217
　4．手続とリスク ………………………………………………… 223

第12章　地球環境の保全と国際社会の法
　　　── 日本に関連する事例を手がかりに ── ─────── 231
　1．はじめに ……………………………………………………… 231

2．越境大気汚染——明白な証拠による立証 ………………… 232
　3．地球温暖化（気候変動）の防止
　　　——不確実性の世界の規律 ………………………………… 235
　4．タンカー油濁事故による海洋汚染
　　　——無過失賠償責任条約 …………………………………… 240
　5．国際公域の環境保全
　　　——誰のものでもない環境をどのようにして守るか …… 243
　6．おわりに ……………………………………………………… 247

第13章　経済学は環境問題をどう捉えるか ── 252
　1．はじめに ……………………………………………………… 252
　2．環境と経済はどうかかわっているのか …………………… 253
　3．地球温暖化問題をめぐる政治と経済 ……………………… 258
　4．環境税や排出権取引の機能とは …………………………… 263
　5．おわりに——環境共生社会の実現に向けて ……………… 267

第14章　環境と貿易 ── 270
　1．はじめに ……………………………………………………… 270
　2．経済学のツールの準備 ……………………………………… 272
　3．環境保全と貿易政策
　　　——自由貿易は環境汚染を悪化させるか ………………… 278
　4．まとめ ………………………………………………………… 286

―――――第Ⅴ部　環境をめぐる今日的課題―――――

第15章　環境政策と次世代自動車
　　　―CO_2 削減の観点から― ── 291
　1．はじめに——京都議定書からCOP21へ ………………… 291
　2．次世代自動車の必要性 ……………………………………… 294

3．日本，米国，EU の自動車燃費規制と自動車産業の
    未来図 ································· 295
 4．スマートグリッドと次世代自動車 ················· 302
 5．おわりに――将来の環境政策・エネルギー政策 ········ 308

第16章 環境会計と環境情報 ―― 314
 1．はじめに ································ 314
 2．企業情報 ································ 315
 3．非財務報告書の変遷 ························ 317
 4．非財務報告書の普及 ························ 321
 5．統合報告に向けた国際的動向 ·················· 324
 6．おわりに ································ 325

第17章 ドイツのエネルギー政策 ―― 328
 1．はじめに ································ 328
 2．エネルギー政策の重要性 ····················· 329
 3．ドイツにおける原子力発電の議論 ················ 330
 4．ドイツにおける再生可能エネルギー ··············· 336
 5．今後の展望 ······························ 343

索　引　349

序章　環境学で何を学ぶか

浜本光紹

1．人間活動が招く環境変化にどう対応するか

　人類は，科学技術や社会・経済システムを発展させることにより物質的窮乏からの脱却をめざしてきた。その結果，先進諸国はかつてないほど豊かな生活を謳歌している。発展途上国の中には政治や社会が不安定であるために貧困状態から抜け出せない国々が少なくないが，アジア地域で顕著にみられるように急速な経済成長を遂げつつある国々も登場している。こうした人類の繁栄は，いうまでもなく近代文明を基盤として発展してきたことによる果実にほかならない。しかし，近代から現代にかけて発達してきた科学技術や社会・経済システムは，人間社会に恩恵だけをもたらしてきたわけではない。環境問題は，人類が発展する過程で自らに向けて突き付けることになった難題の1つである。世界に先駆けて工業化に成功した西欧諸国をはじめとする先進国は，飛躍的に経済が成長すると同時に大気汚染や水質汚濁などの深刻な産業公害に直面し，その対策に追われるという事態を経験した。現在，これらの環境問題は発展途上国において深刻さを増している。また国際社会は，越境大気汚染や地球温暖化，生物多様性の喪失や森林減少といった地球環境問題への対応を迫られている。我々は，こうした環境問題が発生する原因を明らかにするとともに，どのように対処すべきかを考えていかなければならない。いま人類は，その叡智を駆使してこのような難題の解決に向けて努力していくことが求められているのである。

　環境汚染や自然破壊の実態はいまどのようになっているか，また現状のまま放置したら環境の劣化は今後どれだけ深刻なものになっていくかを正確に捉え

ることは，実はなかなか難しい。地球温暖化はそうした環境問題の典型例であろう。環境の現状を診断し，それが今後どう変化していくかを予測する際，自然科学の領域での研究蓄積が極めて重要となる。環境問題の深刻さについて自然科学の分野から警鐘が鳴らされれば，その解決に向けて対策を講じなければならない。ただし，確実な自然科学的知見を得るには時を要するだろう。だが，自然科学の分野で確実な知見が得られるのを待っていたら，環境問題への対処が遅きに失することになりかねない。我々は，自然環境の現状とその変化に関して必ずしも十分とはいえない知見しか得られない中で，さまざまな環境問題に対応するための術を探っていかなければならないのである。

　環境問題を解決するために必要なことは何か。大量生産・大量消費・大量廃棄を前提とした現行の社会や経済の構造を変えず，大量に汚染物質を発生させながらこれを事後的に除去したり，自然環境の劣化を招いておきながら後になってその改善を試みたりするような，いわば対症療法を続けていては，根本的な解決にはならない。重要なのは，社会を構成する個人や組織が，自らの活動が環境にどのような影響を及ぼすかを考慮して意思決定を行うようになることであり，そのためには現行の社会・経済システムの変革は不可避である。なぜなら，そうしたシステムのあり方は個人や組織の考え方や習慣，意思決定の様式や行動などに大きな影響を及ぼし，それらを規定しうるものだからである。ではその変革をどうやって実現するのか。これを考えるうえで重要なのは，経済や政治，法律，教育など，社会の基盤となる各分野のシステムの現状を批判的に捉えつつ，問題解決のための具体的な方策を検討することである。このような観点から環境問題に対応するための術を探求する際，人文・社会科学分野からのアプローチは重要な役割を担うことになる。

2．環境学を学ぶことの意義

　上で述べたように，環境問題を解決するための方途を見出すには，自然科学・人文科学・社会科学の諸領域からの調査研究が不可欠である。いまでは，それらの諸領域が相互に知見を共有しあいながら学術的発展を図っていくという，

いわゆる学際研究の必要性が強く認識されている。そうした中で，環境問題に対する上記の諸領域のアプローチを環境学という名の下に総合化・体系化し，新たな学問領域としてこれを確立しようという試みが進められている。

　本書は，環境について学び，環境問題をいかにして解決するかを考えたいという意欲を持っている学生にとっての「入り口」あるいは「第一歩」となる教材を提供することを目的としている。環境学という学問領域をどう確立するかは未だ模索が続けられているが，本書では，環境学の中で議論がなされるであろうさまざまなトピックについてできるだけわかりやすく解説することを試みている。環境について考える際の視角にはどのようなものがあるのか，また環境問題の解決に向けていかなるアプローチが議論されたり実践されたりしているのかを学び取ってほしい。

　環境問題への関心が高まっている今日，企業は社会的責任の一環として環境に配慮した経営を行うことが求められている。行政機関は，環境保全のために必要な各種ルールを策定・実施することはもちろん，公共調達などを通して率先して環境配慮を実践することが要請されている。また，自然環境や歴史的景観を保全することを目的として，環境保護団体や市民活動団体などの非営利組織がさまざまな地域で活動している。個人も，普段の生活の中で家庭ごみの分別方法など環境保全にかかわるルールを守るだけでなく，消費者として環境に優しい製品を購入するように心がけたりするなど，いわゆるグリーン・コンシューマーとしての行動が次第に広がりつつある。

　最近，環境マインドという用語が使われているのをよくみかけるようになった。これについては何らかの定義が共有されているわけではないようであるが，本書ではこの用語を「環境に対する意識を持ちつつどう行動すべきかを考えようとする精神」を意味すると理解したい。環境マインドの醸成は，上で述べたような組織や個人による環境配慮行動を促し，支えるものとなるであろう。本書が環境マインドを育む一助となり，読者自身が環境問題について考え，その解決に向けて取り組んでいこうとする際の道筋を明らかにするきっかけを得ることができたとするならば，幸いである。

3. 環境学への第一歩として何を学ぶか

　本書は 17 の章で構成され，テーマごとにそれらを 5 つの部に括っている。以下では，第 I～V 部のそれぞれにおいて，環境学への第一歩としてどのようなことを学習するかを概観しておこう。

　人類は，地球上のさまざまな環境条件の下で文明を築き，各種の技術や社会の仕組みを進化させてきた。その結果，人間が生きていくうえでの基本条件である衣食住が改善し，人口も大きく増加していったが，これは同時に環境への負荷を高めていくことにもつながった。熱帯林の破壊は，そのことを象徴する環境問題の 1 つである。また，人類の歴史を語るうえで都市の形成と発展は欠かせない。都市が高度に進化・成長している現在，極端な気象現象など，都市化が一因と考えられる環境の異変に我々は直面している。第 I 部では，人類はその発展のプロセスを通じて環境に対してどのようなインパクトを与えてきたかを学びつつ，人類繁栄の基盤たる近代文明を相対化し，これを批判的に検討しようとする視点を養ってもらいたい。

　産業の発展は，我々の生活水準を飛躍的に向上させ，物質的な豊かさをもたらした。しかし同時に，深刻な公害を生み，人間の健康や生命が損なわれるという事態を招いた。こうした悲劇を繰り返さないためにも，我々は公害の歴史からどのような教訓が得られるかを考えなければならない。また現在では，地球温暖化の原因物質である二酸化炭素の排出につながる化石燃料の消費をどのようにして抑制するかという課題に取り組むことが不可欠となっている。最近では，我々が生活する地域においていかにして低炭素化を進めていくかが議論されるようになり，具体的な取り組みも実践され始めている。第 II 部では，環境問題を現代史として眺めることを通して，問題解決には何が必要かを考えてみてもらいたい。また，建築物における低炭素化の取り組みを学びながら，地球温暖化問題への対応とエネルギーの安定供給を両立させるための方策について理解を深めてほしい。

　先にも触れた環境マインドを醸成しようとする際，教育の果たす役割が大き

いことはいうまでもない。加えて，我々が日常生活の中で環境に意識を向けるようになるためのさまざまな「仕掛け」を用意することによっても，環境マインドを育むことができるであろう。また，多くの人が環境について学び，環境問題に対して強い関心を抱くようになれば，自ら環境に関する調査研究をしてみたい，あるいは自然環境や景観，文化財などを保護する活動に携わってみたいと考える人も増えていくことが予想される。第Ⅲ部では，環境マインドを醸成するために必要なことは何かを考える題材として，日本とドイツの事例を取り上げ，環境教育をはじめとするいくつかの取り組みについて学ぶ。加えて，環境研究の手法の1つであるフィールドワークや，日本における歴史的環境の保全を目的とした活動の展開について学習するための章も用意している。

　環境問題を引き起こす根源的要因として，膨大な量の資源やエネルギーを投入して大量生産・大量消費・大量廃棄を行っている現行の社会・経済システムのあり方が問われている。環境と調和した社会・経済システムの構築に向けた方策を考える際，環境に影響を及ぼしうるさまざまな活動にかかわるルールや法体系はどうあるべきかを問い直す作業が不可欠である。また環境問題が地球規模での広がりを持つようになっている今日，環境保全のためのルールはグローバルな視点からも検討される必要がある。第Ⅳ部では，環境が法学や経済学の分野においてどのように捉えられているかを学んだうえで，環境保全のためのルールはどのように設計されるべきか，またグローバリゼーションが進展する中で地球環境をどう維持管理していくかといった課題を考える際の視点を身に付けてもらいたい。

　環境と経済の調和を実現するには，企業が環境に配慮した経営を実践することが欠かせない。環境保全に向けた自主的な取り組みをすでに行っている企業も少なくないが，そうした企業の環境経営を後押しし，その裾野を広げていくことが重要である。また，環境保全と経済発展の両立を図ろうとするならば，エネルギーを安定的に確保すると同時にその利用に伴って生じる環境負荷をいかに低減させるかという課題を避けることはできない。第Ⅴ部では，自動車メーカーの技術開発や企業による環境情報開示の動向を学びながら，環境問題の解決に向けて企業が果たす役割の重要性や，環境経営を促進するための仕組

みを整備することの意義について理解を深めてほしい。また，原子力発電や再生可能エネルギーにかかわる政策のあり方を考えるための題材として，ドイツにおけるエネルギー政策の変遷と現状について学び，上で述べたような環境・エネルギー・経済をめぐる課題にどう取り組んでいくべきかを考えてもらいたい。

4．環境学を通した「学び」——期待と展望

　環境学は，現代人が備えておくべき教養の1つとして学ばれるべきものである。この学びを通じて，環境とのかかわりを意識しつつ自らのとるべき行動を判断できるようになってほしい。環境をめぐる言説はとかく極端な悲観論や楽観論に偏ってしまう傾向がみられる。そのような両極端の議論に惑わされないためにも，環境学での学習を通じて，自分自身で問題の本質を捉えることができるようになってもらいたい。環境教育や環境学を通した学びが多くの人々にとって環境マインドの醸成につながるものであるとすれば，そのような学びの機会が拡大し定着することによって，長期的には「環境との共生」という意識が社会規範にまで高められていくことになるかもしれない。さらに，環境学での学びがきっかけとなって，自然科学や人文・社会科学の諸分野で環境関連の研究を志すようになる学生が増えていけば，環境学にかかわる諸分野での研究の蓄積がより一層進展していくことになるであろう。そうした学術研究の蓄積を通して，地球環境との共生を図りつつ人間社会が持続的に発展していくためには社会・経済システムがどのように変革されるべきか，またどうすればその変革を実現できるのかについての解明が進んでいくものと期待される。

　本書で扱われているトピックについてさらに詳しく知りたいと思った読者は，手始めに各章で挙げられている文献のうち興味を持ったものに当たってみてもらいたい。また，環境学という学問領域をめぐる議論について知りたい，あるいは環境に関する調査研究の技法について深く学びたいという人には，武内他（2002）および石編（2002）が参考になるであろう。本書を出発点として環境学を学ぼうとする学生諸君の意欲がさらに高まっていくことを期待したい。

参考文献

石　弘之編（2002）『環境学の技法』東京大学出版会。
武内和彦・住　明正・植田和弘（2002）『環境学序説』岩波書店。

第 I 部
人間は環境とどうかかわっているのか

世界自然遺産・屋久島に自生する縄文杉。樹齢は数千年ともいわれ、その年輪には地球環境の変動の跡が刻まれている。

第1章　地球環境と人間

中村健治

> **第1章の学習ポイント**
> ◎地球に多様な生物が棲んでいるのは，生物にとっていくつもの幸運が重なったことにより，生存に適した環境が地球上に形成されてきたからである，ということを理解する。
> ◎自然条件や気候変化が人間の生活に対していかに影響を及ぼしてきたかを，四大文明以降の人類の歴史を通して学ぶ。
> ◎公害問題や，地球温暖化，オゾン層破壊，生物多様性の減少といった地球環境問題を通じて，人類の活動によってもたらされている地球環境の変化についての理解を深める。

1. はじめに

今日，地球環境問題はごく普通に語られる言葉となっている。しかし，数十年前から地域の環境問題は認識されていたが，地球環境問題は必ずしも認識されていなかった。本章では地球の歴史を概観し，その後，人間の歴史，人間活動による公害，そして広域化した地球規模の環境問題，特に地球温暖化，オゾンホール問題，生物多様性の減少について述べる。

2. 地球システム

2.1 太陽系の歴史

我々の棲む地球は「青い地球」「水惑星地球」と呼ばれる。旧ソ連の宇宙飛

行士ガガーリンの「地球は青かった」という言葉がそれを象徴している。この地球が現在，人間の影響により変化しようとしている。まずはこの地球の歴史を地球科学の立場から述べよう。

　宇宙は138億年前にビッグバンから始まったとされている。現在は，ビッグバンの前にインフレーションと呼ばれる大膨張期があったともいわれている。なおビッグバンは「とんでもないほら話」という意味で，イギリスの有名な天文学者でありかつ毒舌家でSF小説家でもあったフレッド・ホイルが，物理学者であるジョージ・ガモフの提唱した「火の玉」で宇宙が始まったという説をけなすために使った。その後さまざまな観測的証拠から，ほら話であったビッグバンが認められ定着した。ビッグバンから約3分後には基本元素である水素やヘリウムが合成された。その頃の宇宙は光と電離ガスの混ざり合った状態であった。

　宇宙が徐々に冷え，38万年たつと電離ガスは中性化し，光がとおるようになった。これを「宇宙の晴れあがり」と呼ぶ。物質は重力によりだんだんと集積し，星がつくられた。星はまだ光っておらず，この頃は宇宙の「暗黒時代」とも呼ばれる。星がある程度以上大きくなると核融合反応が点火し光り始める。この頃の星は非常に大きかったともいわれ，「ファーストライト」として現在，深宇宙の探索が続けられている。これらの星が集積し銀河がつくられた。星の核融合反応によりもっとも安定な鉄まではつくられる。大きな星の寿命は短く，またその末期には内部の熱供給がなくなり，重力による大崩壊からそれに続く大爆発を起こす。このときのエネルギーで鉄以上の金などの重元素がつくられ宇宙にばらまかれた。これは「宇宙の重元素汚染」とも呼ばれる。

　太陽系は銀河の端の方にある。地球から見た銀河中心は夏の夜空のいて座の方向にある。ここにはブラックホールがあるとされている。ブラックホールそのものは見えないが，近年，このブラックホールの辺りの星の動きが観測されるようになり，確かに何か見えない点に引かれて動いていることがわかっている。なお，「ビッグバン」「インフレーション宇宙」「宇宙の晴れあがり」「重元素汚染」「ブラックホール」など，天文学者は名前をつけるのが上手である。また筆者の学生の頃の天文学は古色蒼然たるところがあり，理論も結果の桁数

が合えばよい，などといわれていたが，現在の天文学は精密科学となっている。

　昼間の空は太陽で明るいが，もし太陽が暗かったら，その後ろには星々が見えるはずである。太陽はこの星々の間を季節とともに動くことになるが，この道筋を黄道という。そして太陽の後ろ側にある星座が星占いに出てくる星座となる。12月の太陽の後ろには6月の夜空のいて座があることになる。このため12月の星座はいて座となっている。今の都会は夜が明るいので空を見上げてもほとんど何も見えないが，人工の光のない時代は夜空に星が輝き，人々はその動きを体感し想像を広げたことと思われる。人工の光のないところで空気の澄んだ晴れた月のない夜に空を見上げると，天の川もうっすらではなく明瞭に見ることができる。昔の人が星座を考えたこともうなずける。

　太陽は重元素を含んでいることから宇宙の最初にできた星ではなく，次世代以降の星と考えられている。太陽系は46億年前に形成された。太陽系の形成については細かい点では未だに議論が続いているが，大きな流れとしてはガスなどの物質が太陽を中心にして円盤状に集積し，大きな惑星である木星と土星が形成された。太陽に近い惑星である地球などはガスを十分に集めるまえに強い太陽風でガスがなくなり大きくなれなかった。また天王星などは木星などがガスを集めてしまったため，これもまた十分には大きくなれなかった。

　地球には水があるため「水の惑星」とも呼ばれる。宇宙でもっともありふれた元素は水素であり，ヘリウムがそれに次ぎ，酸素は3番目である。ヘリウムは不活性ガスなので，水素と酸素の結合した水はもっともありふれた化合物ともいえる。実際，天王星などの外惑星は水を大量に持っている。しかし水星や金星には水はわずかしかない。地球表層には水が豊富にあるが，地球全体では必ずしも水は多くないため，「水惑星」と呼ぶのはいささかふさわしくない。しかし地球の特徴は水が固体，液体，気体の三態で存在することである。これは地球表層の温度が水の三態が共存できる3重点（ほぼ0℃）に近いためである。惑星表層の温度は太陽光度と太陽からの距離などでおおよそ決まり，ハビタブルゾーンとも呼ばれる領域に地球は存在する。この地球の水は地球がつくられたときのものではなく，いったん地球がつくられた後に微惑星の衝突などで地球にもたらされたとされているが，未だ決着はついていない。

我々を含め，多様な生物の棲む地球には，生物にとっていくつもの幸運なことが重なっている。地球の大きさが適当であることで大気が存在している，岩石による地面が存在している，自転軸が少し傾いているため季節がある，月があるために自転軸が安定している，炭酸ガスによる温暖化の熱暴走がなかった，プレート運動による火山活動により全球凍結から脱することができた，などがある。我々が地球上に存在していることから，地球の環境が我々の生存に適しているということは，いわゆる「弱い人間原理」からは当然ではあるが，知っておくべきであろう。地球表層に豊富に存在する液体の水はありふれた物質でありながら，その物性は特異であり，さまざまな物質を溶かし込む能力があり，物質輸送に適しており，また水の中での化学反応が効果的に起きる。水の比熱や蒸発熱が大きく，地球表層の気候を緩和している。

　現在の地球は形成以来大きな変化を受けている。大気は，はじめは酸素がほとんどなかったが，光合成を行う生物の発生により酸素が供給された。酸素は反応性が高く，当時の生物にとってはほとんど毒ガスのようなものであった。しかし，この高い反応性を逆に利用する生物が現れ，高いエネルギー代謝能力を持つようになった。また酸素は大気上空でオゾンとなり，太陽からの強い紫外線を効果的に遮ることにより，生物のDNAの損傷を防いだ。これにより，生物が陸上に広がることができたとされている。

2.2　地球と生物の歴史

　地質時代は，大きくは冥王代，始生代，原生代，そして目に見える生物の時代である顕生代がある。顕生代は，古生代，中生代，新生代に分けられる。生命が発生したのは30億年以上前の冥王代といわれるが，長くあまり進化せず，大きな進化は原生代の終わり頃の約6億年前の多細胞生物の発生から始まった。このころの生物はエディアカラ生物群と呼ばれる。この後，古生代に入り，カンブリア大爆発と呼ばれる大進化が起きた。一説では顎ができて食う食われるの関係が始まり，「軍拡競争」で進化が加速されたとされている。中生代の中の区分はカンブリア紀，オルドビス紀，シルル紀，デボン紀，石炭紀，ペルム紀となっている。名前の多くは関連する地層の発見された場所にちなんでいる。

古生代と中生代の境はペルム紀と三畳紀の間であり，約2.5億年前である。この境界はP-T（Permian-Triassic）境界と呼ばれ，地球史上最大の生物絶滅が起きた。原因は不明であるが，長く激しい噴火活動があったという説や，かなり変わった説では太陽系の近くで超新星爆発あるいはガンマ線爆発があった，というものもある。

中生代には三畳紀，ジュラ紀，白亜紀があり，恐竜で有名な時代である。中生代は6500万年前の突然の生物大量絶滅で終わり，哺乳類の時代である新生代となる。中生代の終了時の生物大絶滅は巨大隕石落下が原因とされており，その痕跡がメキシコのユカタン半島にあるとされている。隕石落下のあることは月の多数のクレーターなどからわかっていた。また地球にも数多くの隕石が降っていること，米国アリゾナ州のバリンジャーの隕石穴があることなどがあったが，世の中ではあまり実感はなかったと思われる。これが1994年に木星に突入したシューメーカー・レヴィ彗星や2013年にロシアのチェリャビンスク州に落下した隕石などで，現実に大きな隕石落下があり得ることが実感された。1400万年前にはヒマラヤ山脈が形成され，現在の気候に近づいた。

このような地球の歴史に関する本は数多くあるが，ここで少し変わったものを1つ挙げておこう。米国のバージニア・リー・バートン（Virginia Lee Burton, 1909〜1968）という女性の絵本作家がいる。『小さいおうち（The Little House）』という絵本は日本でもよく知られている。この人の絵本に"Life Story"（1962）という作品があり，日本でも『せいめいのれきし』として翻訳されている。この絵本は，伝記では作者が博物館に通って勉強して書いたとされている。少し古いため恐竜絶滅の原因とされる隕石落下などには触れていないが，よく書かれておりまた絵が楽しい本である。

2.3　人類の発生

数百万年前には人類の祖先である猿人がアフリカで現れ，それは原人となり旧世界に広がったがほとんどは滅んだ。アフリカでは旧人類から新人類へと進化し，それから再度世界に広がった。旧人類にはネアンデルタール人もいる。ネアンデルタール人は数万年前にスペイン南部で滅んだが，新人類と同時に生

存していた時期があり，新人類との競争に敗れたとされている。日本の縄文時代は約1万年前からなので，数万年前というと縄文時代のわずか数倍の古さであり，その頃には別の人類種がいたことになる。新人類がネアンデルタール人と混血したかについては未だ決着していない。新人類はただ一種である。ネコ科で俊足で知られるチーターは遺伝子の多様性が非常に小さく，これは一時ほとんど絶滅状態であったためといわれている。新人類の遺伝子の変化も小さく，これも一時，人類は非常に数が減ったのではないか，という説がある。

新人類は氷河期を乗り越え，旧石器時代から新石器時代へと進んだ。有名なアルタミラやラスコーの洞窟壁画は2～1万年前に描かれた。6000年ほど前にはヒプシサーマル（hipsithermal）と呼ばれる温暖な時期があった。現在は乾燥しているサハラ砂漠でも湿潤な時代があった。その後，寒冷化して人類は厳しい時代に入った。この厳しい時代を背景にして国家統制が始まり四大文明が現れたとする説もある。

日本では，旧石器時代と新石器時代を含んだ縄文時代は紀元前1万4000年から紀元前300年くらいまでとされている。時々発掘されるナウマン象などの大型哺乳類は1万年前までに絶滅した。5000年ほど前の温暖な時期には，日本でも縄文海進といわれる海が内陸に入り込んだ時期がある。海面上昇に伴い対馬暖流が日本海に入り，冬の大陸からの季節風が日本海の温かい海面から水蒸気を吸収することで，日本海側の豪雪が発生するようになった。また温暖化により照葉樹林が広がった。照葉樹林とはシイやツバキなどのように常緑樹で葉に光沢のある植物である。縄文時代を越えて紀元前3世紀から紀元後5世紀の弥生時代に入ると，稲作が始まり水田耕作が広がった。

3．気候と人間

人間社会は自然環境に大きく影響されてきた。四大文明は大きな河川の流域で発展した。四大文明の1つであるエジプト文明について少し記そう。エジプト文明はナイル川の流域で興ったが，もともとは乾燥地帯であり，農耕には向いていない。しかし，ナイル川という自然の恵みがあった。ナイル川は，上流

はエチオピアからの青ナイルとヴィクトリア湖を起点の1つとする白ナイルが合流して，スーダン，エジプトを経由して地中海に入る世界でも屈指の大河川である。上流では雨季に大量の雨が降り，それが下流の洪水を引き起こす。また地中海への出口では大三角州が広がり，河口の1つにはアレキサンダー大王以来の大都市であるアレクサンドリアがある。大三角州の地帯は下エジプト，三角州より上流側は上エジプトとなっており，古代のエジプト王は上下エジプトの統治者となっている。下流の象徴的な植物としてパピルスがある。なおパピルスは paper の語源でもあり，紙の元祖とされている。紙は植物の繊維をバラバラにしてから再度集めてつくるが，パピルスは繊維をそのまま使うので紙そのものとはいえない。上流の象徴的植物はハス（lotus）である。古代エジプトの絵画にはパピルスとハスがたくさん出てくる。ナイル川は上流の雨季に合わせて下流に洪水を起こした。洪水とはいえ，我が国の鉄砲水型の洪水ではなく水位が徐々に上がる洪水である。この洪水は上流から土砂を運び，それが土地の新陳代謝となる。このためナイル川では作物の連作障害はなかったといわれている。我が国の農業は米作が主であるが，米作も田に水をいれるので，連作障害がない。

　大三角州の付け根近くにはエジプトの首都であるカイロがあり，その郊外には古王朝時代のギザの大ピラミッドがある。ピラミッド建設には多くの奴隷が使役されたように思われていたが，近年，これは農閑期の大公共工事であったのではないか，との説が有力となっている。エジプトは砂漠地帯の中にあり，いわば砂漠に守られており，侵入者であるアッシリア帝国やヒッタイトなどは北東からのみ入ってきた。このためか，エジプトは王朝の変遷はあったものの，農耕国家として安定していたようである。ローマ時代に入り，クレオパトラを最後にギリシャ系であるプトレマイオス王朝が滅び，ローマの支配下に入った。しかし，ローマの国家の領土となったのではなく，初代皇帝であるアウグストゥスの私領であった。エジプトはローマの穀倉地帯として重要な役目を持った。

　ローマ時代の主要穀物は小麦である。小麦はイネ科の植物で中東が原産といわれている。比較的寒冷と乾燥に強い。東南アジアの主要穀物はもちろん米である。米作には水と夏の高温が必要である。世界のもう1つの主要穀物は，南

米原産でこれもイネ科のトウモロコシであり，これが新大陸のアステカ文明やインカ文明を支えた。米作は田に水を張るので，当然ながら田は水平に広がり，傾斜地では棚田となる。これに対して小麦畑は多少の傾斜は許容できるので，緩やかな畑となり，北海道のラベンダー畑のようになる。日本の農村地帯の風景とヨーロッパの農村地帯の風景の差異の1つとなっている。

　このように人間生活は自然環境に大きく影響され，また制限されていることは当然である。では気候変化は人間の歴史に影響を与えたであろうか。1000年以上の時間スケールでは，気候が人間生活に影響を与えたことは間違いない。アフリカのサハラ砂漠も紀元前数千年ではかなり湿潤であり，大型の哺乳類が生息していたことがわかっている。もっと短い時間スケールではどうであったろうか。ヨーロッパでは紀元1300年頃までは温暖で，ワイン用のブドウ栽培がイギリスまで広がり，またグリーンランドの入植も行われた。なお，グリーンランドは大きな氷の島でありホワイトランドというべきであるが，紀元1000年頃に夢を込めてグリーンランドと名付けられた。その後は寒冷化が起こり，飢饉の続発，ペストの流行，イギリスでのぶどう栽培の中止，グリーンランドの入植の終了などが起きた。ロンドンのテムズ川も凍った。現在は凍っていない湖がブリューゲルの絵画に見られるように当時は凍った。このような環境のもとで社会基盤が失われ，社会不安が広がったことが1618年から1648年まで続いた30年戦争などの原因であったとする議論もある。フランス大革命の後に現れたナポレオンの欧州征服時に，ナポレオンはロシアまで遠征したが厳しい冬に阻まれた。またアイルランドでは大飢饉が起こった。このアイルランドの大飢饉は新大陸から導入されたジャガイモの疫病が直接の原因であった。このジャガイモは収穫量を重視して単一品種となっており，これが疫病の広がった原因の1つであった。このときは支配者であったイギリスの対応の拙さもあり被害が拡大して，その後，大量の米国への移民が生じた。なお米国のケネディ元大統領もアイルランド系である。

　人間に影響を与える気候変化の要素は気温と降水量である。変化の原因としては長期にわたる気候変動もあるが，火山噴火などの短期のものもある。1783年のアイスランドのラキ火山と浅間山の噴火は世界に寒冷化をもたらした。こ

の寒冷化はフランス革命の原因の1つともされている。日本でも天明の大飢饉が起こり，これは寒冷化のためであったとする説がある。気候が歴史を決定するという見解は気候決定論と呼ばれる。気候変動が主に農業を通じて人間社会に影響を与えたことは十分に考えられることであるが，気候変化が人間社会に与える影響は間接的であり，同定することは困難である。また歴史はさまざまな偶発的要素を含んでおり，気候が人間の歴史を決定したとはいえないであろう。

人間の気候への影響はあるだろうか。近年の人間の影響は後の節で述べるが，古代には大きな影響はなかったとすることが適当である。文明の発展とともに，農地を開拓し，放牧するなどして，森林を縮小させたことなどはある。現代のタイにおける森林域の縮小はモンスーンの雨季の後半の降水量に影響がある，というような結果があるので，一定の影響は与えた可能性はあるが，それは小さいと考えられる。

4．公害と環境問題

環境問題は公害から始まったといえる。氷床コアの分析から，古代ローマでも鉛公害があったことが知られてきているように，人間生活が高度化するにつれて大なり小なりの公害があったと考えられる。しかし産業革命以降に公害は顕著となった。大気では，ばい煙が問題となった。イギリスでは18世紀から石炭のばい煙問題が発生しており，1819年には国会で第1回ばい煙問題対策委員会がつくられている。その後もばい煙問題は継続したらしく，1975年には公衆衛生法がつくられ，炉や煙突に対する規制がなされている。イギリスに滞在していた夏目漱石の1901年1月の日記にはスモッグ被害のことが記されているそうである。この頃はコナン・ドイルのシャーロック・ホームズの時代であり，馬車が主要な交通手段であったが，空気は汚かったものと想像される。ばい煙問題はイギリスだけでなく米国でも発生している。1864年にはミズーリ州で，1881年にはシカゴでばい煙規制の条例がつくられている。その後も多くの都市でばい煙規制条例がつくられている。環境問題が深刻化する中で，

イギリスでは自然保護や建物保存の意識が高まり，1907年にはナショナルトラスト法が制定されている。米国でも1892年にシエラ・クラブや1905年のオーデュボン協会のような自然保護団体がつくられている。

20世紀の前半は重工業の発展により公害問題が社会問題化した。ロサンゼルスのスモッグ問題は有名となってしまった。第二次世界大戦後には米国は自動車社会となり，自動車の排気ガスによる大気汚染が問題になった。自動車の排気ガスには窒素酸化物や揮発性有機化合物（Volatile Organic Compounds：VOC）が含まれており，これが光化学スモッグの元となる。光化学スモッグは晴天日に発生し，また太陽光による反応に時間がかかるため発生源から離れたところでも発生するというように広域性がある。イギリスではばい煙問題が継続しており，1952年12月にはロンドンで大規模なばい煙被害が発生した。このときは死者も多数出てしまった。石炭の燃焼などによる亜硫酸ガス（二酸化硫黄：SO_2）が硫酸塩微粒子になり，これを核として微小な水滴ができる。これが硫酸ミストとなった。このような事態を受けてイギリスでは1956年に大気清浄法がつくられた。

このような大気汚染は次第に広域化した。カナダと米国の間ではトレイル溶鉱所事件というものがあった。これは，米国との国境から約10kmのカナダ内にある鉛と亜鉛の精錬所が大気汚染源となっていたことで生じた事件である。1926年に2本目の高い煙突を建てるなどしたが，収まらず，1927年には米国がカナダに苦情の申し立てをして一応の決着をみたが，その後も係争は続いた。これから「他国に被害を与えるようなことを国内で許してはならない」という認識が高まった。このように公害は広域化していき，最初は二国間の問題であったが，特にヨーロッパでは多国間の問題となってきた。そして現在は国際問題となっている。

空間的に広域となると同時に，時間軸でも広がってきた。1972年にはストックホルム人間環境宣言が出され，「人類とその子孫のため，持続可能な」という言葉が盛り込まれた。

環境問題はもちろん大気だけではない。鉱山や工場からの排気ガス，排水だけでなく，薬品の被害も現れた。1957年にはサリドマイドの販売が開始され

た．サリドマイドには鏡で映したときに同じにならない鏡像異性体があり，片方は無害であるがもう一方は妊婦が服用すると胎児に大きな被害が生じた．1962 年には生物学者のレイチェル・カーソンが『沈黙の春（Silent Spring）』という本を著し，農薬被害について述べた．この本は，題名からは静かに淡々と事実を述べていく本のような印象を持つが，内容は厳しい告発本である．レイチェル・カーソンは農薬による土壌汚染や生物濃縮による汚染蓄積，また生物に対する単純な防除は困難であることなどを記している．これにより第二次世界大戦後，害虫駆除のため広く使われた DDT（dichloro-diphenyl-trichloroethane：ジクロロジフェニルトリクロロエタン）の規制が始まった．

　我が国の状況についても少し述べよう．戦前には日本の公害の原点といわれる足尾銅山の鉱害があった．ここでは硫黄を含んだ黄銅鉱の精錬により亜硫酸ガスが発生し，これが周辺に酸性雨となって降り，森林に大きな被害を与えた．また排水により渡良瀬川が汚染された．銅山の鉱害は足尾だけでなく愛媛県の別子などでもあった．足尾銅山では田中正造の運動などもあったが，殖産興業政策の時代であり公害対策は後回しであった．その後も安中亜鉛精錬公害や日立鉱山の煙害，神岡鉱山による神通川の汚染，また都市公害も広がった．戦後は日本の四大公害と呼ばれる水俣病，新潟水俣病，イタイイタイ病，そして四日市公害が発生している．水俣病は熊本県で，新潟水俣病は新潟県阿賀野川流域で発生した．工場排水に含まれていた重金属である水銀が原因であった．水そのものの汚染は非常に大きなものではなかったともいわれるが，食物連鎖による生物濃縮のために動物や人間に大きな被害が発生した．イタイイタイ病は富山県で発生し，神通川上流の神岡鉱山から出た重金属であるカドミウムによる汚染であった．イタイイタイ病は 1910 年頃からあり，風土病とも考えられた経緯がある．四日市公害は大気汚染であると同時に都市域で起きたこと，また企業誘致に伴い汚染物資発生源が多数であった点が異なっている．四大公害はいずれも 1960 年代の高度成長期に起きた公害であり，他にも北九州の洞海湾の下水貯留地化，静岡県田子の浦のヘドロ堆積など，公害が大きく社会問題化しまた多様化した時代であった．汚染以外にも物理的な公害として地下水くみ上げによる地盤沈下問題や，大阪空港の騒音訴訟が 1950 年代，60 年代に起

きている。こうした状況から1970年には「公害国会」と呼ばれる臨時国会で，公害対策の法律の新規制定や改正が行われた。ここでは「上乗せ規制」など国の基準を上回る規制を地方自治体が行えるようになるなど，地方自治体の権限強化も織り込まれた。この後，水質汚濁防止法などの制定や「無過失責任」の考えの導入がなされた。また環境庁が設置された。しかし公害の多様化は進み，自動車排気ガス問題，光化学スモッグ問題，生活排水問題，廃棄物処理問題，ゴミ問題など都市・生活型の公害が広がった。またオイルショック不況などがあり，環境規制の緩いアジア諸国への「公害輸出」も広がった。

環境規制は各国で強化されている。化学物質については内分泌かく乱物質，通称環境ホルモンのようなごく微量でも生体に被害が及ぶものも問題となっており複雑化している。化学物質の生産・利用は，野放し状態から有害物質の規制へと変わり，現在は，十分に安全とわかった物質しか使わせない，という方向にある。これは「何々は含まれてはいけない」から「含まれてよいものは何々だけである」というより厳しい規制の方向である。

5．地球環境問題

公害は地域性が強かったが，人間活動が大きくなるにつれてその影響は地球全体に及ぶようになった。題に地球環境の文字の入った書物はたくさんあり，筆者の勤めている獨協大学の図書館で「地球環境」で検索して出版年をみると，1959年以前が9件，1960年代，1970年代，1980年代が9件，10件，20件であるが，1990年代は231件，2000年代は188件，2010年から現在で72件となっている。獨協大学は1964年に外国語学部と経済学部で発足し，1967年に法学部がつくられた経緯から古い本が少ないことはわかるが，それでも1990年代から地球環境が注目されてきたことがわかる。地球環境問題に関する多くの本では，地球温暖化，海の酸性化，オゾンホール，酸性雨，汚染物質長距離輸送，海洋汚染，森林破壊，砂漠化，生物多様性の減少が挙げられている。酸性雨，汚染物質長距離輸送，海洋汚染は公害的な事柄でありすでに一部は述べてあるので，以下では地球温暖化とオゾンホール，そして少し系統の異なるも

のとして生物多様性について述べる。

5.1 地球温暖化

地球温暖化は地球環境問題の筆頭としてよく知られている。基本的には，温室効果ガスによって地球大気がより厚い「毛布」にくるまれてしまい，地表の気温が上昇する現象である。ここでは炭酸ガスが「悪者」とされている。実際，炭酸ガスは温暖化のもっとも大きな原因であるが，メタンもかなりの影響がある。大気中に多く含まれている水蒸気も強力な温室効果ガスであり，温暖化研究では水蒸気の効果が入っていないではないか，という誤解がある。実際，温室効果には水蒸気がもっとも寄与している。しかし，炭酸ガスやメタンは大気中に蓄積されるが，水蒸気は雲・降水となり常に循環しており，また海という巨大な貯留槽があるので，たとえ人為的に大量の水蒸気を放出しても，大気中の水蒸気量は気温などの他の要因で決まってしまう。温暖化すると大気の飽和水蒸気量が増えるので，大気中の水蒸気量は増えて温暖化は強化されるが，これは水蒸気フィードバックとして考慮されている。

炭酸ガスなどによる温室効果は早くから予想されていた。1827年にはフランスの物理学者であるフーリエが大気による温暖化を指摘している。人為要因については1886年にスウェーデンの物理学者のアレニウスが指摘している。炭酸ガスによる温暖化は知られていたようで，我が国でも宮沢賢治の童話『グスコーブドリの伝記』(1932年) で火山爆発により炭酸ガスを大気に放出して冷害を終わらせることが書かれている。なお現在は，火山爆発では確かに炭酸ガスも放出されるが火山灰の微粒子による「日傘効果」が強く，冷却化をもたらすとされている。実際，1991年のフィリピンのピナツボ火山の爆発では世界の気温の低下が起きた。

地球温暖化は，ここ100年程度では実際の気温のデータから結果が出されており，0.8℃程度上昇したとされている。それ以前については，年輪やサンゴに含まれるいろいろな元素の同位体比が生物にとりこまれるときの温度によって異なることを使うなどして推定している。作物の収穫時期などさまざまな文献資料も使われる。これらはプロキシ (proxy：代理) データと呼ばれる。地球

の歴史を見ると，数度の気温上昇は過去に何度もあった。現在，気温上昇許容の1つの目安として2℃がある。これは，2℃が過去数十万年での最高の気温上昇であったことが理由の1つである。2℃以上の気温上昇が起こると，過去数十万年には起きなかったようなことが起きる可能性があるということである。1℃の上昇でサンゴの白化，沿岸洪水，両生類の絶滅等の深刻化が，2℃の上昇で生物絶滅や疾病の深刻化が，3℃上昇では穀物生産量や海面上昇の深刻化が予想されている。もう1つの大きな懸念は温暖化の速度である。これは非常に急激であり，温暖化に植生などの生態系が追随できないことなどが懸念されている。

　地球温暖化についてはこれを否定する人はほとんどいない。しかし炭酸ガス原因論については懐疑論がある。太陽活動により地球に注ぐ宇宙線の量が変化し，それによって雲のでき方が変化して気候が変わっている，という説もある。これは太陽や超高層大気の研究者に比較的多い。しかしながら全体としては，懐疑論は少数にとどまっている。近年，温暖化が止まっているように見える結果がある。これは温暖化のハイエイタス（停滞）と呼ばれている。この原因として海が吸収する熱が大きくなっているらしいことがデータ解析とモデルから示されている。温暖化要因である太陽からの入射エネルギーと地球からの放射エネルギーの差は変わらず認められること，海中の温度の上昇は止まっていないことなどから，温暖化そのものは進行しているが，大気と海との間での熱の分配が変化しているとする理解である。ハイエイタスの終了時期については確たる結論は未だない。

　地球温暖化を議論する「気候変動に関する政府間パネル（IPCC）」は1988年につくられ，2014年には第5次評価報告書を出している。IPCCは第1，第2，第3作業部会に分かれており，第1作業部会では地球科学的知見がまとめられ，第2作業部会では適応策が，第3作業部会では緩和策が議論されている。適応策は，例えば高温に強い品種の農作物を植えるなどの方策であり，緩和策は温暖化防止のための方策である。IPCCはもともと科学的な判断基準の提供を目的としていたが，その結果は国際的に大きな影響力を持つに至っている。現在，地球温暖化は避けられないということがコンセンサスとなりつつある。地球温

暖化防止に努力するよりも貧困などに対処する方が重要である，という強い意見もある。

地球温暖化防止については気候工学とも呼ばれる方策も検討されている。かなり知られておりまた実行可能性が高いものとして，成層圏に微粒子を撒いて「日傘効果」により冷却させるというものがある。他にも海の植物プランクトンの発生の制限要因となっている鉄を海に撒いて植物プランクトンの増殖を促すという方策がある。しかし，前者では炭酸ガスの増大に伴う海の酸性化などには効果はない。また，気候工学では地球システムを変更することのリスクが不明であることから，他の方策で効果がないときの最後の手段，いわゆるサルベージ療法の1つとして考えるべきであろう。

地球温暖化では自然科学的な研究が幅広く行われ大きな進展を見た。ところが科学的成果が必ずしも社会へは反映されていないとの批判が大きくなった。もともと学者は興味を持った対象を研究するのであり，社会への寄与は後回しとなる傾向がある。俗にいう研究のための研究である。このような状況を打破するため，「ダイナミックな地球の理解」「持続可能な社会への転換」「地球規模の開発」を3つの柱として科学者，研究者だけでなく政策者，市民，産業界を含めた問題解決型の研究を志向するFuture Earthという国際的な枠組みがつくられている。

5.2　オゾンホール

オゾンホールは，南半球の春先に起きる，南極上空の成層圏のオゾンが広く減少する現象である。成層圏のオゾンは太陽からの紫外線を吸収している。紫外線は，人体にとってビタミンDの生成のために必要ではあるが，DNAを損傷することから多く浴びるのは有害とされている。地球の歴史の中では，オゾン層のおかげで陸上に生物が上がることができたといわれる。

このオゾンは3個の酸素原子からできている分子であり，2個の酸素原子からなる酸素分子が太陽光により解離してできた酸素原子が酸素分子と合体してつくられている。つくられたオゾンはまた紫外線によって分解されるため，成層圏ではオゾンは一定の割合で存在している。オゾンに関しては，成層圏を飛

ぶ超音速旅客機構想が現れたときに旅客機のエンジンの排気ガスによりオゾン層が破壊されるのではないかという危惧が高まり，1970年代にオゾン層の研究が進んだ。このときに塩素によるオゾンの消失過程が提案されている。超音速旅客機は技術的，経済的に時期尚早であり，英仏共同で開発されたコンコルドが一定期間運行されただけで終わった。

1980年代に南極における観測からオゾン量の大きな減少がイギリスから報告された。我が国による南極観測の結果もあり，実はそれの方が早かったが，観測結果の報告のみであったこともあり，我が国の報告は注目されなかった。イギリスの報告を受けて米国で衛星観測データを再吟味したところ，南極上空の広域にわたるオゾンの減少が確認された。衛星観測ではデータの品質管理を行っており，オゾン量があまりにも少ないので異常データとされてはじかれてしまっていたという経緯があった。この後，オゾンホールという言葉ができた。オゾンホールの原因について理論と観測面から幅広い研究がなされ，フレオンが元凶であることがわかった。フレオンは我が国ではフロンと呼ばれる，米国のデュポン社が1930年から生産を開始した物質である。フレオンは安定していて人体に無害であり，冷凍機の冷媒などに広く使われていた。フレオンには塩素が含まれており，この塩素が冬に極域上空に現れる極成層圏雲の上に塩素分子として溜る。塩素分子は春先に太陽光が届くようになると紫外線により分解されて塩素原子がつくられ，これが触媒となってオゾンが分解される。

原因がフレオンと特定できたことから，1985年のオゾン層保護のためのウィーン条約に基づいてつくられたモントリオール議定書（1987年）で規制が始まった。その後，オゾンホールの拡大は止まり，現在は縮小に向かっている。

オゾンホールは，南極という人間がほとんど住んでいないところの出来事ではあるが，地球規模の現象である。それが国際的取り決めによって対策がなされ，しかも実効が挙がった。地球規模の環境問題への対処の成功例といえる。これには，第一に健康被害という明瞭な危険性があったこと，次に科学的研究により原因がわかったこと，そしてフレオンの生産元は先進国であり生産源が特定できて規制ができたことなどの理由がある。これに対して温暖化防止では，差し迫った被害が想定されない，すべての経済活動が絡んでおり，また被害者

と加害者が混じっている，南北問題が大きく絡む，さらに炭酸ガスだけでなくメタン排出や土地被覆の変化なども絡む，などで現在，対処が成功しているとはいえない。

5.3　生物多様性の減少

　生物多様性は比較的新しい概念であり，1980年代にウォルター・ローゼン（Walter Rosen）が提唱し，生物多様性フォーラムが米国のワシントンで1986年に開かれた。開発の進展に伴い，多くの生物が絶滅していることが背景にある。生物の種は確認されているもので数百万種，全部では推定で数千万種に及ぶが，この種が現在毎年0.01～0.1％絶滅しているといわれている。2100年には鳥類の12％，哺乳類の25％，両生類の32％が絶滅するともいわれている。

　生物多様性には遺伝子の多様性，種の多様性，生態系の多様性がある。さらに景観の多様性を加えることもある。同じ種の中でも遺伝子の多様性があると，重大な感染症が広がるなどしても種としての絶滅は免れる。種の多様性は文字通りさまざまな種の生物が存在することである。生態系とはさまざまな環境の中でさまざまな生物が関連して存続している状態をさしている。例としてはサンゴ礁や熱帯密林がある。

　生物多様性の必要性については，いくつもの考えがあるものの決定的なものはないようである。1つの有力な考えは，生物は他のさまざまな生物と複雑に関係しながら生存しており，この一部が欠けていくと人間を含めて生物全体に大きな影響が及ぶ危険性がある，というものである。先進国の人間は清潔を求め，他の生物から隔離されつつあるが，我々の腸の中にも大量の微生物が棲んでいてさまざまな作用をしているように，他の生物との関係の中で生きている。人間にはもともと生物を大事に思う心がある，という説もある。これはバイオフィリア（Biophilia）と呼ばれ，社会心理学者のエーリッヒ・フロムが使った言葉であるが，生物多様性に関して生物学者であるエドワード・オズボーン・ウィルソン（Edward Osborne Wilson）が広めた。ウィルソンは自らが密林の中で生物の研究をする人間であるので，ウィルソン自身にとってはバイオフィリアの考えは自然であろうが，すべての人間に，特に都市環境に住みなれてい

る人間に当てはまるかは疑問であろう。

　生物多様性の経済的価値を認めるのがもっとも一般的な考えである。人間は生態系から目に見える形でさまざまな恩恵を受けている。供給サービスとして食糧，淡水，木材，燃料などを得ている。調節サービスとして気候調節，洪水制御，水の浄化などがある。また文化的サービスとしてレクリエーションや教育がある。資源としての生物の面の1つとして，生物が持つ，膨大な可能性のあるさまざまな機能を模倣して新たな技術開発を行うことや，生物の持つ特殊な遺伝子を利用することがある。後者では特殊な遺伝子を独占してしまう「バイオパイラシー問題」が発生している。

　生物多様性の保護の方策には，固有種の割合が高く，また緊急に保全対策が必要な「生物多様性ホットスポット」を制定することや，生態系の要となるキーストーン種を特定すること，また生態系への負荷を数量化するエコロジカル・フットプリントの利用などがある。制度としては1971年に「特に水鳥の生息地として国際的に重要な湿地に関する条約（通称ラムサール条約）」が採択され，我が国も1980年に加盟している。また1973年には「絶滅のおそれのある野生動植物の種の国際取引に関する条約（通称ワシントン条約）」が採択されている。また，より包括的な国際的枠組みとして生物多様性条約が1993年に発効している。

6．おわりに

　人間は長い時間をかけてつくられてきた地球システムの上で繁栄してきた。これまでは地球環境に左右されてきたが，現代は人為的影響が地球環境を変化させている時代である。さまざまな地球規模の環境問題が発生しており，これらに対処しなくては子孫にその負債を負わせることになる。その一方では，東日本大震災やチェリャビンスク州の隕石落下など，頭ではわかっていても実際に起こるとは思っていなかった災害が現実に起こることが実証されている。世界の人口爆発にしてもわずか50年程度で世界人口が倍になり，今や人類という「大型獣」が70億も生きている。地球が過去に経験していない時代である。

明らかに地球が狭くなっており，人間活動が大きくなっている現代では，リスク管理も局地的にだけでなく地球規模で取り組むことが求められてきている。持続性社会がうたわれ，またリジリエンス（回復力）が強調される時代である。このような状況にある我々には，地球環境そして人間環境に関するより深い知識が必要であり，そのうえでの適切な判断が求められている。

参考文献

地球環境に関する書籍は，大きな本屋に行って棚を眺めたり，大学の図書館を見るとわかるように数多くある。本章を書く際に参考にした書物の一部を以下に記す。

朝日新聞科学医療グループ編（2011）『やさしい環境教室――環境問題を知ろう』勁草房。
気象庁訳（2015）『IPCC第5次評価報告書　第1作業部会報告書　政策決定者向け要約』気象庁。
九里徳泰・左巻健男・平山明彦（2014）『新訂　地球環境の教科書10講』東京書籍。
サダヴァ，D.（2014）『大学生物学の教科書　第5巻　生態学』講談社ブルーバックス。
多田隆治（2013）『気候変動を理学する』みすず書房。
ノードハウス，W.（2015）『気候カジノ』日経BP社。
バートン，V. L.（1964）『せいめいのれきし』岩波書店。
増田啓子・北川秀樹（2009）『はじめての環境学』法律文化社。
宮原ひろ子（2014）『地球の変動はどこまで宇宙で解明できるか』化学同人。
本川達雄（2015）『生物多様性』中央公論新社。
渡邊誠一郎・檜山哲哉・安成哲三編（2008）『新しい地球学』名古屋大学出版会。

第2章　熱帯林の破壊

犬井　正

第2章の学習ポイント

◎自然環境に関する基礎的な知識を身に付けることで，さまざまな環境問題が発生する原因や深刻化する過程を正確に把握できるようになるということを理解する。

◎熱帯林で暮らしてきた先住民の，自然環境に適応した生活を可能にする知恵や文化について理解したうえで，持続可能な森林経営に関して先住民からどのようなことが学びとれるかを考える。

◎現在の熱帯林の荒廃を招いているのが，商業的な木材生産のための大規模伐採や都市からの移住民による非伝統的焼畑耕作などであることを学び，森林破壊をもたらす経済的・政治的・社会的要因についての理解を深める。

1．熱帯林の生態的特徴

1.1　熱帯林の分布と特徴

　熱帯地域ではさまざまなタイプの熱帯林がみられる（図2-1）。北東貿易風系と南東貿易風系の両者の気流が収束する赤道から南北緯度10度までの低緯度帯をITCZ（熱帯収束帯）という。ITCZ付近では，1年中気温が高く雨が多い熱帯雨林気候がみられ，高木の常緑広葉樹林の熱帯雨林が広がっている。主要な熱帯雨林は，南米，西赤道アフリカ，そして東南アジアの3地域でみられる。南米ではアマゾンとオリノコ盆地で広くみられる。その面積は56％と世界全体の半分を超えており，その内訳はブラジルが大部分で総面積の48％を

占める。すなわち、アマゾニアが現在、世界最大の熱帯雨林地域である。典型的な熱帯雨林の垂直構造をみると、5層からなっている。熱帯雨林の樹冠の高さは平均すると30〜35mで、樹冠と樹冠が接し林冠を形成している密生林（クローズドフォレスト）である（図2−2）。最も発達した熱帯雨林には、最上層の大木の平均樹高が50m以上に達する「超高木」もみられる。熱帯林の中で、最も高密度である熱帯雨林の特徴的な点は、生物体量（バイオマス）が非常に稠密であるということが挙げられる。1 km^{2}の熱帯雨林の木材重量は、温帯林の森林におけるそれの200〜300 km^{2}分に相当する。熱帯雨林の他の特徴

図2−1　熱帯地域における森林の分布

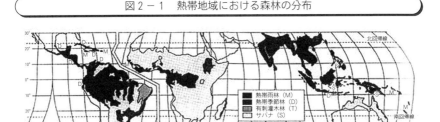

出所：Kellman, M. and R. Tackaberry（1997）*Tropical Environments*, Routledge.

図2−2　熱帯雨林の特徴（プロファイル）

	構　造	特　徴
	超高木	日光と風にさらされ、気温の日周変化がみられる。
	着生シダ類や着生ラン類	鳥類、昆虫類のほとんどすべての分類群が棲息。
	林冠 ほぼ連続的に鬱閉。日光の70−80％は吸収される。幹生花（果）の種が多い。	森林動物の多くが棲息。動物は滅多に林床には降りない。
		短時間林床に降りてくる動物が多い。日周変化がほとんどみられず微風、微光で成長量は小さい。

出所：パーク、C.C.（犬井　正訳）（1994）『熱帯雨林の社会経済学』農林統計協会。

は単一の優占種で構成されている地域がなく，非常に多くの樹木の種類によって構成されていて，種の多様性が極めて高くなっている（犬井，2004）。

ITCZから離れるにしたがって明瞭な乾季があらわれ，その乾燥する期間が長くなるにつれて森林の樹高は次第に低くなり，乾季に落葉する樹木が増えてくる（図2-3）。このタイプの森林は，「熱帯季節林」といい，特に大木のほとんどが落葉性になった季節林のことを「雨緑林」と呼ぶ。季節林の中で，1年のうち乾季が5～6カ月間もあるような地方では，樹高の低い落葉樹が間隔をおいて生えているので，林冠は形成されない。これを疎生林（オープンフォレスト）といい，いわゆるサバナ帯で林地と草地が入り混じった景観になる（犬井，2004）。熱帯から亜熱帯にかけての海岸や河口部の海水と真水が混じる汽水域の潮間帯には，マングローブ林がみられる。

図2-3　熱帯地域における森林型の変化

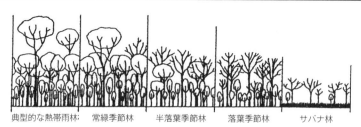

出所：吉良竜夫（1983）『熱帯林の生態』人文書院。

1.2　熱帯林を支える土壌の特色

熱帯の土壌は一般的に地力が乏しいが，それは長い地質時代の間に，降雨によって土中の養分が溶脱されてしまったからである。その代表的なものは成帯土壌のラトソルで，オキシソルあるいは鉄アルミナ質土壌とも呼ばれる赤色土壌である。湿潤・高温な環境下では激しい風化・溶脱作用によって，Ca，Mg，K，Naといった塩基類や珪酸の大部分は失われ，土壌中には鉄やアルミニウムの酸化物が多量に集積している。3m以上にも達する厚く均一な土層からなり，下部には赤白の網状斑を示すプリンサイトと呼ばれる層がみられる。上

部の土層が浸食されてプリンサイト層が地表に露出し，直射日光にさらされると硬化して，ラテライトと呼ばれる硬い皮殻が形成され，農地や牧場としてはまったく利用不可能となる（犬井，2004）。

　ラトソルは，排水性はよいが有機物や養分をほとんど含まない極めてやせた土壌である。それにもかかわらずラトソルの上に高木からなる熱帯雨林が繁茂しているのは，常緑樹なので年間を通して出葉と落葉が連続的に行われており，この落ち葉が栄養分の循環において重要な役割を果たしているからである。多量の落ち葉がシロアリや細菌などの土壌生物や微生物によって急速に分解され，林床を覆う細かい樹木の根の厚い絨毛と，根に共生する菌類によって吸収される。原生林状態では，落ち葉の分解によって得られる地力要素は再び急速に植物体内に吸収されるため，地下水に溶けて流亡してしまうものはごくわずかで，同時に土壌中にたくわえられるものもほとんど残っていない。バクテリアや他の微生物の働きで，大気中の窒素は植物の根が吸収できる窒素化合物に変えられる。しかし，森林の伐出や焼き払いなどによって有機物は急速に枯渇してしまう。したがって，見事に繁茂した熱帯雨林の林床でみられる土壌は，極めて痩せているものが多い。熱帯雨林が破壊されると，こうした植物と土壌の間の養分循環過程が断ち切られ，土壌からの養分供給がないので森林の回復は極めて困難になる（犬井，2004）。

　一般に「熱帯雨林がどんどん伐採されて砂漠化する」といわれることがあるが，これは2つの地球環境問題を短絡した結果起きた誤解の1つである。高温湿潤な熱帯気候下の熱帯雨林を伐採した後，火入れなどをしたりして裸地にすると，表土の流失や浸食，硬化などが起こり，しばしば不毛の地となるが，原因・過程が砂漠化とはまったく異なる。砂漠化とは，乾燥・半乾燥地域を中心にして，気候変動やさまざまな人間活動などの原因によって土地がさらに乾燥・劣化し，生産力が極度に低下しやがて砂漠のような状態になることをいう。地球環境問題をきちんと理解するためには，熱帯と乾燥帯の違いなど自然環境に関する基礎的な知識を明確にしておく必要がある。

2．熱帯林と先住民の生活

　熱帯林では，多彩な部族集団がそれぞれ固有な生活様式で暮らしている。人々の日常生活は，野生の鳥獣や魚介類をとったり，野草や果実を採取したりする狩猟・採集や，焼畑耕作を行っているが，いずれも熱帯林をはじめとした自然環境から切り離しては考えられず，信仰・慣習も森林生活の中で生まれたものである。狩猟採集民は，他の部族以上に外部の者との接触が少ないが，農耕民とは交易上の結びつきを持っている。長い間，熱帯林のおかげで，豊かな資源に依存して，ひっそりと安全に独立部族として生活することができた。しかし現在，商業的な木材生産やプランテーション農業が盛んに行われているところでは，狩猟採集民の貴重な狩り場や，農地や居住地が狭められている。拡大する熱帯林の開発や観光地化が先住民の伝統的な価値観を覆し，新たな生活様式との葛藤を生んでいる（犬井，2004）。

　伝統的な焼畑農業では切り倒された樹木の幹や枝や葉が焼かれ，それらに含まれる地力要素が作物の肥料に変えられる。焼畑農法は土壌を一時的に改善するが，火が入ると地表の温度は590℃，地下1cmのところでも170℃を超えるため，萌芽が死に，耕作が始まると木本類は除去されてしまい種子の供給源がなくなる（熊崎，1993）。しかし，小規模な伐開であれば，付近の森林から種子が供給され，耕作を放棄すればやがて二次林が回復する。伝統的な焼畑農民は，小規模な農業を持続的に続けていくために，森林が自然に回復するのに必要な広さを経験的に習得してきた。焼畑農民は焼畑に多年生の作物を栽培することによって多くの問題を解決している。コーヒー，カカオ，マンゴー，ココヤシ，バナナといった作物の樹冠は土壌を雨の衝撃と太陽光線による乾燥から保護し，落ち葉はその場で分解し，肥料になる。大部分の焼畑では，背丈と生長型の異なる種類の作物が混作されている。それによって1種類の作物の栽培によって起こりがちになる病虫害の爆発的な発生を抑制することができる。また，陸稲やトウモロコシ，豆類，カボチャなどの1年生作物を，マニオクやヤムなどの生長期間の長い作物や，経済的に重要な果樹および工芸作物と一緒に

混作するが，それによって1つの土地で次々に種々の作物の収穫ができ，作物がまったくなくなってしまうことはほとんどない。雑草が生い茂り，地力が低下して収穫量が著しく低下した後でも，農民は古い焼畑に行き，この畑が開かれたときに植えたヤシや他の樹木作物の果実を収穫することができる（犬井，2004）。これはまさに森林と農業を組み合わせた「アグロフォレストリー」の原型にほかならない。

　焼畑耕作は，休閑によって森林を回復させて再び焼畑として利用する。アマゾン地域の西部では14～20年の休閑で森林に遷移させることができる（図2－4）。焼畑耕作はこのように生態的に健全であり，人口密度が低い熱帯の多くの地域には適した農法であるといえる。広大な森林がある地域では自給を確保するとともに，多少の市場向け農作物も生産することが可能である。何世代にもわたって森林の中で生活し食料を得てきたという経験は，先住民に森林や豊富な生態学的資源，そして多くの有効な利用法についての詳細で，高度で，し

図2－4　遷移を利用した伝統的な焼畑耕作（模式図）

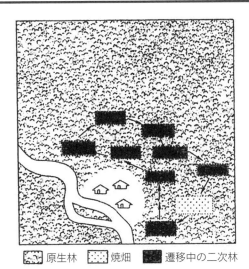

原生林　　焼畑　　遷移中の二次林

出所：ホイットモア，T.C.（熊崎　実・小林繁男監訳）（1993）
　　　『熱帯雨林総論』築地書館。

かも実際的な知識を育んできた。熱帯林の中で得られる植物はさまざまな用途に使われており，あるものは採取された野生種であるが，大切に栽培されてきたものもある。例えば，タイ北部のルア族は，75種の食用作物，21種の薬用作物，20種の儀式用や装飾用の植物，7種の編み材や染料の原料となる植物を一緒に栽培している。東南アジアの伝統的な呪術療法師は，6,500種もの植物をマラリヤ，胃潰瘍，梅毒をはじめとした病気の治療に用いている（パーク，1994）。森林の民である先住民は，どんな森林資源も短期間のうちに過剰に採取してしまうようなことは決してしない。これは繊細で，しかもうまく自然環境に適応した，高度で持続可能な生活様式である。それは数世代にわたって築き上げられ，実際的な経験から生まれ，森林に対して払う敬意やアニミズム的信仰などが融和した結果である。伝統的な森林の民は，森林植物や野生動物の異なった利用方法や特性についての知識が，先進国の人間に比して格段に優っている。熱帯の生態を知らない先進国の多くの投資家たちが，広大な熱帯林を剥ぎ取りプランテーション農場や牧場を拓こうとして失敗している。持続可能な森林経営は，先住民の持つ森林文化から学びとることが大切である。ところが，熱帯林の破壊によって，多くの部族が離散したり，人口数が減少したりしている。森林文化を持つ先住民が世代を超えて蓄積してきた熱帯林の生態や利用に関する知識も，消滅の危機に瀕している。森林や多くの種の消滅と同様に，いったんこうした知識が失われてしまうと，永遠に消失してしまうことになる。すなわち「森林文化」の消失を招くことになる。森林文化の担い手である先住民の森林での生活権を奪わないことは，森林資源の持続的な活用を志向していくうえで重要なポイントになる（犬井，2009）。

3．熱帯林の破壊と消失

　FAO（国連食糧農業機関）が初めて森林破壊の現実を明らかにしたのは，1981年であった。これによると，世界の森林の年間消失面積は約1,000～1,130万haと推定され，そのほとんどが熱帯林の破壊によるものであった（村嶌・荒谷，2000）。その後の調査においても，森林の消滅や破壊に歯止めがかからず，1990

年から 2000 年にかけて，年平均 940 万 ha の割合で減少し，2000 年時点の世界の森林面積は陸地のおよそ 3 割を占め，約 39 億 ha になった。世界の森林面積の減少を地域ごとにみると，ヨーロッパ地域のみは森林面積がわずかながら増加しているが，アフリカ，アジア，南アメリカでは天然林の減少が顕著で，特に世界の森林の約 47％を占める熱帯林の減少が著しい（図 2 − 5）。1990〜2000 年の間，毎年，東南アジア，中南アメリカ，西赤道アフリカを中心として，1,420 万 ha もの天然林である熱帯林が消失したと推定されている（表 2 − 1）。

図 2 − 5　地域別森林面積の年間純変化（1990〜2000 年）

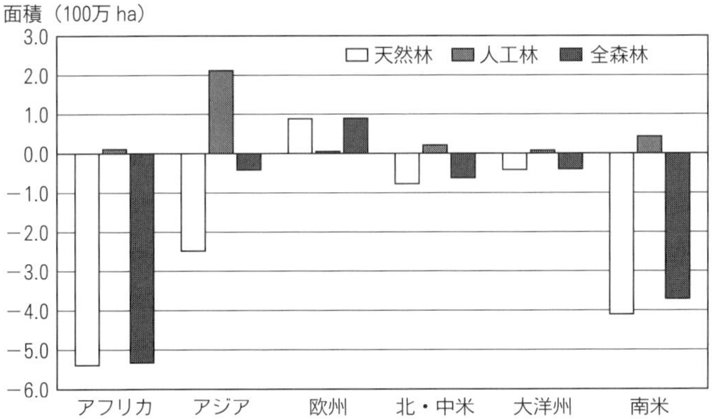

出所：FAO 編『世界森林白書（2001 年報告）』。

表 2 − 1　熱帯林・非熱帯林の年間総・純変化面積（1990〜2000 年）

地　域	森林減少	森林面積の増加[1]	森林面積の純変化
熱　　帯	−14.2	＋1.9	−12.3
非　熱　帯	−0.4	＋3.3	＋2.9
世　　界	−14.6	＋5.2	−9.4

（注）1　森林面積の増加は，森林の自然増および新規造林の合計を示す（単位，100 万 ha）。

出所：FAO 編『世界森林白書（2001 年報告）』。

東南アジア，中南アメリカおよび西赤道アフリカの3地域で共通する熱帯林の減少の原因は，農地への転用と輸出用木材の伐採によるものである。近代化に伴い人口が増加すると，薪炭材の使用量が増大したり，多量の食料を生産するために耕地が拡大されたりして，熱帯林が伐開されてきた。熱帯林を保有する途上国は，貿易収支の悪化，累積債務の増大，国内経済開発資金の不足という一連の問題に悩まされている。そのため，外貨獲得のてっとり早い手段として熱帯林の伐採が当然のことのように進められている。伐採された熱帯硬材は，中南アメリカではアメリカ合衆国を中心に，東南アジアではおもに日本向けに，西赤道アフリカではヨーロッパ諸国へ輸出されている。

　このほか，中南アメリカでは熱帯林の放牧地への転用が特徴的である。エルサルバドルなどの中米では森林を焼き払って牧場を造成し，おもにアメリカ合衆国向けの食用牛が放牧され，熱帯林は壊滅的な状況になっている。南米のアマゾン地域では，入植者や外国企業に伐開した土地の所有権を認めたり，税制を優遇したり，伐採と放牧場の造成に対して補助金を与えたりしてきた。そのため，1980年までに転用された熱帯林の72％が牛の放牧場になった。

　そのほかにも，熱帯林消失の原因として，外国企業によるプランテーション農地の建設，政府の政策による人口過密都市のスラム住人の熱帯林地域への移住，幹線道路整備や水力発電のためのダム建設，鉱産資源の開発に伴う熱帯林伐採，森林火災等が考えられる。

4．先住民の焼畑耕作は熱帯林破壊の元凶か？

　ここで留意しなければならないのは，熱帯林破壊の原因の1つとして焼畑が挙げられ，焼畑耕作のすべてが往々にして森林破壊の犯人として非難されている点である。第2節で説明したように，長い間森林の中で暮らしてきた人々は，熱帯林をむやみに破壊したりはしない。熱帯雨林において，小林地の周期的伐採と植生の再生という森林の民による利用は，森林破壊どころか森林環境と種の多様化の両者に貢献してきたとさえ指摘されている（パーク，1994）。熱帯林を荒廃させているのは，土地を持たない都市からの多量の移住民が，商業伐採

の跡地に入り込み，広範で大規模な非伝統的焼畑耕作を行った結果である。大規模な焼畑が行われると，種子の拡散も不可能になり，森林に復元することが困難な状態になってしまう。耕作を開始すると地力が急速に消耗し，新たな有機物の供給がない土壌はもとの貧弱な状態に戻ってしまう。地力の低下とともに，雑草の侵入で収量が減少するので，農民はわずか2～3年間作物を栽培するだけで焼畑を放棄せざるを得なくなる。彼らは本来的に地力の低い熱帯の森林土壌についての知識もなく，適切な農業の知識もほとんどないので，新たに広大な原生林が焼き払われるという悪循環が生じている（ホイットモア，1993）。

　東南アジアと中南アメリカ，西赤道アフリカの熱帯林破壊の原因は類似した点も多くあるが，それぞれの熱帯林保有国の人口増加，貧困，土地制度，政治体制などのさまざまな社会的・経済的要因が絡んでいて複雑である（犬井，2009）。

5．熱帯林の保全と適切な開発

　熱帯林の破壊は熱帯林が存在する熱帯地域だけの問題ではなく，なぜ地球規模の環境問題といわれているのだろうか。熱帯林は世界の陸地面積の約1割にすぎないのに，そこには樹木だけでなく地球上の生物種の半数以上といわれる多数の種が存在し，極めて豊かな生態系がみられる。熱帯林が大規模に破壊されれば，木材資源が枯渇するだけではなく，伐採跡地で土砂崩れや洪水が発生し，生態系が破壊されてしまう。そればかりか，地球全体の雨水の循環や二酸化炭素の固定量などにも影響が及ぶ。さらに将来の医学や科学の発達に役立つ可能性のある多くの生物種や遺伝子の絶滅を招くことにもなる。したがって，熱帯林の破壊は，熱帯林を保有している熱帯地域だけの問題ではなく，地球規模の環境問題の1つとして考える必要がある。

　ここで注意しなければならないのは，「熱帯雨林は，炭酸ガスを吸収し，酸素を供給する地球の肺である」といわれることがあるが，これは熱帯雨林の重要性を訴えるためのスローガンであり科学的には正しくはない，という点である。極相林をなす成熟した熱帯雨林は，炭素のシンク（吸収源）でもソース

（発生源）でもない。熱帯林に限らず稚樹から生長が盛んな若木，生長を止めた老木から枯死する樹木までを含む成熟した森林では，光合成や呼吸作用，微生物や菌類による分解作用などが行われるため，自然状態の炭素循環過程の中ではほぼ均衡がとれている。酸素にしても二酸化炭素にしても，吸収量と放出量は森林内で収支がとれていて，森林がそのままの状態であれば，酸素や二酸化炭素という点からは大気に影響しない（吉良，2001）。もちろん森林が伐採されて焼かれれば，化石燃料を使うときと同様に，大気中の炭酸ガス濃度を高めて地球温暖化を加速する一因になりうる。

　熱帯林の適切な開発と保全を目的として，熱帯林行動計画（TFAP）が1985年に国連を中心にして立案されたり，世界自然保護基金や国際自然保護連合などの民間団体による国際プロジェクトがつくられたりしている。1986年には熱帯木材の生産国と消費国の両者が加盟したITTO（国際熱帯木材機関）が設立され，熱帯林の持続可能な開発などの取り組みが開始された。1992年に開催された「地球サミット」で，森林に関する初めての世界的なコンセンサスを示す「森林原則声明」および「アジェンダ21」が採択され，それ以降，国連の「持続可能な開発委員会」などさまざまな国際会議の中で，世界の森林保全と持続可能な森林経営に関する議論が行われてきた。森林資源は，本来，更新性の資源であり，適切な修復や管理をすれば持続可能である。森林の開発と木材の輸入を即時停止すれば，森林破壊に歯止めがかかるという主張もあるが，そのような単純な図式ではない。発展途上国は，生活水準向上や経済発展のためにも，熱帯林の開発が今後も必要であるというジレンマに立たされている。したがって，日本の果たすべき役割として，発展途上国の経済発展が労働集約的な方向に進むように援助していくとともに，ITTOの国際熱帯木材協定に掲げられた「木材貿易は持続的に管理された森林からの木材に限る」という条項を具体化していくことが重要である（パーク，1994）。

参考文献

犬井　正（2004）「熱帯地域——経済開発と環境破壊」山本正三・内山幸久・犬井　正・田林　明・菊地利夫・山本　充『世界の自然環境と文化』原書房，51〜76頁。

犬井　正（2009）「環境教育の教材（熱帯林の破壊）」中村和夫・高橋伸夫・谷内　達・犬井　正編著『地理教育と系統地理』（地理教育講座第Ⅳ巻）古今書院，969〜979頁。

吉良竜夫（2001）『森林の環境・森林と環境——地球環境問題へのアプローチ』新思索社。

熊崎　実（1993）『地球環境と森林』（林業改良普及双書 No. 114）全国林業普及協会。

パーク，C. C.（犬井　正訳）（1994）『熱帯雨林の社会経済学』農林統計協会。

ホイットモア，T. C.（熊崎　実・小林繁男監訳）（1993）『熱帯雨林総論』築地書館。

村嶌由直・荒谷明日見（2000）『世界の木材貿易構造』日本林業調査会。

第3章 持続可能な社会に向けて
―人口問題を考える―

秋本弘章

> **第3章の学習ポイント**
> ◎地球上において人類がその数を大きく増やすことができたのは，さまざまな環境に人類が適応してきたためであることを確認したうえで，なぜ人類が多様な地球環境に適応することができたのかを学習する。
> ◎人類が，他の動物にはない文化や技術によって自然環境を改変して農業生産力を高め，増加していく人口を支えることを可能にしていった経緯を学ぶ。
> ◎現代において，先進国や発展途上国の経済が成長し世界人口が増加していくのに伴い，人類の活動がいかに地球に対して強い負荷をかけるようになったかを理解する。

1．世界の人口

　2016年7月現在，地球上には70億を超える人類が居住している。第1回世界人口会議が開かれた1974年の世界人口は約40億人であったから，わずか40年間で1.75倍にもなったのである。これから世界人口はどうなるのであろうか。

　我が国では少子高齢化が課題となっており，人口が減少していく中で社会保障制度などをいかに持続可能なものにしていくかが課題となっている。これは日本だけでなくヨーロッパ諸国などでも同様である。しかしながら世界全体で

みると，人口の急増が大きな課題となっている。国連の統計によれば，1965年から1970年の年平均人口増加率は2.0％を超えていた（UN DESA Population Division, 2015）。2010年から2015年の年平均人口増加率はやや低下し，1.2％程度と推計されているが，人口規模が大きくなったため人口数の増加は著しい。2015年の1年間で人口は約8,000万増加する計算となる。

地球上に人類が誕生したのは約20万年前と考えられている。その後，人口の増加とともに居住地域を拡大させながら現在に至っている。人類誕生当初，人口の増加は緩慢であった。1世紀頃の世界人口は2億～4億程度，産業革命が始まった18世紀中頃でも6億3,000万～9億6,000万人程度と推計されている。産業革命をきっかけに世界の人口は急増し始めた。人口増加率は0.5％ほどになり，1900年頃の人口は16億人から18億人に達した。第二次世界大戦以降，人口増加は加速し，「人口爆発」と呼ばれるようになった。1970年頃の人口増加率は2％を上回るような状況となった。その後は，人口増加率は徐々に低下してはいるが，人口数が多くなったため，増加数では多い状態が続いている（図3－1）。

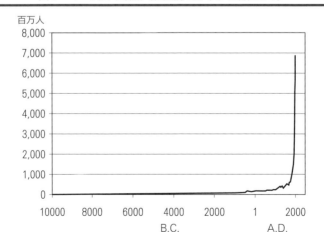

図3－1　人口の増加（紀元前1万年から現在まで）

出所：U.S. Census Bureau.

2. なぜ人口は増加したのか

2.1 人類の特質と生存空間

　このように人口が増加した理由は何か。人類の生物としての特徴から考えてみる。人類と野生の動物との違いはさまざまである。ここではまず，その生息範囲をみてみよう。人類の居住空間，すなわちエクメーネは南極大陸やグリーンランド内陸部を除き，地球上のあらゆる場所に広がっている。ほかの動物でこのような広がりを持っているものはいない。白クマは極北地方にしか生存していないし，象はアジア・アフリカの限られた地域にしか生息していない。人類に最も近い動物とされるサルも熱帯・亜熱帯に限られている。人類が地球上のさまざまな環境に適応可能であったことが人口増加の要因と考えられる。

　ではなぜ，人類は地球上のさまざまな環境に適応可能であったのだろうか。2つの生物学的特性を挙げてみよう。

　一般に野生動物はその生息域が限られている。その主たる要因は食料にある。例えば，コアラは現在オーストラリアの東部にしか分布していない。それは，コアラが好んで食べるユーカリがそこにしか分布していないからである。また，ペンギンの生存域は赤道付近から極寒の南極大陸にまで及ぶが，南半球にのみ生息している。ペンギンは，オキアミやイカ，魚類などを食するため，栄養塩類の豊富な南極大陸から発生する寒流の流れる範囲に分布が限られるためである。

　一般に野生の動物は，エサとする動植物が決まっている。人間と同様な雑食性の動物であったとしても主たるエサは限られる。例えば，ジャイアントパンダは，自然界ではタケやササ以外のものを食することはほとんどないという。つまり，食料となる動植物の分布が分布地域を規定しているのである。

　しかし，人類はどうであろうか。穀物や野菜といった植物だけでなく，豚や羊，牛といった動物も食料としている。昆虫も食料とする。俗に中国人は「4つ足のものは机以外なんでも食べる」などともいわれているが，実際その食材は幅広い。中には高級中華料理の食材とされる「ツバメの巣」など，どうして

こんなものまで食するのかと疑問になるものさえある。またフランス料理も負けず劣らず何でも食材にしている。

　もちろん，人類の食料は地域によって差がある。一般に熱帯などの純一次生産力が豊かな地域では植物を食料にする割合が高く，気温が下がり一次生産力が低くなると肉食が中心となる。また，日本やノルウェーなど陸上での食料生産に限界がある地域では魚介類の消費が多くなる。イスラム教では豚を不浄のものとしているため食さないといったような食物禁忌も一部存在する。しかし，基本的に人類は何でも食べることができ，それらを栄養に変えることができる。また，消化しにくいものであっても，さまざまな工夫によって食料とすることを可能にしてきた。結果として，地球上のあらゆる場所に居住することが可能になったのである。

　もう1つの理由が，他の動物のように外界から身を守る毛皮を持っていないということである。動物の毛皮は極めて断熱効果が高い。羊の例であるが，外気温が50℃近い状況であっても，逆に0℃に近い状況であっても体温は39℃を維持している。毛皮に覆われているから，熱帯に近い気候のオーストラリア大陸であっても，寒冷なスコットランド北部でも飼育可能なのである。

　羊は家畜化されていることもあって地球上の広範囲に分布しているが，それでもあらゆる場所に適応できるわけではない。熱帯地域や亜熱帯の湿潤地域に少ないのは毛皮のせいであるともいえる。通常，動物は体温調整のために発汗作用を行っている。熱帯，亜熱帯地域の高温地域では発汗により体温を下げることが必要となるが，毛皮は発汗を阻害してしまうのである。熱帯や亜熱帯に居住する動物に夜行性のものが多いのも，高温となる昼間に熱の発生を抑える目的があると考えられる。熱帯アフリカで発生した人類が毛皮を持たないのは，高温多湿の自然環境に適応した結果であるともいえよう。

　外界の刺激から体を守る毛皮を持たなくなったことは，人類がさまざまな環境で活動できる条件を与えたといってよい。すなわち，地域の環境に合わせて毛皮を付け替えること—つまり衣服を着るということ—が可能になったからである。一般的に，動物の毛皮はそれぞれの動物の生育地域の環境に合わせて毛の密度や長さが決まっている。人類は，地域の環境に適応した動物の毛皮，さ

らには植物質の繊維を利用することで，多様な環境の下で生存が可能になったのである。

　すなわち，人類が他の動物より広い生存空間を獲得したことが人口増加の1つの基盤となったのである。

　ところで，個体数はその生存範囲の大小のみで決まるわけではない。一定の範囲の中にどの程度の個体数が生存可能かということも重要である。

　北極圏に分布するレミングには，「集団自殺する」とか「集団で海に飛び込む」という伝説がある。実際，スカンジナビア半島に分布するレミングは集団で移動することがあり，その際一部の個体が崖から海に落ちることがあるという。同時に，レミングは周期的に個体数が変動することも知られている。レミングに限らず，例えばイワシなども周期的に個体数が大きく変動することが知られている。これらの事実から「集団自殺」の伝説が生まれたのであろう。しかし，今日の科学ではこうした個体数の変動は「集団自殺」ではなく，環境条件の変化によるものと考えられている。

　レミングはネズミ目に属する小動物であり，他のネズミと同様高い繁殖力を持っている。しかし，当然のことながらネズミが増え続けることはない。なぜならば生まれた個体のすべてがそのまま成体となって繁殖を繰り返すわけではないからである。レミングは多産であるものの，レミングを捕食する動物もまた多い。つまり他の動物のエサになるというわけだ。

　フィンランドとドイツの科学者のチームによれば，グリーンランドのレミングは4年周期でその数を変動させているという（Gilg, et al., 2003）。その数の変動はまた，レミングをエサとするオコジョの個体数変動とも一致する。すなわち，レミングが増加する → レミングを捕食するオコジョの増加 → レミングの減少 → オコジョの減少 → レミングの増加というサイクルがみられるというのである（図3－2）。

　一方，集団での移動は未解明の部分があるが，生息地域にエサがなくなってしまった場合，集団で移動することは観察されている。一般に極北地域ではその環境条件から冬季に食料を得ることが極めて難しくなる。そのため，冬季に食料が得られる南方に移動する動物がいる。渡り鳥はよく知られているが，そ

図3−2 レミングとオコジョの個体数の変化（上は実証，下は予測モデル）

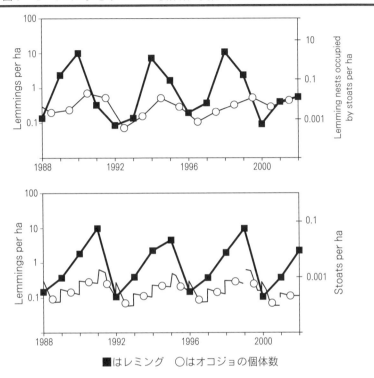

■はレミング　○はオコジョの個体数

出所：TRANSPOL'AIR-L'AVENTURE POLAIRE.

れ以外の動物でもこうした移動を行う種がある。そして，移動の途中で死んでしまう個体は一定数ある。レミングの集団自殺の伝説も，周期的な個体数の変動と，居住地域の移動が結びついて語られた神話なのかもしれない。

　いずれにしても，一定範囲の生物の個体数は食料資源の量によって規定されているといってよい。初期の人類は，地球上の広範囲に居住することで数を増やしたが，居住する地域の食料資源が人口数を決定付けていた。

2.2 生態系の改変——農業生態系の確立と人口の安定

ところで，人類が他の動物と異なる最大の特徴は，文化・技術を持つということであろう。そしてそれらの文化・技術によって，人類は自然環境を改変することが可能になったのである。自然生態系の中で狩猟・採集生活を営んでいた人類は，約1万5000年前に農耕を始めた。すなわち，自らの食料確保を自然の営みに任せるのではなく，自然に積極的に関与することで安定確保を図ったのである。アルビン・トフラーはこの事実をその著『第三の波』の中で，人類史上最初の重大な変革と位置付けている（トフラー，1980）。

農耕の発生場所については諸説がある。最も有力な説は，中東を起源とする考え方である。乾燥・半乾燥状況の中東地域では遺跡の保存状況が良く，多くの考古学的証拠が発見されている。また，植物学的観点からもムギ類が野生種をもとに栽培種へと変質させてきた地域であるとみなされている。一方，東アジアや東南アジアでは気候的特質から遺跡が残りにくく，発見が遅れていたが，近年の発掘調査によって，中国長江流域では約1万年前に米が，ニューギニアでは9000年前にイモ類が栽培されていたことが明らかになっている。

いずれにせよ，農耕が始まったことで人口は増加・安定することとなった。中東から農業が伝わった古代エジプトでは300万人から500万人の人口があったと推定されている。1950年のエジプトの人口は約2,000万人であったから，その数がいかに多かったかが理解できよう。

中東を起源とする農耕文化は，地中海地域からアルプス以北へと伝播した。しかし，アルプス以北のヨーロッパは夏の気温が十分上がらないという制約から収穫量は限られたものであった。限られた植物生産力を補うために動物が食料として利用されてきた。動物も自らの生存，すなわち食料確保のために一定の領域を必要とした。そのため，中世までのヨーロッパでは動物の生存空間，すなわち森林が広範囲に広がっていたのである（図3-3）。

こうした状況が変化するのが，18世紀のいわゆる農業革命である。北西ヨーロッパの伝統的な農業は，耕地を3分割し，冬作－夏作－休閑を繰り返す三圃式農業というものであった。農業革命の最大の変化は，この休閑地にクローバーなどマメ科の植物を導入したことである。マメ科の植物は根に根粒バクテリア

> 図3-3 ヨーロッパの森林の変化（900年頃と1900年頃）

出所：佐々木博（1986）『ヨーロッパの文化景観』二宮書店。

が寄生する。根粒バクテリアの働きで空中窒素が固定され，土地が肥沃になるのである。また，マメ科の植物は家畜の飼料となった。家畜の飼料が確保できたことにより，家畜の放牧場所であり飼料確保の場所であった森林の需要が減り，農地の開墾が進んだ。また，多くの家畜を舎飼することで「糞」すなわち有機質肥料を多く集めることが可能となった。それらを畑に施すことで地力が向上し，生産力は増加した。耕地の拡大と土地生産性の向上に伴って，ヨーロッパの人口は増加し，人口密度は高まった。

3．人口問題の出現とその解決
——マルサスの人口論からローマ・クラブ『成長の限界』へ

　ヨーロッパでは人口が増加することとなったが，18世紀末には人口増加の矛盾が表面化していた。こうした中で著されたのがマルサスの『人口論』（1798）である（マルサス，1948）。マルサスは，人口も他の生物集団の個体数の変化と同じであると主張する。すなわち，人口は抑制されなければ幾何級数的に増加するが，一方で人口はその土地で生産される食料に制限されるので一定数に落ち着く，というのである。マルサスが問題としたのはこの一定数に抑える力である。貧困や戦争，疫病の流行等によって人口が抑制されるのは道徳的

ではないので，自発的道徳的方法によって人口の増加を抑制すべきであると説いた。

　マルサスの主張の背景には，開発可能な土地資源の有限性という問題があった。中世のヨーロッパは森の世界といわれていたが，農業革命の拡大に伴って，ヨーロッパの森林の開墾が進み，新たに開墾可能な場所はほとんどなくなっていたのである。18世紀半ばから19世紀にかけて起こった産業革命の特徴の1つとして，石炭の利用が挙げられるが，それは木炭資源＝森林の枯渇が要因の1つとも考えられている（図3－3）。

　1700年代後半にはフランスで飢饉が発生，その後フランス革命が勃発するなど，社会の混乱がみられた。これを人口と食料生産のアンバランスを調整する動きとみなし，こうした混乱による人口の調整は問題であるとマルサスは考えていたのである。19世紀になっても飢饉や戦争などいわゆる非道徳的な事態は何度となくあった。とりわけ19世紀後半のいわゆるジャガイモ飢饉では，アイルランドにおいて20％の人口減少がみられたという悲惨な状況が発生した。

　しかしながら，一時的，局所的に人口の減少がみられたものの，地球全体ではマルサスの予言とは異なり人口増加は続いた。これには2つの要因があった。1つは新大陸の開発の進展である。1821年から1920年までの100年間で約3,300万人がヨーロッパからアメリカへと渡っていった。そしてアメリカでは西部の開拓が急速に進展する。すなわち空間の拡大が過剰人口を緩和したのである。また，ヨーロッパにはアメリカから多くの食料が運ばれたことによって資源不足が補われることになった。

　しかし，19世紀末には再び人口・食料問題がクローズアップされる。それは，新大陸の開墾が進みフロンティアが消滅したからである。小麦の消費の80％を輸入に依存していたイギリスでは，ウィリアム・クルックス卿が『世界の小麦問題』(1899)というスピーチを行い，化学肥料等の利用によって単位面積当たりの収量を増加させる必要性を述べた（Crookes, 1917）。

　20世紀においても，戦争や飢饉などによって一時的な人口停滞はみられた。2014年のヨーロッパ諸国や日本の人口ピラミッドをみると，65歳から69歳にくびれがみられる。これは第二次世界大戦の影響である。しかし，ラテンアメ

リカ諸国ではこのような人口のくびれはみられず，人口は順調に増加している（図3－4）。つまり，飢饉や戦争による人口調整は局地的で一時的なものといえる。

世界全体では人口は急増しているし，それに見合う食料増産が図られてきた。特に1940年代から1960年代にかけての高収量品種の導入や化学肥料の活用，いわゆる緑の革命によって穀物の生産力は増加し，危惧されたアジアにおける

図3－4　ドイツとアルゼンチンの人口ピラミッド（2014年）

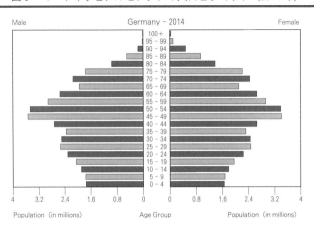

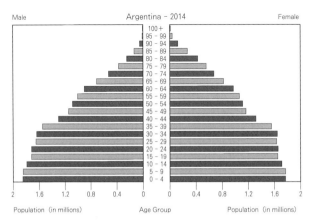

出所：U.S. Census Bureau, International Data Base.

食料危機は回避されたのである。入手可能な国連食糧農業機関の統計によれば，1960年代以降人口は増加しているがそれと同じく穀物生産も伸びていることがわかる（図3－5）。

　しかしながら，第二次世界大戦後の人口増加は急激であり，人口爆発ともいわれる様相を示すようになった。こうした状況下で，1972年にローマ・クラブが『成長の限界』というレポートを発表した（メドウズ他，1972）。オイルショックと期を同じくして出されたレポートは各方面に大きな影響を与えた。このレポートは，人口・食料問題が発展途上国のみの問題ではなく，地球全体にかかわる問題であることを指摘し，現代の地球環境問題あるいは持続可能な開発に関する議論の先駆けとなった。

　ところで，地球上においてどのくらいの食料生産が可能なのであろうか。リンネマンらの推計によれば約320億トンであるという（リンネマン他，1982）。これは，現在の穀物生産量の10倍以上にもなる。もちろん，理論的に耕作可能な土地が必ずしも耕作されるわけではない。また，穀物以外の作物も栽培されるということを考えると，相当割り引いて考える必要があるが，それでもかなり楽観的な数値といえよう。

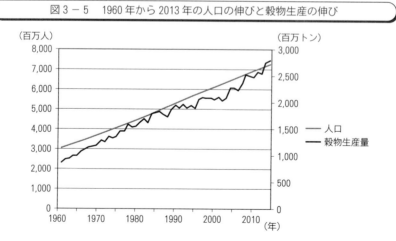

図3－5　1960年から2013年の人口の伸びと穀物生産の伸び

出所：FAOSTAT.

4．現代の人口と食料問題

　世界規模でみると人口は増加しているが，図3－6に示すように地域的な差異が大きい。アフリカ諸国をはじめとする発展途上国には人口増加率が高い国が多いのに対して，ヨーロッパなどの先進国は人口増加率が低い。つまり，先進国と発展途上国では直面している問題が異なっているのである。しかし，それらは相互に無関係ではなく，グローバル化された世界の中で密接につながっている。それらを発展途上国，先進国相互の視点から検討してみよう。

図3－6　世界の国別人口増加率（2011年）

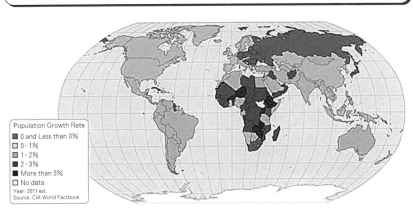

出所：CIA, The World Factbook.

4．1　発展途上国の問題

　人口増加率の高い発展途上国においては，マルサスが指摘したような問題を抱えている国が少なくない。図3－7はハンガーマップを示している。人口が急増しているアフリカ諸国において，栄養不良人口の割合が高くなっている。また，2014年のニュースで話題になったように，西アフリカを中心にエボラ出血熱の流行がみられ，ギニア，リベリア，シエラレオネの3カ国で死者は7,000人を超えた（WHO, 2014）。南スーダンのように現在も内戦が続いている

図3-7 ハンガーマップ（2014年）

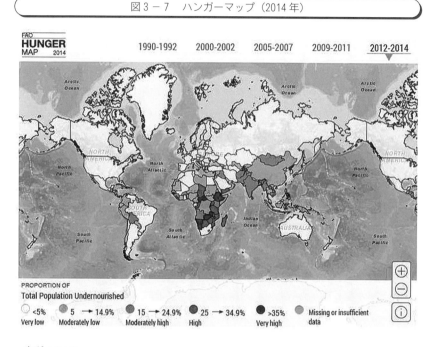

出所：FAO.

国もある。

　こうした問題は，徐々にではあるが改善しつつある。例えばサハラ以南のアフリカの栄養不良人口は，1990～92年の33.2％から2014～16年の23.2％に減少している。また，発展にかかわる要因についても，初等教育の就学率の向上や道路整備などのインフラストラクチャー改善がみられる。直接的には，乳児死亡率の低下などが進んでいけば，やがて人口の増加は収拾するであろう。こうした変化は，すでに先進国では経験済みのことであり，人口転換モデル（図3-8）として示されている。

　アフリカなど発展途上国の多くは，熱帯および亜熱帯に属している。熱帯，亜熱帯においては植物の純一次生産力は高い（図3-9）。そのため，農業に関する技術の改善がみられれば，生産力を上げていくことは十分可能であると思

第3章 持続可能な社会に向けて　55

図3-8　人口転換モデル

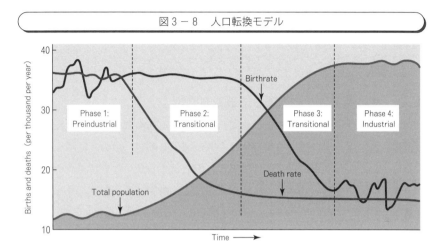

出所：UWEC.

図3-9　純一次生産力の分布

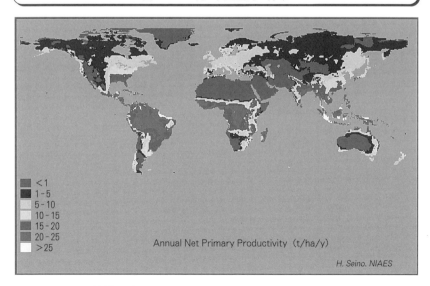

出所：農業環境技術研究所。

われる。その点では、ヨーロッパ諸国より優れた条件を持っているといえる。つまり、現在においては、人口や食料の問題を抱えているものの、悲観的な予測をする必要はないということである。

4.2 先進国および中進国と土地資源問題

先進国および中進国では人口は停滞し、高齢化が進んでいる。ある経済学者の主張によれば、人口減少や高齢化は需要の減少を招き、経済の停滞をもたらすという。しかし、食の場合には簡単には当てはまらないように思える。

一般に経済が発展すると、食生活に大きな変化が生じるという。すなわち、穀物等を中心とする食生活から、肉類を中心とする食生活に変化するのである。日本においても食料消費に大きな変化がみられた（図3－10）。

図3－10　日本における1日1人当たりの供給熱量の変化

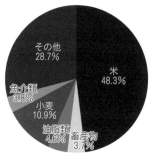
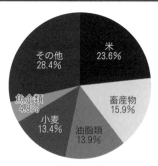

昭和35年度　　　　　　　　　　平成22年度
1日の総供給熱量 2,290Kcal　　1日の総供給熱量 2,458Kcal

出所：農林水産省『aff　2012年5月号』。

ところで、肉類を生産するためには家畜に飼料として大量の穀物を与える必要がある。農林水産省の試算によれば、牛類1kgを生産するために必要な穀物量は11kg、豚肉で7kg、鶏肉で4kg、鶏卵で3kgであるという。すなわち、肉類を消費することは、純粋に穀物を消費する以上に地表に対して大きな負荷をかけることになる。日本の場合、その自然条件から牧草地が少ないうえ、

耕地における飼料用作物の栽培も少なく，勢い輸入に頼ることになり，海外の土地資源への依存が高まるわけだ。

　また，国内における耕地は，地形的制約もあって大規模機械化は難しい。人口が減少し高齢化が進む局面では，手のかかる耕地を放棄するという傾向も強く，結果として外国産の食料への依存が高まるのである。実際に熱量ベースでの日本の食料自給率は39％（2014年，農水省による）で，先進国の中でも最低のレベルである。日本の場合は工業生産力も高く，不足する食料は輸入することで賄うことができる。しかし，日本の食料輸入の増加は世界の土地資源や経済活動等にも大きな影響を与えることになる。

　ところで近年，地球温暖化の問題と関連して，化石燃料の利用を削減しようとする動きがある。一方で，人類のエネルギー消費は減少していないので，石油に代わるエネルギーを模索する動きが強まっている。この動きの中で，バイオエネルギーの活用が試みられている。トウモロコシやサトウキビ，大豆などから燃料を生産する試みである。実際，アメリカ合衆国の2011/12年度産トウモロコシ生産量のうち，実に40％がエタノール向けであるという。飼料用作物の需要が急減したわけではないから，穀物相場は高くなり，作付けは拡大する。このことはアメリカ合衆国だけではない。大規模な農業国において土地に対する圧力が近年急速に高まっている。

　現在，世界の多くの耕地において土壌劣化がみられるという。FAO（2011）によれば，土地資源の25％が著しく劣化しており，8％は中程度に劣化しているという。図3−11は世界の土壌劣化の分布を示している。この図によれば，アメリカ合衆国やオーストラリアといった世界的大農業生産国においても土壌劣化が進んでいることがわかる。

　図3−12は，アメリカ合衆国における土壌浸食の分布図である。トウモロコシや小麦を大規模に生産している地域において土壌浸食が進んでいる。こうしたことから，食料生産の増大には悲観的な議論も少なくない。

図3−11　世界の土壌劣化の分布

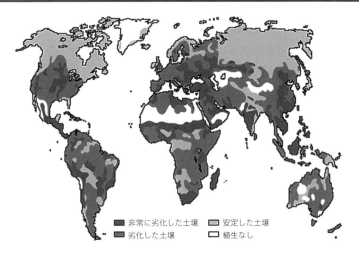

出所：UNEP, Global Environment Outlook 3.

図3−12　アメリカ合衆国における土壌浸食（2012年）

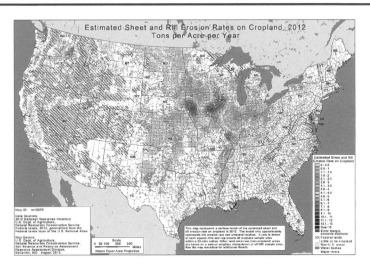

出所：http://www.nrcs.usda.gov/Internet/FSE_DOCUMENTS/
　　　nrcseprd396218.pdf

5．私たちの暮らしと地球資源
──エネルギー効率とエコロジカル・フットプリント

ところで，私たちは農業・農村景観を「自然」と同じように考えてきた。確かに都市に比べれば，緑あふれる農業・農村景観は「自然」に近いかもしれない。しかし農業生産が環境破壊を引き起こしてきたことも事実である。自然環境と共存しながら持続可能な生活を送っていくにはどのようにしたらよいであろうか。

1つの指標として，エネルギー効率という考え方がある。農業生産をエネルギーフローの面から捉えるのである。投入したエネルギー量と産出されるエネルギー量を比較して農業の特質を考えようとするものである。Bayliss-Smith（1982）は7つの農業システムを比較し，それぞれの特質を検討している（表3－1）。

表3－1　7つの農業システムにおけるエネルギーの投入と生産

分類	農業システム	1 ha 当たりのエネルギー投入			1 ha 当たりのエネルギー生産		総エネルギー生産性(MJ/人・日)	エネルギー比(生産/投入)
		合計(MJ)	労働の割合(%)	化石燃料への依存度(%)	合計(MJ)	自給の割合(%)		
前産業社会	ニューギニア	103	100	0	1,460	100	10	14.2
	イングランド1826	183	77	2	7,390	2	80	13.9
半産業社会	オントンジャバ環礁	1,079	43	54	14,790	10	38	14.2
	南インド1955	3,225	42	58	42,280	12	49	13.0
	南インド1975	6,878	23	77	66,460	1	36	9.7
産業社会	モスクワ集団農場	6,145	4	96	8,060	14	59	1.3
	イングランド1972	21,870	0.2	99	44,890	0	2,420	2.1

出所：Bayliss-Smith（1982）に基づき筆者作成。

ニューギニアの農業は，化石燃料はまったく使っていない。総生産量は高くないが，投入量が少ないため，エネルギー比は極めて高い。ある意味で効率的，いいかえれば自然の恵みを最大限に活用した農業を行っている。前産業社会の農業システムは，環境保全を考えた場合，望ましいと思えるかもしれない。しかし，総エネルギー生産性，すなわち1日1人当たりの生産エネルギー量は，成年男子が1日に必要とするエネルギー量とほぼ同じで余剰生産はほとんどない。したがって自然災害には非常に弱く，社会は不安定である。そのため，こうした社会が産業社会の技術に直面した場合，前産業社会で行われてきたような農業システムを維持する意義は極めて弱く，進んで産業社会の農業システムをとりいれるようになる。

　ところで，産業社会の農業システムにおいては化石燃料を多量に利用する。前産業社会の農業は人間の力，もしくは家畜を農耕に利用してきたのに対して，産業社会の農業システムは農業機械を利用しているからである。農業機械の利用により，エネルギー効率は著しく低下したが，農民1人当たりの農業生産量を上げることが可能になった。このことが過剰な農村人口を生み出し，社会の不均衡を生み出していく。また，農村地域での生活が困難になった土地を持たない農民たちは，都市部に流入しスラムを形成する。これが緑の革命のもとで起こった社会問題なのである。先進国においては，工業の発達等によって都市が過剰な農村人口を吸収してきた。その結果，人口の8割以上が都市での生活者となった。

　都市で生活していようとも私たちは食料などの生活物資を農山漁村に依存していることは間違いのないことである。農山漁村は，食料供給だけでなく，廃棄物の浄化や二酸化炭素の吸収などの多様な役割を担っている。果たして，私たちが生活するためには1人当たりどの程度の土地面積が必要なのであろうか。これを仮説的に試算する方法がエコロジカル・フットプリントという指標である。エコロジカル・フットプリントとは，人間が必要とする，生態系が供給する産品とサービスの合計である。これらの産品やサービスは，土地を利用して供給されるため，面積で表現される。ただし，場所によって面積当たりの生態系によるサービス供給量は異なるので，それを標準化したグローバルヘクター

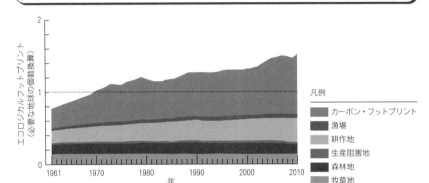

図3-13　1961年から2010年までの要素別エコロジカル・フットプリント

出所：WWFジャパン『生きている地球レポート2014　要約版』。

ル（gha）という単位で表すことにしている。図3-13は，1961年から2010年までの世界のエコロジカル・フットプリントの変化を示している。

　2008年のデータによれば，日本については4.17（gha/人）という数値が計算されている。世界平均は2.7（gha/人）であるから，約1.55倍である。そしてもし世界中の人が日本人と同じ生活をしようとすれば，地球が2.3個分必要になる計算であるという（WWFジャパン，2012）。

　つまり，先進国のような生活を理想とするならば，地球はすでに限界を超えているということになる。そのこともあってか，マルサスが予言したように，地球上においては貧困問題，エイズの問題，地域紛争など，反道徳的な事態が至るところで起きている。にもかかわらず，現在のところ人口増加は止まっていない。今後の地球はどのようになっていくのだろうか。また，私たちは限られた地球資源の中でどのような暮らしをしていけばよいのであろうか。

　エコロジカル・フットプリントの指標において，日本は先進国の中では決して高い方ではない。「もったいない」という倹約の精神のためか，あるいは資源小国ゆえの省エネルギー技術の進展のためなのかもしれない。しかしながら，私たちの食生活を考えてみると，さらに地球のために貢献できることがあろう。図3-14は日本の供給熱量と消費熱量についての比較である。供給熱量が消

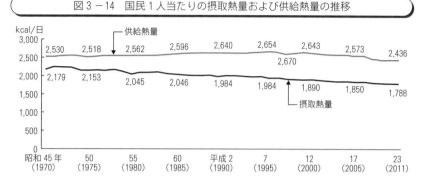

図3-14 国民1人当たりの摂取熱量および供給熱量の推移

資料：農林水産省「食料需給表」，厚生労働省「国民健康・栄養調査」。
（注）1）両熱量は，統計の調査方法および熱量の算出方法がまったく異なり，単純には比較できないため，両熱量の差は目安としての位置付け。
2）供給熱量は年度ベースの数値。
3）酒類を含まない。
出所：農林水産省（2012）『平成24年度　食料・農業・農村白書』。

費熱量よりも多くなるのは当然である。しかし問題となるのは，乖離の幅である。日本は多くの食料を世界各国から輸入しながら，消費もせずに「廃棄」しているものが相当量あり，しかも1970年より増加しているのである。このほかにも，個々の生活を見直すことで，私たちが人口・食料問題，地球環境問題に対応できることは数多くありそうだ。地球の全体を考え，私たちの生活を見直していきたい。

参考文献

トフラー，A.（鈴木健二他訳）（1980）『第三の波』日本放送出版協会。
マルサス，T. R.（吉田秀夫訳）（1948）『各版對照　マルサス　人口論1』春秋社。
メドウズ，D. H.・D. L. メドウズ・J. ラーンダズ・W. W. ベアランズ三世（大来佐武郎監訳）（1972）『成長の限界――ローマ・クラブ「人類の危機」レポート』ダイヤモンド社。
リンネマン，H. 他（唯是康彦監訳）（1982）『21世紀への世界食糧計画――MOIRA

モデルによる予測』東洋経済新報社。
WWF ジャパン（2012）『日本のエコロジカル・フットプリント 2012』。<http://www.wwf.or.jp/activities/lib/lpr/WWF_EFJ_2012j.pdf>

Bayliss-Smith, T. P.（1982）*The Ecology of Agricultural Systems*, Cambridge University Press.
Crookes, Sir W.（1917）*The Wheat Problem, Third Edition*, Longmans, Green, and Co. <https://openlibrary.org/books/OL7077650M/The_wheat_problem>
Food and Agriculture Organization（FAO）（2011）*The State of the World's Land and Water Resources for Food and Agriculture（SOLAW）: Managing Systems at Risk*, Food and Agriculture Organization of the United Nations and Earthscan. <http://www.fao.org/docrep/017/i1688e/i1688e.pdf>
Gilg, O., I. Hanski, and B. Sittler（2003）"Cyclic dynamics in a simple vertebrate predator-prey community," *Science*, Vol. 302, pp. 866–868.
United Nations Department of Economic and Social Affairs（UN DESA）, Population Division（2012）*World Population Prospects : The 2012 Revision*.
World Health Organization（WHO）（2014）*Ebola Situation Report-31 December 2014*. <http://apps.who.int/ebola/en/status-outbreak/situation-reports/ebola-situation-report-31-december-2014>

第4章 地域の気候変化
―都市の温暖化と都市気候―

山添　謙

> **第4章の学習ポイント**
> ◎日本を含めた世界の各地域において都市への人口集中がいかに進んでいるか，またそれに伴って形成されてきた都市の構造上の特徴とはどのようなものかを学ぶ。
> ◎都市化が進展することによって，都市空間における熱環境にどのような影響が及んでいるかを学習する。
> ◎東京大都市圏における気温の傾向やヒートアイランドについて学んだうえで，こうした都市環境が居住する人々にとって生活の質にかかわる問題をもたらしうることを理解する。

1．はじめに

1.1　地域環境問題としての都市の温暖化

　21世紀は，グローバリゼーション（globalization）を背景にした「地球環境問題」が顕在化している時代である。地球規模の環境問題が「地域」における人々の暮らしに影響を与える一方で，それぞれの地域における人々の暮らしが地球環境問題の原因の1つとなっている。

　人類史における居住地域の移動・拡大の過程で，人々はそれぞれの地域でその自然環境と調和しつつ，それぞれの地域でそこに固有のライフスタイルを形成し，さらにそれぞれの地域でそこに特有の自然災害に対応してきた。毎日の暮らしの工夫や，災害に対する備えそのものがそれぞれの地域における「自

然と人間の関係」の中で試行錯誤されてきたと考えることができる。

　人類の歴史の大半は，「いかにして生き残るか」という生命維持の問題に人類の知恵の多くが費やされてきた。しかし産業革命以降は，「いかにして豊かに生きるか」という問題に人々の興味と関心が移りつつあり，第1次産業から第2次，第3次産業へと移行するにしたがい，「豊かさのための資源・エネルギーの消費」という形で自然が利用されてきたと考えることができる。

　このように，「豊かさ」を求める生活は便利で快適なライフスタイルを広く普及させ，「エコロジカル・フットプリント」の概念が示すように，1つの地球では足りないほどに人間活動の拡大がもたらされた。

　「便利であること」「快適であること」が価値として重視され，それらの価値が具現化された空間の例として，「都市」を挙げることができる。都市はさまざまな要因が複雑にかかわって成立しているが，現代の都市では，便利なものや快適な空間に対して多くの経済的価値が見出されている。

　便利で快適な生活を志向した人間が地表面の形状や材質を改変し資源・エネルギーを大量に消費した結果，都市の大気環境に大きな影響を与え，改変された大気環境から都市生活者が影響を受ける「都市特有の環境問題」がそこにあることがわかる。そして，都市特有の大気現象の最たる例が，後述するヒートアイランドに代表される「都市の温暖化」なのである。

1.2　都市の時代

　国連の推計によると，2010年央における世界の都市人口率は51.6%に達している（図4-1）。ヨーロッパや北アメリカなどの先進地域に加え，中南アメリカで高い割合を示している。都市への人口の集中は，20世紀後半の人口爆発とともに増加した人口の多くが都市へ向かう中で進行した。すでに都市への人口集中が起きていた先進地域の都市は拡大・成長し，開発途上地域においては，農村部で増加した人口が押し出されて都市に引き寄せられたことにより，都市が急激に巨大化したと考えられている。その結果，世界人口の半数以上が「都市」に居住するようになり，都市型のライフスタイルを追求するようになったと考えることができる。

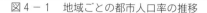

図 4-1　地域ごとの都市人口率の推移

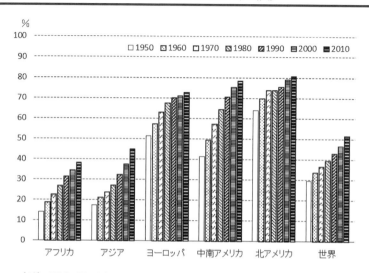

出所：UN, *World Urbanization Prospects : The 2014 Revision.*

　都市域の定義は国ごとに異なっており，都市人口を扱う際には注意が必要であるが，図 4-1 は国連統計に基づいたもので，定義の詳細については検討していない。日本でも，市町村の行政上の分類において，「市」と「町村」を明確に区分する定義はない。加えて，「市」に属しても「市街化調整区域」に代表されるように非都市的な地域もあり，「○○市」の人口だけを取り上げて，「都市域に居住する者の数」とすることは困難である。

　しかし，日本の国勢調査では，1960 年の調査から「人口集中地区 (Densely Inhabited District : DID)」が設定され，そこに居住する者の数も示されている。「人口集中地区」は，基本的に人口密度が 4,000 人/km² 以上の地区で，都市的な土地利用である文教レクリエーション施設や公共施設などが占める地区も含まれることとなっており，その人口は「都市域人口」とみなしてよいだろう。

　この DID 人口率の推移をみると，1960 年に 43.7％ であったものが，1985 年には 60.6％ に達し，2010 年には 67.3％ となり，実に人口の 3 分の 2 以上が「都市域居住者」となっていることがわかる（総務省統計局『平成 22 年国勢調査

最終報告書「日本の人口・世帯」』より）。

　ちなみに，人口集中地区の国土面積に対する割合は 3.4％（2010 年）に過ぎない。そのように限られた範囲に多くの人口が集中し（人口集中地区の人口密度：6,758 人/km^2），そこでさまざまな人間活動が営まれているのが日本の都市の現状であり，これらの人々は，多かれ少なかれ「都市の温暖化」の影響を受け，「都市の温暖化」を引き起こす原因の一端を担っているのである。

2．都市化が大気環境に与える影響

2.1　都市と都市化

　そもそも，都市とはどのようなものであろうか。高等学校地理歴史科の地理 B の教科書（『新詳地理 B』帝国書院）によると，「村落や都市など，人々が一定の場所に集まり，居住しながら社会的な生活をする空間を集落という」「集落は，農林水産業を主体とする村落と，商工業やサービス業を主体とする都市に大別される」とされており，都市は集落の 1 つであり，第 2 次産業や第 3 次産業が立地し，そこで働く者とその家族が中心となって居住していることがわかる。

　村落が都市へ変化していく過程を「都市化（urbanization）」と呼ぶ。都市化は，さまざまな要因が複雑に絡み合って起こるが，先述の通り，人口爆発などの社会的な状況を背景にして，20 世紀後半以降，世界各地で急激に進んでいる。

　先に触れた DID を事例に日本の都市化を概観すると，1960 年以降，人口集中地区の人口増加率が高かったのは 1965〜1970 年の期間であり，その増加率は 18.5％であった。すなわち，高度経済成長期に産業構造が第 2 次産業，第 3 次産業へ移行する中で，都市に多くの製造業などが立地し，そこに多くの勤労者が集い，住民の増加に対応し生活を支えるサービス業などが都市に立地するようになったと考えることができる。さらに，都心部では地価の高騰などが進み，居住者が減少する「ドーナツ化現象」が進展したが，サービス業などの第 3 次産業の集積が進み，通勤・通学者が多く流入するようになった。

このように，都市では活発な人間活動が行われ，それらを支えるためのインフラが整備され，多量のエネルギー消費が行われている。

2.2 都市の構造と物質の変化

都市への人間活動の集中・集積は，都市の地表面状態を改変し，都市独特の景観を生み出す。都市において人間活動の集積が進むと，土地の高度利用が求められるようになる。非都市的な土地利用（農地・空地など）は，都市的な土地利用（商店・オフィスなど）へと変化する。人口密度が高まることは，建物密度も高めることにつながり，「密集化」が起こる。さらに，土地の面積に対して何倍もの床面積が必要とされると，「高層化・地下化」が進むこととなる。

建物の「密集化」は，日本の都市がたびたび経験した都市火災の危険性を増大させるため，建物そのものの「不燃化」が求められる。建物の「高層化・地下化」は，より強度の高い建材による建築が求められるので，「堅牢化」が進められることとなる。

一方，人々の移動が盛んになり，人間活動を支える物資の移動が活発化するに伴い，道路などの整備も進められる。道路は，自動車交通等の便宜を図って，アスファルト化が進められる。

このように，都市化が進展するとともに，都市の表面は「コンクリート化とアスファルト化」が進み，建築物の「密集化と高層化」が促進されるのである。

2.3 大気の都市化

都市化が進むことによって，大気にも都市化の影響が及ぶ。人口の集中は，人間の体からの代謝熱を増大させるとともに，人間活動を支えるためのエネルギー消費による熱を周囲の大気へと放出する。暖房時の発熱だけでなく，冷房時の室外機からの放熱や，照明機器やPCといったオフィス機器などさまざまな電気機器からの放熱は，生活の中でも実感できる。また，自動車の内燃機関からの放熱やタイヤと道路との摩擦熱も無視できないエネルギー量になる。これらの熱は直接大気を加熱することとなる。

地表面物質のコンクリート化やアスファルト化は，太陽からの熱の移動に大

きな影響を与える。地表面が吸収する熱は，そこが緑地であれば，その一部が水の蒸発や植物の蒸散などに消費されるので，直接大気を加熱するエネルギー量は少ない。しかし，そこがアスファルト等に変えられると，地表面が太陽からの熱を吸収し温度上昇することによって，大気を直接加熱することとなる。また，日中に加熱されたコンクリートやアスファルトは，日没後も温度が高い状態を維持し，熱を放出し続ける。

建物の密集化や高層化は，やはり太陽からの熱の吸収と放出に影響を与える。建築物は結果として，地表面の凹凸を増やすこととなり，高層化が進むとさらにその起伏が大きくなる。地表面の凹凸の拡大は都市表面の面積を増大させ，日中においては，結果的に太陽熱の吸収量を増加させる。一方，夜間は，建物の高層化に地表面から天空へ向かう熱の経路を遮る効果があり，熱が逃げにくくなるのである。

都市化の進展によって，都市の大気には大気汚染物質が拡散することも知られているが，今日では「熱の問題」の方が注目されている。

3．都市における気温変化とヒートアイランド

3.1　東京における気温の経年変化

日本最大の都市圏は，東京大都市圏である。図4－2に世界の平均気温および東京における年平均気温の経年変化を示している。値は，観測期間全体に対する平均値からの偏差によって表されている。世界の平均気温について，1890年からの約120年間の上昇を回帰直線の傾きから求めると100年当たり0.71℃となる。それに対し，東京の年平均気温の場合，観測開始の1876年からの約140年間の上昇は100年当たり2.47℃であり，世界の平均気温に比べて3倍以上のスピードで上昇していることがわかる。地球温暖化の影響をはじめ，地球規模の気候変化の影響も含まれているが，1950年代以降の気温上昇は，極めて大きいことが読み取れる。先述の通り，日本の都市化は高度経済成長期以降に進展したが，東京大都市圏の拡大・成長もこの時期と重なる。2010年の国勢調査では，1都3県（東京都，神奈川県，埼玉県，千葉県）のDID人口は

> 図4-2 世界と東京の年平均気温の推移（℃；観測期間の平均値からの偏差）

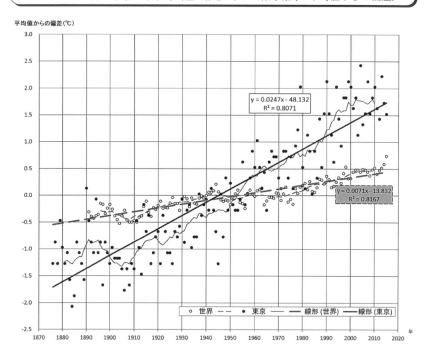

出所：気象庁資料を基に筆者作成。

3,170万余に達している。

　図4-3は，1951～2015年の東京における，1月の月平均気温，8月の月平均気温，日最高気温の年平均値および日最低気温の年平均値についての経年変化を示している。年々の変動を平滑化するために11年移動平均が折れ線グラフで示されている。なお，それぞれの直線は回帰直線である。

　月平均気温を比較すると，100年当たりの上昇は1月が3.74℃であるのに対して，8月は2.24℃である。また，日最高気温年平均値は1.66℃であるのに対し，日最低気温年平均値は4.07℃となっている。東京の気温に与える都市の影響は，夏よりも冬に大きく，昼間よりも夜間に大きいことが推察される。

図4-3 東京における1951年以降の平均気温の経年変化

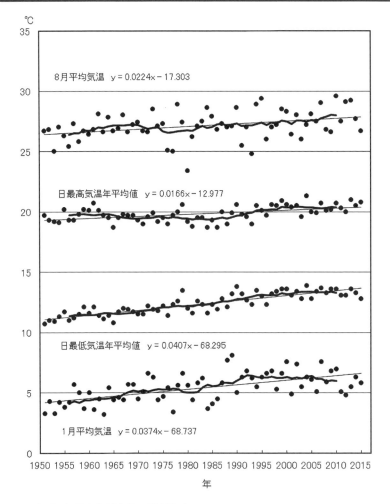

出所:気象庁資料を基に筆者作成。

3.2 東京におけるヒートアイランド

都市の影響は,夜間の気温が低下する過程においてより強く表れる。日没前後の時間以降には,裸地や緑地が多い都市の郊外で天空への放射が活発に起こ

> 図4－4　東京における夜間晴天時のヒートアイランド（2月）

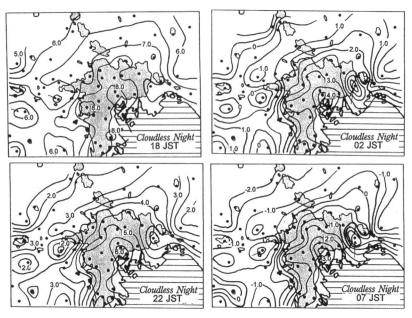

出所：山添　謙（1996）『都市気温の特性に関するメソ気候学的研究』日本大学大学院理工学研究科博士論文．<http://ci.nii.ac.jp/naid/500000132623/?l=en>

り，地表面付近の気温が急激に低下していくのに対して，先述の通り，都市では気温が下がりにくく，相対的に都市内部で気温の高い状態が形成される。

　図4－4は，東京における2月の夜間のヒートアイランドについて日没からの推移を示している。左上の18時は日没直後の時間であるが，都心部は8.0℃の等温線によって囲まれているのに対し，郊外では5.0～6.0℃となっており，2～3℃の差がみられる。左下に示した22時では，都心部には6.0℃の等温線がみられ，郊外には2.0～3.0℃の等温線がみられる。日没後約4時間で都心部は約2℃の気温低下を示したのに対して，郊外では約3℃の気温低下があった。

　こうして都市と郊外との間で気温低下量に差が生じ，結果的に日の出の頃の7時には都心部を中心とするほぼ同心円状の等温線分布がみられることになる。このように，最も都市化が進んでいると思われる都心部を中心に気温が高く，

図4-5　東京における夜間晴天時のヒートアイランド（8月）

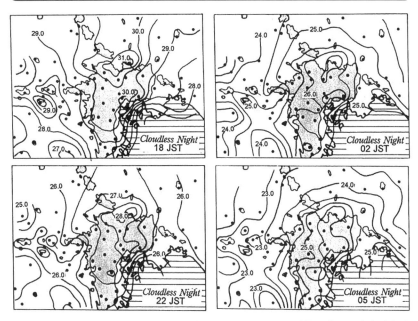

出所：山添　謙（1996）『都市気温の特性に関するメソ気候学的研究』日本大学大学院理工学研究科博士論文。<http://ci.nii.ac.jp/naid/500000132623/?l=en>

郊外に向かって気温が低くなる現象をヒートアイランドと呼んでいる。

図4-5は，東京における8月の夜間のヒートアイランドの様子を日没からの推移で示している。夏季の日中では，関東平野では沿岸部よりも内陸部が高温となるため，日没直前の18時には，東京湾岸には28.0℃の等温線が引かれているのに対し，23区北部から埼玉県南東部の地域には31.0℃の等温線がみられる。この時間では，ヒートアイランドを確認することは難しいが，日の出の頃の5時の等温線図には，ヒートアイランドを確認することができる。すなわち，都心部は18時から5時までの間に約5℃の気温低下がみられたのに対し，郊外では6～7℃の気温低下がみられたことから，弱いながらもヒートアイランドが発達していたことがわかる。

4. 環境問題としての都市の温暖化

4.1 暑熱夜と猛暑日──新たな気象災害

　都市が気温に与える影響は，夏よりも冬，昼よりも夜に顕著であることが示されたが，東京においては，夏季の夜間にもヒートアイランドが発生し，都市の熱環境を著しく悪化させていることが懸念されている。

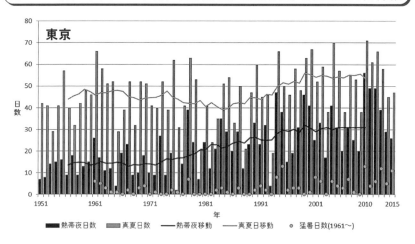

図4-6　東京における1951年以降の熱帯夜日数，真夏日日数，猛暑日日数の経年変化

出所：気象庁資料を基に筆者作成。

　図4-6は，1951～2015年における東京の熱帯夜（日最低気温が25℃以上）の日数，真夏日（日最高気温が30℃以上）の日数，猛暑日（日最高気温が35℃以上；1961年以降）の推移を示している。それぞれの折れ線グラフは11年移動平均を示している。東京の熱帯夜日数は，1950年代には年間10～20日程度であったものが，1990年代後半以降は年間30日程度となり，2010年は56日に達している。真夏日日数については，顕著な増加傾向はみられないが，1990年代以降，年間50日程度出現するようになっている。猛暑日は，2000年代以降，

ほぼ毎年のように10日前後出現している。

　このように，日中に真夏日となることは，盛夏期の東京ではノーマルな現象になってきている。東京の気温には，海陸風などの局地的な風系や気圧配置などの影響があるといわれ，都市の影響が強いとはいいがたいが，冷房の普及などエネルギー消費量の増加や緑地の減少などの影響が及んでいることが考えられる。

　さらに，都市の気温低下の鈍さにより，日中の暑さがそのまま夜まで続いて熱帯夜になることが頻繁に起こる。熱帯夜となった日は，24時間暑さの中にいることとなり，睡眠が妨げられて，体力の低下が懸念されることになろう。

　これらのことを背景にして，近年，熱中症による救急搬送者が増加し，生命を失う場合も少なからず発生している。このような都市の暑さを「新たな気象災害」と位置付けることもでき，ヒートアイランド対策が喫緊の課題として認識されるようになっている。

4.2　都市の温暖化と地球環境

　冒頭で述べたように，日本でも世界でも都市居住者の割合が増加している中，都市の温暖化の影響を受ける者も同様に増加していることが懸念される。特に，熱帯・亜熱帯の都市居住者にとっては，生命の危険が増大している可能性も指摘されている。

　一方で，便利さや快適さを志向する都市においては，防犯や騒音防止の点から窓を開けることもはばかられる場合もあり，暑さを避けるために冷房に頼る機会が増加するであろう。冷房の使用は，結果的に室外の暑熱を悪化させ，ヒートアイランドを助長する悪循環に陥る可能性も指摘できる。また，冷房の使用増加によるエネルギー消費量の増大は，地球温暖化の原因となる温室効果ガスの濃度上昇をもたらすという懸念もある。

　20世紀に進展した都市化は，21世紀以降も継続している。都市の温暖化について抜本的な対策が示されていない以上，便利さ・快適さを志向するライフスタイルから見直す必要がある。私たちは，都市の温暖化を身近な環境問題として認識し，自分たちがその当事者であると自覚することが求められているのである。

参考文献・関連資料

気象庁（2015）『ヒートアイランド監視報告 2014』。<http://www.data.jma.go.jp/cpdinfo/himr/h27/himr_2014.pdf>

山添　謙（1996）『都市気温の特性に関するメソ気候学的研究』日本大学大学院理工学研究科博士論文。<http://ci.nii.ac.jp/naid/500000132623/?l=en>

United Nations Department of Economic and Social Affairs, Population Division (2014) *World Urbanization Prospects : The 2014 Revision.* <http://esa.un.org/unpd/wup/CD-ROM/WUP2014_XLS_CD_FILES/WUP2014-F02-Proportion_Urban.xls>（2016 年 2 月 1 日閲覧）

総務省統計局ホームページ「人口集中地区とは」。<http://www.stat.go.jp/data/chiri/1-1.htm>（2016 年 2 月 1 日閲覧）

総務省統計局ホームページ『平成 22 年国勢調査最終報告書「日本の人口・世帯」』。<http://www.stat.go.jp/data/kokusei/2010/final.htm>

第 II 部
現代社会と環境問題

埼玉県大里郡寄居町にある三ケ山メガソーラー発電施設。最近では，中山間地域などで太陽光パネルが大量に設置されている風景をみることも珍しくなくなった。

第5章　日本の環境現代史
―時事問題から学ぶ―

桑山朗人

> **第5章の学習ポイント**
> ◎日本の現代史の中で起きた公害の諸事例を振り返ることで，どのような視点から問題の本質を捉えるべきかを学習する。
> ◎近年の環境問題は，原因の所在や被害の発生の仕方に空間的・時間的広がりがあるため，1つの国や特定の地域だけでは解決するのが困難になっていることを学ぶ。
> ◎環境問題は，被害の深刻さやその回復の難しさに直面してきた経験を踏まえ，予防原則に立って対策を講じることが非常に重要であるということを理解する。

1．はじめに

　環境問題は，幅広く社会の出来事を知る中で考えていかなければならない問題である。自然環境の保護と破壊を例に挙げると，まずは動植物の生態とその多様性，食物連鎖や共生の仕組みなどを知る必要がある。一方で，破壊の大きな要因としてクローズアップされるダムや護岸堤などの大規模事業が自然に与える影響だけではなく，なぜその事業が必要なのか，それを求める社会構造はどうなっているか，などを知らなければ解決の糸口は見つからない。公害問題であれば，公害を引き起こす汚染物質（化学物質）の性質はもちろん，それを生み出す産業構造も頭に描く必要がある。

　報道に携わるものとして，環境問題をどう報じていくか，悩ましい問題によ

く直面する。例えば，私が所属していた科学医療部は，自然の仕組みや公害のもととなる化学物質の人体影響などについて，どの程度解明されているか，などを取材の対象としている。一方，公害を生み出す産業活動などはおもに経済部の守備範囲，市民の社会生活に及ぼす影響は社会部や文化くらし報道部が日ごろ取材しているテーマの中にある。今注目を集める地球温暖化などは，対策を検討していく主体は政治・行政で，この取材は政治部が担い，国際交渉は国際報道部が担当するなど，多岐にわたるのが現状である。既存の枠組みを越えて連携しながら取材を進めることが，とても重要だ。この例からも明らかなように，環境問題とは，さまざまな角度，視点から考える必要がある。

　本章では，さまざまな環境問題について，現代史の中で起きた，また起きている事象を例に挙げながら，どんな視点で捉え，解決に向けた糸口を探していけばよいか，そのヒントを提示していきたい。

2．日本の環境問題，その原点

　産業革命以降，特にこの100年ほどの間で，地球規模で工業化は急速に進んだ。日本でも，明治以降，富国強兵の名の下に，多くの重厚長大産業が発展していくことになる。

2.1　黎明期〜「地域と共生，別子銅山から」

　公害の原点は，栃木県日光市の足尾地区にあった「足尾銅山」とよくいわれる。明治の半ば，銅の精錬時に出る有毒な煙が樹木を枯らし，一帯ははげ山と化した。はげ山だけではない。川や水田も汚染され，稲などの農作物の被害に加え，住民の健康被害も生じ，相次ぎ廃村になる事態をもたらした。1901年，衆議院議員を辞した田中正造が明治天皇に直訴を試みて，「足尾銅山」事件は世間に知れ渡ることとなった。

　足尾銅山の周辺はまだ，はげ山が残っている。環境保護団体などが植林を続けているが，もとの緑を取り戻すには100年はかかるともいわれる。

　おもに江戸時代ごろから開拓されていった銅山だが，明治維新以降，「富国

強兵・殖産興業」を推進した政府の後押しもあって，鉱石を掘る機械設備の導入などもあり，飛躍的に生産量が上がっていく。その点では，愛媛県新居浜市にある「別子銅山」も同様で，一気に近代化が進んだ。ここも，明治初期に「煙害」で山肌がむき出しとなった。

ただ，この別子銅山は，足尾とは違う道をたどった。

煙害が顕著となった明治半ばごろ，銅山にあった精錬所を沖合約20キロの無人島に移し，はげ山には毎年，植林を進めた。精錬所では煙害の原因となっていた亜硫酸ガスを硫酸に変えたり，亜硫酸ガスをアンモニア水で中和して回収したりする工場を造り，煙害対策を講じた。早くからの取り組みもあって，別子銅山の跡地は今，緑であふれている。この取り組みは，公害・環境問題に取り組んだ手本とも評されている。

2.2 四大公害と公害国会

1945年の第二次世界大戦の敗戦時，日本の工業力は戦前の10分の1にまで落ち込んだ。だが，10年足らずで戦前の水準まで回復し，約20年後には世界2位の経済大国に躍り出た。

その裏で，深刻な健康被害を伴う公害が相次ぐ。中でも典型的な4つの公害は，この国を大きく動かすこととなる。

1955年，富山県の神通川流域で「イタイイタイ病」が報告される。地元の三井金属鉱業神岡鉱山から出る廃液中のカドミウムが原因と指摘されるが，今も病気との因果関係については研究の途上でもある。

翌1956年には，熊本県・水俣湾周辺で起きていた手足のしびれや運動障害などを伴う症状が，「水俣病」と公式認定された。その後，チッソ水俣工場の廃液中のメチル水銀が原因と認定されるまで10年あまりの歳月を要した。新潟県の阿賀野川流域でも水俣病と似た症状の人たちが現れ，「第二水俣病」として知られるようになる。上流にあった昭和電工の鹿瀬工場が汚染源とわかった。チッソ水俣工場と同じアセトアルデヒドを生産しており，やはりメチル水銀が検出された。

4つめが，三重県四日市市のコンビナート群の周辺住民が苦しんだ「四日市

ぜんそく」。1960年代，コンビナートが出す硫黄酸化物やばい煙が大気を汚染していたことが原因だった。

1970年11月半ばに開会した第64回国会。国内で激化した公害を集中的に議論する「公害国会」となった。わずかひと月の間に，海洋汚染防止法など14本の公害関係法を成立させた。その3年前の1967年に公害対策基本法が成立していたが，「生活環境保全は経済の健全な発展との調和を図る」という条項が盛り込まれ，経済成長への配慮が色濃く出ていた。「公害国会」で，この条項は削除された（写真5-1）。

写真5-1　第64回国会　参議院が公害防止決議

(c) 朝日新聞社

法律ができたからといって，公害が消えてなくなるものではない。

四日市ぜんそくで肺を患った人たちは，今も症状が続き，薬を手放せない。水俣病は，「最終解決」をめざして，2009年に水俣病被害者救済法を成立させ，2014年8月，未認定患者約3万2,000人をこの救済法の対象者と認めた。ただ，深刻な神経症状を今も訴える人たちすべてを救済できたわけではない。汚染地域として認定された対象地域および対象年齢以外の人は認められなかったのだ。公式確認から60年近く経った今も，被害の全容解明はできていない（表5-1）。

表 5 − 1　水俣病の救済制度と対象人数

認定患者			約 3,000 人
未認定患者	1995 年の政治決着		約 1 万 1,000 人
	2009 年の水俣病被害者救済法（特措法）による救済者	一時金支給	約 3 万 2,000 人
		療養費のみ	約 6,000 人
	患者認定申請中		約 1,000 人
	潜在的な患者		不明

出所：環境省資料などに基づき筆者作成。

2.3　ゴミ問題

　公害問題が注目を集める中，都市部を中心に急増するごみの捨て場探しも大きな課題となっていた。

　高度成長期まっただ中の 1960 年代，東京都では年間のごみ排出量が 100 万トンを突破した。当時は焼却炉も少なく，大半は東京湾に埋め立てられ，人工島「夢の島」ができていくことになる。

　一般ごみだけでなく，産業廃棄物の不法投棄も大きく社会問題化してくる。1980 年代には，瀬戸内海に浮かぶ香川県・豊島に，処理業者が大量の廃棄物を違法に処分していた。約 20 年を経過して，ようやく行政が撤去に乗り出した。

　こうしたごみ問題を解決する手段として生み出されたのが，資源として再利用を促す「リサイクル法」だった。1991 年に再生資源利用促進法を成立させ，同時期に廃棄物処理法を全面改正したのを機に「排出抑制」に向けてかじを切った。1995 年にはプラスチックや紙などの容器・包装について市町村が個別回収し，メーカーなどの事業者が再商品化する「容器包装リサイクル法」が成立，その後も 1998 年には大型家電，2000 年になると建築廃材，2002 年には自動車など，次々とリサイクル法ができた。「拡大生産者責任」と呼ばれる考え方が，この時代に導入されていった。

　一方，ごみの焼却処分については，1995 年に埼玉県所沢市のごみ焼却場か

ら有毒なダイオキシンが検出されたことに端を発し、揺れ動くことになる。おもに自治体単位で建ててきた焼却炉で、塩素を含むプラスチックごみなどの不完全燃焼に伴い、ダイオキシンが各地で次々と確認され始めた。

プラスチックは燃やすのか、埋め立てるのか、自治体ごとに対応が分かれていった。ただ、高温で焼却を続けられる高性能な焼却炉を使うと、ダイオキシンの発生が防げることもわかった。1997年以降、小型炉は廃止し、野焼きなども禁止する一方で、国は大型炉を使って24時間連続運転を奨励するようになった。環境省は2005年に、「リサイクルできない廃プラスチックは熱回収が望ましい＝燃やす」との基本方針を打ち出し、発電設備を備えた焼却炉での焼却を事実上、奨励していくことになる。ただ、発電につなげられない施設も多い。「熱回収」という名の下での"再利用"が、十分できているとはまだいえない。

2.4 自然保護と開発

自然保護の考え方も、まだ100年ほどの歴史しかない。

世界初の国立公園は、1872年に設立された米国のイエローストーン国立公園。すばらしい自然を、商業開発に任せず、国民のために保護すべきだ、という考えに基づいて整備している。

日本で国立公園法を整備したのは、それから半世紀遅れ、1931年になってからだった。1934年には瀬戸内海、雲仙、霧島、日光など8カ所が指定されたが、日本の場合は狭い国土のため、民有地も含めて公園にしたことから、保護に向けた徹底管理ができなかった。例えば、明治期から観光客でにぎわっていた雲仙地域では、大正時代にはテニスコート、ダンスホール、ゴルフ場などもあるハイカラな避暑地となっていた。国立公園法整備の基本とされてきたのは「国立公園は自然の大風景地であり、すべての人が利用できるような宿泊施設などを整備した娯楽、保養の場所がなければならない」と、むしろ観光との両立をめざす考え方だった。

日光国立公園に入っていた尾瀬は、2007年に独立した。尾瀬は、長い間、ダム開発や道路建設など大規模なインフラ整備の危機にさらされていた。学者

や文化人など，水力発電所の建設計画に反対する人たちが「尾瀬保存期成同盟」を結成，しだいに湿原の回復事業も進められた。そうした保護に向けた長い活動の歴史を経て，現在は全長65キロにも及ぶ木道が敷設され，春には白いミズバショウが広がる湿原が守られてきたのだった。

　ダムや道路，空港などの開発にさらされたのは，国立公園だけではない。

　多くの山，川，海で，高度成長期を中心に，開発が優先された（写真5－2）。生態系の保全や，持続可能な開発が強く意識されるようになってきたのは，1992年の地球サミットより後のことだった。

写真5－2　有明海側から見た諫早湾

（c）朝日新聞社

　1971年に発足した環境庁は，発足当初から環境影響評価（環境アセスメント，略して環境アセス）の重要性を意識し，その導入に力を注いだ。翌年に環境アセス導入が閣議決定されたが，大規模公共事業を所管する運輸，通産，建設省（いずれも当時）などが統一的な環境アセス法整備を嫌い，港湾法などの個別法を改正して，環境配慮の仕組みを採り入れようとした。環境庁は1981年，やっと環境アセス法案を国会に提出したが，廃案に。結局，1984年に，事業の許認可とは関係ない「行政指導」という立場での環境アセス実施を求めること

を閣議決定する形となった。

　環境基本法ができたのは，地球サミット後の1993年。そして，1997年に，ようやく環境アセスメント法が成立した。ただ，法律が整備されても，機能しなければ意味がない。簡易アセスの導入など，まだまだ検討すべきことは多いのが現状だ。

3．京都議定書と名古屋議定書

　国内で経験していた四大公害をはじめとするさまざまな公害は，世界的にも大きな問題となっていた。そして，その影響は一地域にとどまらず，水面に垂らしたインクが広がるように，徐々に世界に拡散していく。1つの国，一定の地域だけでは解決できない問題であることに気づき始め，国際協調の中で対策を検討していくことになっていく。

3．1　『沈黙の春』とカネミ油症

　鳥が帰ってくると，ああ春が来たなと思う。でも朝早く起きても鳥の鳴き声がしない。春だけがやってくる——。

　米国の女性科学者レイチェル・カーソンが1962年に出版した『沈黙の春』の一節だ。化学物質の乱用と食物連鎖の中での濃縮で，鳥が消える不気味な春を描いた。化学物質が生態系破壊をもたらすことを告発した最初の本とされる。

　日本では，水俣病などと並んで，1968年に顕在化したカネミ油症事件も，化学物質の恐ろしさを世に問うきっかけとなった。カネミ油症事件では，新たに化学物質，ポリ塩化ビフェニール（PCB）がカギを握っていた。一般化学物質のリスクに警鐘を鳴らすこととなった。

　九州を中心に，口の中や手足に吹き出物ができ，貧血やめまい，頭痛などの訴えが続く正体不明の奇病が報告された。いずれも，北九州市の食用油メーカー，カネミ倉庫が製造した米ぬかを食べていた。カネミ倉庫では熱したPCBを，米ぬか油を加熱するのに使っていた。このPCBが熱でダイオキシン類に変化し，油に混入していたのだった。

1972年,「残留性,蓄積性の高い化学物質は,未然防止措置について法制化の検討を進めるべきだ」との国会決議があり,その翌年,化学物質審査規制法が成立する。新規の化学物質を製造・輸入する際には審査を義務付け,PCBのようなものは事実上禁止する内容で,世界に先駆けた規制だった。その指定第1号はもちろんPCBで,製造と新たな使用は禁止された。

 ただ,これで終わったわけではない。2000年代に入ってからも,油症の根治療法は見つかっていない。被害を訴えた約1万4,000人のうち,国の診断基準で患者と認定された人は約2,000人にとどまり,今もなお救済されていない被害者たちがいる。

 化学物質による被害は,その後も後を絶たない。発がん性が疑われる物質,内分泌をかく乱させる疑いのある物質などだ。環境省は2010年に「化学物質の内分泌かく乱作用に関する対応方針」を5年ぶりに改定した。5年間で100物質をめどに対象を選び,試験や有害性評価を加速するという。胎児期から小児期に受けた化学物質の影響を長期間にわたって追跡調査するため,新生児10万人規模の疫学調査にも乗り出している。

3.2 オゾン層破壊と国際条約

 酸性雨,オゾン層の破壊,そして温暖化…。地球規模での環境問題が次々と顕在化していった。中でも因果関係がかなり早くから指摘されたオゾン層破壊は,世界的に取り組んだ地球環境保全の成功例とされている。

 1974年,米国の化学者ローランド博士らが,冷蔵庫やエアコンの冷媒,スプレーの噴射剤,機械の洗浄などに使われるフロンが,地球を取り巻く大気の成層圏まで達して,そこにあるオゾン層を壊している,と指摘した。当初は相手にされない説も,次第に現実味を帯びてくる。1985年に英国の研究チームが,南極上空のオゾン層が破壊されてオゾンホールができている,と報告すると,一気にフロン規制へと動き出した。

 1987年,国際会議の中で,「先進国はフロンの生産・消費を1998年に半減する」というモントリオール議定書が採択された。この約束期限がさらに,1990年の会議で「2000年に全廃」,1992年には「1996年に全廃」。ほぼ10年

で全廃を実現した。今ではオゾン層の破壊は落ち着き，2050年ごろには復元するとみられている。

　国際交渉で，こうした環境保全に向けた取り組みがうまく機能するのは，むしろ珍しい。

　1992年にブラジル・リオデジャネイロで開かれた史上最大の環境会議といえる「地球サミット」（国連環境開発会議）には，「冷戦後の世界における共通の課題は地球環境破壊」という危機感のもとに，世界の約180カ国・地域が参加した。環境と開発のための行動計画「アジェンダ21」，さらにその直前に採択された双子の条約①「気候変動枠組条約」と②「生物多様性条約」の調印式も行われた。だが，この双子の条約は，具体的な成果に向けては険しい道のりを歩むことになる。

3.3　京都議定書

　1992年の地球サミットでは，温暖化防止に向けて，「先進国は温室効果ガスの排出量を2000年までに1990年レベルに戻す」と目標を立てた。「気候変動枠組条約」である。しかし，努力目標だったため，多くの国が守らず，日本でも温室効果ガスの排出量は増え続けていた。

　このため，条約を有効に機能させようと，1997年12月，京都市で開かれた気候変動枠組条約の締約国会議（COP3）で，先進国に法的拘束力のある数値目標を定めた「京都議定書」が採択された。これは，2008年から2012年の間にそれぞれの目標を達成することを求めたものだった。だが京都議定書は，主要排出国である中国に対して削減を義務付けておらず，また米国が離脱したことで，有名無実化してしまった。新たな枠組みを構築すべく締約国会議は毎年暮れに開催されてきたが，2015年末，条約に加盟するすべての国・地域が全会一致で「パリ協定」に合意，温室効果ガスの排出を今世紀末までに実質ゼロにするという目標をめざすことになった。自主的な取り組みでこれを実現しようとするもので，達成に向けた道筋や仕組みの検討はこれからだが，途上国も参加する枠組みであり，京都議定書からようやく前へ踏み出すこととなった。

　そもそも，温暖化は本当に深刻なのか。

1988年に、国連の中で、気候変動に関する政府間パネル（IPCC）による検討が始まった。温暖化の最新の研究について評価し、政治交渉の礎となるものを示そう、という試みだ。1990年に第1回の報告があり、ここ100年ほどの間に気温上昇が続いていることを確認するとともに、21世紀末に世界平均で約3℃の気温上昇があるとの予測を出した。その後もたびたび報告書が出され、2014年の最新の第5次評価報告書では、世界の平均気温が約100年で0.85℃上昇し、海面上昇も20 cm近く上昇したとみられる、とした。さらに報告書は、2100年には予測の平均値として気温はさらに1.0〜3.7℃の上昇、海面水位は40〜63 cmの上昇の可能性を指摘している（表5－2）。

　2007年の第4次評価報告書は、大きな節目となる発表だった。温暖化しているおもな原因が人間活動の中で人為的に排出された二酸化炭素などの温室効果ガスである確率は9割以上、とする内容だった。この報告書によって、IPCCは地球温暖化に警鐘を鳴らした役割を評価され、2007年にノーベル平和賞を受賞した。

　気温や海面の上昇がここ100年でみると急激になっていることを踏まえ、現

表5－2　21世紀末（2081〜2100年）における世界の平均地上気温・平均海面水位上昇の予測

	シナリオ	可能性が高い予測幅	平均
世界平均地上気温の変化	A	0.3〜1.7度	1.0度
	B	1.1〜2.6度	1.8度
	C	1.4〜3.1度	2.2度
	D	2.6〜4.8度	3.7度
世界平均海面水位の上昇	A	0.26〜0.55 m	0.40 m
	B	0.32〜0.63 m	0.47 m
	C	0.33〜0.63 m	0.48 m
	D	0.45〜0.82 m	0.63 m

出所：IPCC第5次評価報告書第1作業部会報告書（2013年公表）より筆者作成。

時点での温暖化傾向が続いていることを疑う人はほぼいない。だが，この傾向が将来にわたってずっと続いていくのか，そうでないかについては，まだ懐疑的な意見がある。確かに，温室効果ガスの影響だけではなく，太陽の活動状況なども踏まえて注意深く見守っていく必要はある。ただ，温室効果をもたらす原因物質が，人間活動が活発になればなるほど大量に放出されている現実を直視しなければならない。温暖化の背景として考えられる，化石エネルギー大量消費の現状をどう克服していくかが，大きな課題として突きつけられている。

3.4　名古屋議定書

　双子の条約の残る1つ，生物多様性条約は，関係各国の利害が複雑に絡み，具体的な目標を定めるのに18年もの歳月を要した。

　2010年10月。名古屋市で開かれた生物多様性条約の締約国会議（COP10）で，条約のおもな目的のうち，「遺伝資源から得られた利益の公平な配分」を盛り込んだ「名古屋議定書」が採択された。国際協調の枠組みを，という理念を形にした格好だ。とはいえ，多様性を守るために必要な「生物多様性の保全」「資源の持続的な利用」を促す具体的な取り決めは，まだ実現できていない。

　そもそも，地球上の生物は，未知の種も含めると，約3,000万種にのぼるとされている。この種が，約40億年をかけて，互いに網の目のようにつながり，複雑な生態系を築き上げてきた。しかし，この多様性の喪失が著しい。国際自然保護連合（IUCN）によれば，哺乳類は5種に1種，鳥類は9種に1種，両生類は3種に1種が絶滅の危機にある。私たちの身近な食料源でもあるマグロやウナギも，絶滅の危機にさらされている。絶滅の速度は，わずか数百年の間に1,000倍に加速したとされ，1日に150種類以上の生物が絶滅している，と指摘する研究者もいるほどだ。

　なぜ多様性が大事なのか。

　遺伝子の特徴を考えると，画一的な遺伝子であれば，生物は環境のわずかな変化でも危機に陥りかねない。遺伝子がわずかに違うだけで，例えば生息する環境の気温が少し違うところに生息していたり，えさとなる食べ物が違ったり，病気のかかりやすさにも違いが生じたりする。生物相全体でみた場合には，そ

のわずかな違いがあることで壊滅的な打撃を受けないで済むことにつながる。

　人間の生活からみても，多様性があることで，生物から得た食料やさまざまな治療薬，工業製品に至るまで，さまざまな恵みをもたらしてくれている。多様性を守るという大きな目標は，私たちの豊かな生活を保障してもらえると同時に，大きな意味で地球環境の保全に役立つのにほかならない。

4．東日本大震災がもたらしたもの

　2011 年 3 月 11 日，日本はかつて経験したこともないような巨大地震に襲われた。東日本の太平洋側を中心に，大きく長い揺れが続いたあと，10 メートルを超す大津波が，次々と町を飲み込んでいった。津波は，福島県にある原子力発電所も襲い，福島第一原発では全電源が失われ，原子炉を冷やすことができずに燃料が溶け出し，放射能をまき散らした。さかのぼること 25 年前，1986 年 4 月に旧ソ連（現ウクライナ）のチェルノブイリ原発で起きた事故とともに，世界でも過去最大級の原子力事故となってしまった。この事故で大地や海洋が広大な面積にわたって放射性物質で汚染され，今なお事故を起こした福島第一原発周辺の自治体には立ち入り禁止区域が広がり，住民約 10 万人が未だ避難を余儀なくされている。

4.1　地球汚染

　チェルノブイリ原発事故は，試験運転中の原発が爆発，原子炉がむき出しになり，発生から 10 日間で大量の放射性物質が周囲にまき散らされた。発電所から 30 キロ圏内の住民 11 万人あまりが強制的に避難させられ，放射線の影響により何らかのがんで亡くなる人は約 4,000 人にのぼる，と推計されている。30 年近く経っても，30 キロ圏内は立ち入りが制限され，幹線道路から一歩入ると，荒れ地のままとなっている。

　福島第一原発事故も，運転中だった 1～3 号機は原子炉内の燃料が溶けて外部に大量の放射性物質を放出，定期点検中だった 4 号機も建屋が爆発し，使用済みの燃料を保管していたプールがむき出しになってしまった。燃料は今も高

温を発し続けており、これを冷却するために、事故から5年の時点でも、1日300トンもの水を入れ続けなければならない。この水が、放射能を帯びた「汚染水」となり、日々、増え続けている。この汚染水をどう処理していくか、大きな課題を抱えたままだ。

　土壌に降り積もった放射性物質を取り除くのも、容易ではない。

　建物や道路は洗浄し、田畑や森林などでは表土をはぎとって放射線量を下げる努力が続けられている。原発周辺の9市町村の20キロ圏と、20キロ圏外でも放射線量が高い地域については、その汚染の程度によって、帰還困難区域、居住制限区域、避難指示解除準備区域にそれぞれ指定されている。事故から5年経過した時点でも、この原発事故の影響で計約10万人が避難を強いられている。国は、帰還困難区域でも10年後には人が住めるように除染を進める、としているが、現時点で帰還困難区域の除染はほとんど実施されておらず、いつ始まるかさえも見通しが立っていない。10年後の帰還は楽観的すぎる、との指摘が出ている。放射能汚染は、広範にわたって大地を汚染し、何十年かかっても簡単に解決できない被害をもたらすことが、改めて浮き彫りになった（写真5-3）。

写真5-3　遺体を捜索する警察官　福島・浪江町請戸地区／東日本大震災

(c) 朝日新聞社

4.2 ゴミ問題（放射性廃棄物を含む）

前述した除染の際にはぎとった放射性物質を含む表土や，焼却炉で生じた放射性物質で汚染された焼却灰など，大量の「汚染土」をどこに保管するか，大きな課題となっている。

放置しておけば放射線を出し続けるため，対策を講じた施設が必要。だが，迷惑施設にほかならず，受け入れ手がなかなか見つからない。福島県内については，事故から3年経って，ようやく地元の県と自治体が動き出した。だが，県内の除染廃棄物は減量できたとしても，東京ドーム18杯分ぐらいにのぼるとされる。候補地の地権者は2,000人以上いるとされ，用地の確保，輸送手段など，仮に施設建設の場所にメドが立ったとしても，施設完成にはまだまだ難題が多くのしかかっている。

福島以外の自治体でも，汚染土は発生している。自治体ごとに貯蔵施設を設けなければならず，候補地の選定はなかなか思うように進まないのが現状だ。

東日本大震災によって，放射能汚染とは別に，「震災がれき」の問題も大きな懸案だった。

大津波の影響で，家やビル，橋などが壊されて，木材やコンクリート，金属などのがれきが大量に発生した。宮城，福島，岩手の3県で約2,000万トン。3県でふつうの年に出る一般ごみの10年分以上にものぼるという。被災県だけでは処分しきれず，被災地以外の自治体に受け入れてもらい，焼却や埋め立て処分をしてもらった。2014年3月末に，福島県を除き，がれきの処理はほぼ終わった。1995年に発生した阪神大震災のときに約5割を再利用したというが，それに比べ，リサイクル率は高く，がれきの82%が再利用できたという。

4.3 原発は必要か

今回の原発事故は，エネルギー利用のあり方にも課題を突きつけた。

原発は，ウランの核分裂反応を利用するため，1つの施設で大量のエネルギーを得ることができる。また，地球温暖化の原因とされる二酸化炭素を放出する化石燃料を使わないため，温暖化対策の1つとしても位置付けられていた。東

日本大震災前の電力供給計画では、原子力の割合は当時の3割から4割まで高められ、基幹電源として明確に位置付けられていた。

しかし、事故に直面して、それまでにも課題にはなっていたものの、先送りにされていた使用済み核燃料の処分問題が、改めて議論され始めた。また、安全対策のための費用、さらに事故発生のリスクなどを考えると、決して万全なエネルギー源ではないことが顕在化した。事故発生時の民主党政権は、将来的には脱原発をめざす方針を打ち出した。しかし、その具体的な道筋をつけないまま、政権を追われた。代わった自民党・公明党連立政権は、原発を「重要なベースロード電源」と位置付け、民主党政権の原発ゼロ方針を転換するエネルギー基本計画を策定、2014年4月に閣議決定した。

現在、私たちが大きく依存している化石燃料や、原発の燃料であるウランは、資源量からみれば当面は利用が可能な量はある（表5−3）。ただ、環境にとって優しいエネルギー源は、なんといっても再生可能エネルギーだ。とはいえ、大量のエネルギーを生み出す原発や化石燃料による火力発電所などにとって代わるには、強力な推進力が必要だが、発送電の分離や、事実上の地域独占となっている電力制度の改革をはじめ、再生可能エネルギー導入を後押しする施策が十分であるとはいえない。まだまだ課題があるのが現状だ。

表5−3　世界のエネルギー資源の確認可採埋蔵量と可採年数

	埋蔵量	可採年数
石　　油	1兆6,500億バレル	約50年
石　　炭	8,600億トン	約110年
天然ガス	210兆立方メートル	約60年
ウラン	533万トン	約90年

出所：BP統計 2012、およびOECD/IAEA, Uranium 2011。

5．おわりに

　四大公害は，半世紀を経て今なお，その被害に苦しんでいる人たちがいる。ダムや空港といった公共事業は，計画から20年，30年が経っても当初の計画を変えずに進められていく。そうした被害や反対運動の現場を歩くことで，本当は何が問題で，どんな解決方法を考えなければいけないかが見えてくるようになる。一方で，その解決方法が，とてつもなく複雑で，難しいことも痛感する。

　環境問題は，「山が枯れる」「のどが痛い」「水が飲めない」といった現象が端緒となって顕在化することがほとんどだ。そこから，その原因をたどることになるが，地域の広がり，時間差などがあり，科学的な因果関係を明確にできないことがしばしばある。因果関係を証明できないことが，例えば化学物質などの規制に遅れを生じさせ，加害者側が損害賠償にも応じない，といった現実につながっている。多くの過去の歴史が，そのことを物語っている。

　私たちは，環境問題が生じたら，因果関係を突き止めるための科学的なアプローチだけでなく，経済的，政治的に解決に導く手段を見つける努力をしなければいけない。そして，環境問題が起こる恐れが予見されるのであれば，その芽をできるだけ早く摘む，つまり予防原則に立つことが大事だ。本章では，そうしたことを知ってもらうために，総花的に日本の環境問題の歴史を少しひもといてみた。今後，環境問題に取り組みたい，と思う読者の助けになれば幸いである。

参考文献

　朝日新聞科学医療グループ編（2011）『やさしい環境教室──環境問題を知ろう』勁草書房。

　朝日新聞社編（2008）『地球異変　Truth of The EARTH』ランダムハウス講談社。

　朝日新聞夕刊コラム「環境教室」（2008年3月31日〜7月12日，全86回）。

|関連ホームページ・資料|

環境省ホームページ：http://www.env.go.jp/

気候変動に関する政府間パネル（IPCC）ホームページ：http://www.ipcc.ch/

国際自然保護連合（IUCN）ホームページ：http://www.iucn.org/

エネルギー基本計画（経済産業省，2014年4月）：http://www.meti.go.jp/press/2014/04/20140411001/20140411001-1.pdf

第6章 低炭素社会の実現に向けて
―地球・地域環境問題を考える―

木村博則

> **第6章の学習ポイント**
> ◎エネルギーを知る基本となる万国共通の単位系を理解したうえで,太陽がもたらす微妙な熱バランスによって,生物が生命を維持することのできる温熱環境が地球上に創り出されている仕組みを学ぶ。
> ◎地球温暖化は,温室効果ガスの層が人為的影響によって成長し,これまでの熱バランスが崩れて地球表面の温度が上昇することで発生する,というメカニズムを学習する。
> ◎省エネルギーのためのさまざまなシステムや分散型発電の仕組みなどを導入した「環境建築」を普及させることを通じて低炭素なまちづくりを実現していくことの意義を理解する。

1. はじめに

　我が国には美しい自然が多くあり,古来,環境を大切に考える「こころ」があった。写真に示す瀬戸内海の夕日は忘れられない自然への思い出である(写真6-1)。この瀬戸内海の水質汚濁の問題を解決したのは,我が国の優れた環境技術である。
　環境の問題は人類の歴史における開発と深くかかわっている。美しい自然環境を開発から守るための技術を開発する研究者は,おそらく環境を守る「こころ」,倫理感から環境問題に対して使命感を持って取り組んできたものと思わ

写真6-1 瀬戸内の夕日

出所：小豆島のホテルオリビアン提供。

れる。

　今，環境問題は，全世界的な気候変動にかかわる地球温暖化問題，都市のヒートアイランドの問題など，これまでに人類が経験したことのない国際的な喫緊の課題となっている。環境学は，こうした課題に関して，自然科学や人文・社会科学の諸領域のアプローチを通して研究を行い，総合的な対策を提案する学問分野である。この環境学は，文系，理系を問わず，暮らしにかかわる学問でもある。例えば，家計簿を記録するのと同じように，エネルギー消費量を整理し評価するための知識は大切なスキルである。

　本章では，地球環境問題について述べる前に，普段の暮らしでは気が付かない地球の熱バランスの奇跡的な仕組みを学ぶ。そして，地球上の都市環境，建築環境の問題について考え，最後に都市環境のスマート化について解説する。この章を通して，これからの環境学は開発と環境保全のウィン・ウィンの関係を創るための夢のある学問であることを示していきたい。

第 6 章　低炭素社会の実現に向けて　99

2．エネルギーの単位系を知る

2.1　ワットとジュール

　生命の維持，電灯，交通機関，発電所，OA 機器などはすべてエネルギーを消費して成り立っている。このエネルギーは以下のような国際単位系（International System of Units：SI）によって評価されている。

$$1\,\mathrm{W} = 1\,\mathrm{J}/秒 \tag{1}$$

この W はワット，J はジュールと呼び，これらは身近なエネルギー単位の基礎である。

　（1）式の 1 W は，1 秒間に 1 J のエネルギーを消費するという世界共通の単位である。身近な照明器具に 100 W の消費電力という表示がある場合，1 秒間に 100 J のエネルギーを消費することを示している。エネルギー消費量は，この器具の持つパワー（1 秒間に出すことのできるエネルギー量）と時間とのかけ算で求まる。したがって，この照明器具が 1 時間点灯する場合のエネルギー消費量は 100 Wh と表示される。電力会社から家庭に送られる 1 カ月分の領収書には，家庭で消費される電力量がこの Wh の単位系で示されている。この 100 Wh をエネルギーの世界共通の単位であるジュール（J）で表す場合，100 W は 1 秒当たり 100 J のエネルギーを消費することから，次のように計算される。

$$100\,\mathrm{Wh} = 100\,\mathrm{J} \times 60\,秒 \times 60\,分 \times 1\,時間 = 360{,}000\,\mathrm{J} \tag{2}$$

このように数値の桁数が多くなる場合については，以下の SI 接頭語が国際的に決められている。

$$\begin{aligned}1\,\mathrm{MJ}\,(メガジュール) &= 1{,}000\,\mathrm{kJ}\,(キロジュール)\\ &= 1{,}000{,}000\,\mathrm{J}\,(ジュール)\end{aligned}$$

これにしたがうと，（2）式の値は 360 kJ または 0.36 MJ と表記される。建築物のエネルギー消費量を評価する際は，一般的にこの MJ が用いられる。

2.2 人の発熱と顕熱・潜熱

普段の生活で，人からの冷房時の発熱は，室温26℃のとき顕熱で54 W，潜熱で62 Wである。顕熱は空気の温度変化に伴う熱量，潜熱は水の蒸発などの状態変化による熱量である。このように，私たちの暮らしにおけるエネルギー，熱のパワーはWで表される。この単位を理解することで，人の発熱（顕熱）は照明器具（電球）の発熱のパワーの値に近似していることを知ることができる。

3. エネルギーの評価について

エネルギーの変換や二酸化炭素（CO_2）の排出量を求める場合には，例えば電力消費量からエネルギー消費量（ジュール）のような単位系の変換とともに，1次エネルギー，2次エネルギーなどの仕組みを知る必要がある。

私たちは原油や天然ガスなど地球上のさまざまな資源を使用しているが，例えば原油というエネルギー資源は，精製プラントや発電などの一連の装置によって，最終的に電気の形に転換されてから都市などにおいて利用される。地球温暖化問題で話題になっている建築物のCO_2排出量を捉えるときは，例えばビルで消費した電力量の場合，遠くの発電所での1次エネルギー消費を考慮することになる。この転換される前のエネルギー資源を「1次エネルギー」と呼び，転換された後のエネルギー資源を「2次エネルギー」と呼ぶ（図6－1参照）。

1次エネルギーには石油，石炭，天然ガス，原子力，水力，地熱などがあり，2次エネルギーには電力，ガソリン，都市ガスなどがある。地球温暖化問題で話題にのぼるCO_2排出量は1次エネルギーの消費により発生するものの量をさす。第2節で解説した1 W（1 J/秒）を1時間消費する場合の2次エネルギー消費量は，3,600秒をかけて3,600 Jとなる。1次エネルギー消費量は我が国の法例（エネルギーの使用の合理化に関する法律施行規則＜平成22年3月改正＞）の中で，1 kWh＝9,760 kJとして計算することが義務付けられている。この"9760"は，発電所から建築物まで電力が送電される間の効率を反映して決め

図6-1　1次エネルギーと2次エネルギー

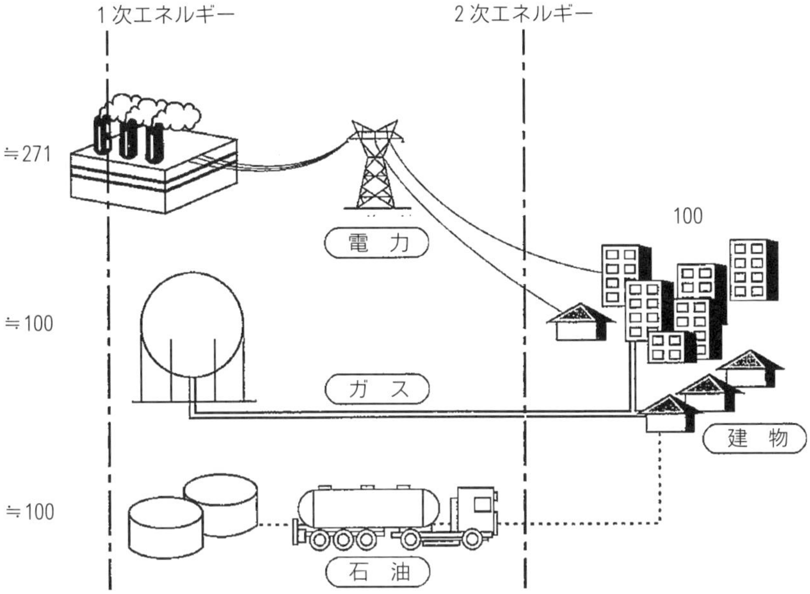

≒271　　1次エネルギー　　2次エネルギー
≒100
≒100

電　力
ガ　ス
石　油
建　物
100

出所：一般社団法人建築設備綜合協会 BE建築設備編集委員会（2010）『意匠設計者が知っておきたい設備設計』建築資料研究社，28頁。

られた数値であり，送電効率の向上などによって変更されていく値で，全国で統一された数値が用いられている。

　地球環境への負荷をみる場合，化石燃料の消費が対象となる。電力消費に伴う負荷については，先の係数 9,760 kJ/kWh を使って換算値が求められる。しかし，オイルや都市ガスなどによる負荷を検討する際には，実際の燃焼による消費が敷地内で行われるので，2次エネルギーとして考えればよく，オイル，都市ガスなどの消費量と各燃料の発熱量原単位を用いて換算すればよいことになる。太陽光発電は自然エネルギー利用であり，運用時の1次エネルギー消費量は0となる。水力発電，風力発電なども同様である。

102　第Ⅱ部　現代社会と環境問題

4．地球環境問題

　我が国は長く環境先進国といわれてきた。そして，大気汚染や水質汚染の問題に真摯に取り組んできた。これらは地域環境の問題であり，地球環境問題とは大きく異なる。現在の私たちが普通に利用している電気によって初めて電灯が燈ったのは1884年で，場所は上野駅であるといわれている[1]。この便利な電気が使えるようになってから，たかだか140年しか経過していない。明治元年は1868年だから，江戸時代は電気のない時代であった。しかし，電気はなくても江戸の人々は生活を謳歌し，多くの文化を創出した。図6－2には地球上の気温の変化を示している。この図をみると，18世紀後半からの産業革命以降，化石燃料や電気の利用が始まってから気温が上昇してきたことは明らかであり，将来，気温がさらに上昇していくことが懸念される。この温暖化に伴う気候変動の影響によって，地球上の動植物は滅亡の危機に直面しつつある

図6－2　地球温暖化による地球上の気温の変化

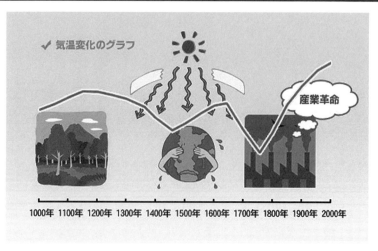

出所：プラス地球温暖化情報サイト提供。

写真6−2　絶滅が危惧されるサンゴ礁

出所：プラス地球温暖化情報サイト提供。

（写真6−2）。

4.1　地球環境のメカニズム

　普段の生活の中で私たちが気の付かないことが多いのが，地球環境のメカニズムである。私たちの暮らす地球では，太陽光によって奇跡的に，化石エネルギーの消費なしに年間平均15℃の気温が保たれてきた。太陽光がなければ地球は暗黒の闇であり，温室効果による温暖化現象がなければ，平均して氷点下18℃の世界になるといわれている。地球温暖化が問題視されているが，そもそもこの温暖化のメカニズムが地球環境の微妙な熱バランスを創り出し，地球上の生物が生命を維持することのできる温熱環境を創造しているのである。

　地球と太陽の位置関係を図6−3に示している。太陽は生まれてから50億年を経た恒星で，宇宙に向けて放射エネルギーを放出している。太陽と地球には1億5,000万 km の距離があり，地球は1日に1回自転を行いながら太陽の周りを365日と6時間をかけて公転している。自転と公転の軸の傾斜角度が異なることによって，四季などの自然環境が創造されている。この太陽からのエネルギーがなければ地球は暗黒の氷の世界なのである。

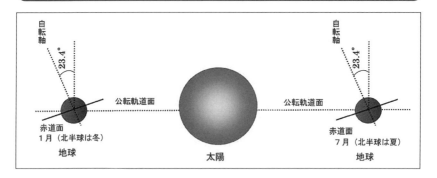

図6-3　地球と太陽の位置関係

出所：大河内直彦（2008）『チェンジング・ブルー』岩波書店，88頁，図4-4を参考に筆者作成。

4.2　地球温暖化のメカニズム

　地球は，太陽から常に一定のエネルギー（太陽定数）として地球の法線面（断面）の1 m² 当たりで 1,370 W/m² の放射エネルギーを受熱している。放射エネルギーは太陽から光のエネルギーで地球に到達し，地表面で光の波長が長波長に変化して熱となる（図6-4参照）。日々の暮らしでも感じられるように，冬季でも晴天日には南側のリビングの窓が暖かくなっているのと同じメカニズムである。地球表面の熱は，夜間には宇宙空間に放熱される。その際，図6-5に示すように地球表面から10 km以上のところにある成層圏には温室効果ガスの層があり，これらの放熱の一部が反射され地表面に再放射されている。これらが繰り返され，奇跡的に地球の表面の温度は平均して約15℃になっている。図6-6には，地球の表面と太陽からの放射（主として光）と地球からの放射（主として赤外線）の熱バランスの仕組みを示している。このメカニズムによって，私たちの地球上には生物が誕生し，現在の動植物の繁栄がある。地球温暖化問題は，温室効果ガスの層がより成長し，これまでの熱バランスが崩れて地球表面の温度が上昇することによって起きている。

　「地球温暖化対策の推進に関する法律」で定められた温室効果ガスは，CO_2 のほかに，メタン（CH_4），一酸化二窒素（N_2O），ハイドロフルオロカーボン類

図 6-4　地球に来る熱量と出ていく熱量

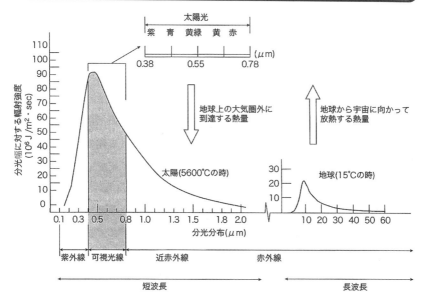

出所：社団法人日本建築学会編著（2004）『ガラスの建築学　光と熱と快適環境の知恵』学芸出版社，113頁。

（HFCs），パーフルオロカーボン類（PFCs），六フッ化硫黄（SF_6）を含めた6種類である。各温室効果ガスには，CO_2を1とした地球温暖化係数（Global Warming Potential：GWP）が，気候変動問題に取り組む国際的な学識者の団体である「気候変動に関する政府間パネル（IPCC）」によって全世界共通に決められており（表6-1参照），これを乗じて各ガスの評価値を求めている。なお，HFCsのような空調の冷媒ガスが規制されるのは，地球温暖化への影響が大きいためである。

106 第Ⅱ部 現代社会と環境問題

図6−5 地球に到達する太陽からのエネルギー

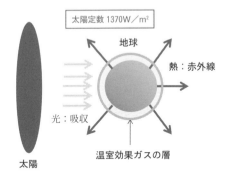

図6−6 地球の熱収支

太陽定数1370÷（4πr^2÷πr^2）＝約342（W／m^2）
地球表面単位面積当たりの太陽光入射平均値（rは地球の半径）

図中の数値の単位：W／m^2
なお、地表面単位面積1m^2当たりで表示

太陽放射（主に可視光） ／ 地球放射（主に赤外線）

太陽光入射
大気による放射：165
雲の赤外線放射：30
大気の窓：40
大気反射、散乱：77
大気による吸収：67
顕熱：24 蒸発散：78
地表面の反射：30
地表面の吸収：168
地表面からの放射：390
大気から地表面への赤外線放射：324
地球の地表面

（注）地表面への太陽光入射と宇宙空間への放射は等しく、地表面単位面積当たり約342（W／m^2）となる。
出所：NASA EOSPSOによる公開データを筆者が模式的に表現。

表6-1　地球温暖化係数（GWP）

地球温暖化係数（GWP）：時間枠＝100年

CO_2	1
CH_4	21
N_2O	310
HFC_s	1,300 など
PFC_s	6,500 など
SF_6	23,900

出所：IPCC第2次評価報告書。

5．地球環境問題と地域（都市）環境問題

5.1　地球環境問題と地域（都市）環境問題の対比

　環境の問題は，大きく地球環境問題と地域（都市）環境問題に分類される。我が国においては，戦後の産業の振興に伴い地域において発生した水質汚染，大気汚染に代表される公害問題に取り組んできた。我が国は，世界最高レベルの環境対策技術をもって公害問題を解決してきた。

　一方，1985年頃から，オゾン層破壊の問題を契機として，地球環境問題が国際的な喫緊の課題として明らかになってきた。1992年にブラジルのリオデジャネイロで開催された国連環境開発会議，いわゆる「地球サミット」では，「環境と開発に関するリオ宣言」が採択され，各国が責任を持ってこの問題に取り組むことになった。

　以下に，地球環境問題と地域環境問題の特徴を整理して示す[2]。

＜地域（都市）環境問題の特徴＞　　　＜地球環境問題の特徴＞
①産業と都市への人口集中が主因　　　①人間活動全体が主因
②局所的高濃度が問題　　　　　　　　②原因物質の総量が問題

③原因物質が人に有害である　　　　　③原因物質それ自体は有害ではない
④原因と被害の時間的な遅れが小さい　④影響が出るまでに時間の遅れがある
⑤原因と被害が同地域で生じる　　　　⑤原因の発生場所と被害の発生場所が
　　　　　　　　　　　　　　　　　　　異なる
⑥国際的な問題にはならない　　　　　⑥国際的な問題である
⑦対策にはエンド・オブ・パイプ技術　⑦対策には発生量削減が不可欠
　が有効
⑧典型例：重金属による水質汚染　　　⑧典型例：地球温暖化

5.2　地球環境問題と我が国の動向

　地球環境問題は，①オゾン層の破壊，②地球の温暖化，③酸性雨，④熱帯林の減少，⑤砂漠化，⑥開発途上国の公害問題，⑦野生生物種の減少，⑧海洋汚染，⑨有害廃棄物の越境移動，の9項目に整理される。これらは国境を越えた問題であり，原因と被害の発生場所が異なるところがこれまでの地域の環境問題と違っており，国際的な取り組みを必要とする問題なのである。

　我が国の地球環境対策においては，1988年にオゾン層保護法，1990年に地球温暖化防止行動計画が定められ，その後，我が国の環境配慮の規制は公害対策基本法から地球環境問題を含む環境基本法（1993年）へと移行した。1997年12月に京都市で開催された気候変動枠組条約第3回締約国会議（COP3）において京都議定書が採択され，大気中の温室効果ガス濃度の安定化に向けて先進各国に削減義務が設定された。京都議定書では，先進国は2008年から2012年（第1約束期間）において温室効果ガスを1990年比で5％以上削減するとの目標が定められ，先進締約各国間の排出量取引や先進国と途上国の間で排出削減を実施するための新たな仕組み（いわゆる「京都メカニズム」）が認められた。すでに京都議定書の第1約束期間は終了しており，2020年以降の新たな枠組みとして2015年にパリ協定が合意された。しかし地球環境問題は，開発による経済の発展と深く関係しており，特に開発途上の国々と環境意識の高い欧州各国，そして資本主義経済の担い手である米国の思惑などもあり，混沌としている。IPCCの第5次評価報告書によると，地球温暖化問題は危機的な状況にあ

ること，そして今後の社会の変革によって解決できることが報告されている[3]。

環境省は，「地球温暖化対策の推進に関する法律」等に基づき，我が国における2012年度（平成24年度）の温室効果ガス排出量を2014年4月に報告している。この報告によると，「2012年度の我が国の総排出量（確定値）は13億4,300万トンで，これは京都議定書の規定による基準年比6.5％増，前年度比2.8％増となっている。また，京都議定書第1約束期間の総排出量は5カ年平均で12億7,800万トン（基準年比1.4％増），目標達成に向けて算入可能な森林等吸収源による吸収量は5カ年平均で4,870万トン（基準年比3.9％）となった。この結果，京都メカニズムクレジットを加味すると，5カ年平均で基準年比8.4％減となり，京都議定書の目標（基準年比6％減）を達成することになる」という。つまり我が国は，温室効果ガスの排出量は基準年比で増加したが，森林等の吸収と京都メカニズムの活用により，目標達成を実現したのである。

6．環境建築への期待

6.1　環境建築による低炭素なまちづくり

我が国の温室効果ガス排出量の部門別内訳が環境省から公表されている。これによると，2012年度の業務その他部門（商業・サービス・事業所等）のCO_2排出量は2億7,200万トンであり，基準年と比べると65.8％（1億810万トン）増加した（図6-7参照）。基準年からの排出量の増加は，事務所や小売等の延床面積が増加したこと，それに伴う空調・照明設備の増加，そしてオフィスのOA化の進展などにより電力等のエネルギー消費が大きく増加したことによる。また前年度比でも排出量が増加しているが，これは東日本大震災以降の火力発電の増加によって電力排出原単位が悪化したことなどで，電力消費に伴う排出量が増加したためである。さらに，家庭部門でも基準年に比べて59.7％増加している。このように，建築分野を含む，業務その他部門および家庭部門ではCO_2排出量が近年大きく増加している。いま，日本を含む世界の各国において，低炭素なまちづくりへのパラダイムシフトが必要とされる状況にある。

高い省エネルギー性能を備えたり，リサイクル材等を素材に使用するなど，

図 6-7　我が国の温室効果ガスの排出量の部門別内訳（2012年度）

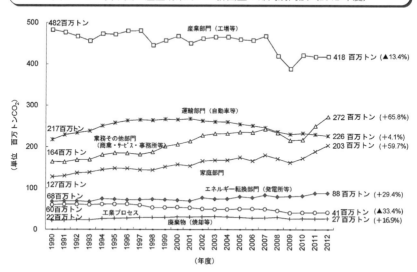

出所：2012年度（平成24年度）の温室効果ガス排出量（確定値）について（図2 CO_2 の部門別排出量（電気・熱配分後）の推移），記者発表資料（2014年4月，国立環境研究所）。

環境に配慮された建築を「環境建築」「グリーン建築」という。低炭素なまちづくりを実現するためには，各種の建物が，新築か既設（ストック）かを問わず環境建築であることが求められる。建築は人々の暮らしと関係しており，業務用ビルで空調，換気，照明，住宅では給湯，暖房に日々多くのエネルギーが消費されている。業務用ビルでは，年間のエネルギー消費のうち，空調が約40%，照明が約20%程度を占めており，特に窓の日射遮蔽，高断熱化による空調負荷の削減（省エネルギーの促進），自然採光，自然通風，地中熱，太陽光発電，風力発電，バイオマス発電による自然エネルギー（再生可能エネルギー）の利用が期待されている。

6.2　太陽光から太陽熱へ

熱の移動を伝熱という。この伝熱の仕組みには，伝導，対流，放射（輻射）

の3種類がある。この仕組みを図6－8に示している。伝導は静止物体の中を熱が伝わるもので，対流は固体表面と流動する流体の間の伝熱である。放射は，物体から発する赤外線部，可視光線部などの短波長の電磁波が他の物体に吸収されて熱に変換されることによる伝熱である。これはステファン＝ボルツマンの法則によるもので，絶対温度の4乗に比例して放射熱を出すとされている。太陽からの熱はこの放射によるものである。

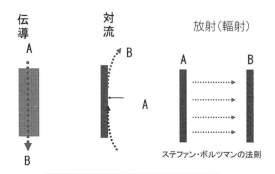

図6－8　伝熱の基本3種類の仕組み

太陽からのエネルギーは光によって地球に到達する。この光は可視光線であり，波長が $0.38\,\mu m$ から $0.78\,\mu m$ までの短波長の電磁波である。そして，この可視光線が不透明な物質の表面に当たると波長が伸び，長波長の熱となる。先の図6－4に電磁波の波長とその分光幅に対する放射（輻射）強度を示しているので参照してほしい。これは，室内に入射する太陽光が床の表面や人の衣服の表面に当たり，熱となって温める仕組みと同じである。

6.3　環境建築をめざした計画事例

100年以上前の電気のない時代においては，昼間の灯りは昼光利用で，換気は自然通風であった。そして，夏季の日射は長い庇で遮蔽し，周囲の緑化の効

112　第Ⅱ部　現代社会と環境問題

果によって冷涼感を得ていた。このように建物自体で工夫して省エネルギーを推進する手法を「パッシブ方式」という。一方，設備機器を利用して省エネルギーを推進する手法を「アクティブ方式」という。

　図6－9には，パッシブ方式で計画された建物の環境配慮に関する断面図を示している。この建物の特長は，夏季の南側の太陽光を遮蔽し，冬季は太陽光が入射し集熱して暖房負荷削減になる窓外のルーバ（庇），および自然通風の

図6－9　環境共生型オフィスの環境概念断面図（夏季・中間季と冬季）

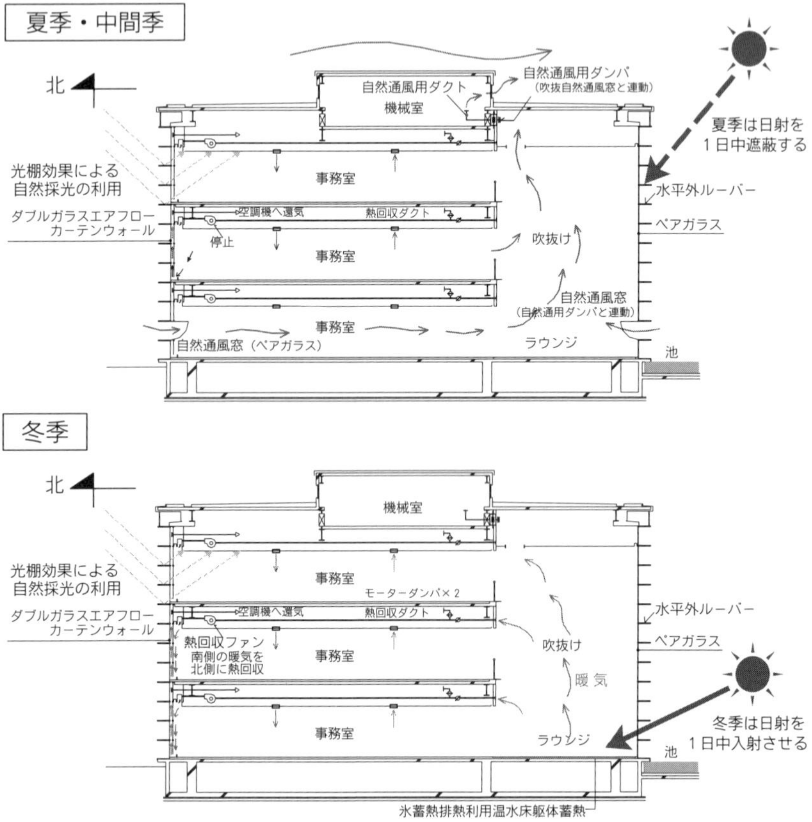

夏季・中間季

北

自然通風用ダクト
機械室
自然通風用ダンパ（吹抜自然通風窓と連動）
夏季は日射を1日中遮蔽する
光棚効果による自然採光の利用
事務室
空調機へ還気　熱回収ダクト
水平外ルーバー
ダブルガラスエアフローカーテンウォール
停止
ペアガラス
事務室
吹抜け
自然通風窓（自然通風ダンパと連動）
自然通風窓（ペアガラス）
事務室
ラウンジ
池

冬季

北

機械室
水平外ルーバー
光棚効果による自然採光の利用
事務室
モーターダンパ×2
ペアガラス
ダブルガラスエアフローカーテンウォール
空調機へ還気　熱回収ダクト
熱回収ファン　南側の暖気を北側に熱回収
事務室
吹抜け
暖気
事務室
ラウンジ
冬季は日射を1日中入射させる
池
氷蓄熱排熱利用温水床躯体蓄熱

出所：木村博則（2006）「地球環境時代の建築設備の展望」『ベース設計資料』No. 129，建築編（前），寄稿文，建設工業調査会，55頁。

ための換気小窓にある。つまり，夏季と冬季に室内に入射する太陽光を制御するための工夫がなされているのである。この事例で実測された，夏季と冬季の外と室内の全日射量（直達日射と天空日射の合計）を図6－10，図6－11に示している。図6－10から，屋外の南向きの垂直面のピーク値で，前庭からの反射の影響を含め，夏季は約400 W/m²弱だが，南側の窓面の屋内の全日射量は約80 W/m²に大きく削減されていることがわかる。また図6－11にあるように，屋外の南向きの垂直面のピーク値で冬季は約800 W/m²，屋内の南向きの窓面から透過する全日射量は約600 W/m²弱であった。この測定結果は，驚く

図6－10　環境配慮型オフィスの南向き鉛直面の室外と窓から透過する全日射量（夏季代表日の実測結果）

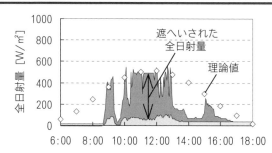

出所：図6－9に同じ。

図6－11　環境配慮型オフィスの南向き鉛直面の室外と窓から透過する全日射量（冬季代表日の実測結果）

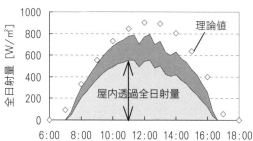

出所：図6－9に同じ。

ことに南面においては冬季の方が夏季よりも約7倍の日射量が得られることを示している。この冬季の太陽光のエネルギーを利用して，冬季の暖房のエネルギー消費を削減することがパッシブな計画のポイントでもある。住宅のリビングが南向きであるのはこのことによる。図6－6で示したように，地球表面における単位面積当たりの太陽光入射平均値は，地球法線面に入射するとして評価する太陽定数 1,370 W/m^2 を，地球の表面積と断面積の比の4で除して，342 W/m^2 となる。屋外の南向きの冬季の太陽光入射のピーク値は，地球表面の太陽光入射平均値 342 W/m^2 の約2～3倍として理解することができる。日々の暮らしにおいては，人の発熱，太陽光からの集熱など，これらと生活を取り巻く自然環境による熱バランスによって室温が決まるのである。

6.4 ゼロエネルギービル（ZEB）への期待

低炭素なまちづくりへのパラダイムシフトのために，近年，緑の経済成長（green growth）論が注目されている[4]。緑の経済成長論では，2050年には世界全体で温室効果ガス排出量を半減，そして先進国では少なくとも80％削減することが唱えられている。これは，環境政策によって技術革新を促すことで，経済を成長させると同時に環境負荷は増やさずむしろ減少させていくという考え方である。

建築分野では，将来の技術進歩によって，設備更新が進む中で，年間のエネルギー消費が太陽光発電で賄えるようになることで1次エネルギー消費量をゼロとする建築物（ZEB：ネットゼロエネルギービル）が普及していくことが期待される。

7．獨協大学の環境配慮への取り組み
──エコキャンパスの実現

埼玉県草加市にある獨協大学は，1964年の創立以来，キャンパス内の植栽を大切に育ててきた。そして，これらの植栽の緑陰効果によって，夏季においても涼しい自然通風を感じることができる。その後のキャンパスの整備に伴い

写真6-3 ビオトープのある獨協大学の中庭

出所：筆者撮影。

　中庭にビオトープが設置されたことによって，さらに生物の多様性を大切にした環境共生への取り組みが行われてきている（写真6-3）。

　獨協大学は，草加市に位置する大学として，松原団地のエリアの自然環境を育みながら，環境と共生した，文系の総合大学として成長してきた。そして2008年より，東棟の建て替えを契機に，省CO_2をめざしたエコキャンパス・プロジェクトが始まった。その結果，2005年からキャンパスの規模拡張により増加傾向にあったCO_2排出量は，2010年からは建物規模（延床面積）の拡張にもかかわらず，図6-12に示すように減少傾向に転じた。さらに，ピーク電力も増加傾向から減少傾向に転じた。このプロジェクトは，国土交通省の「平成21年度第1回住宅・建築物省CO_2推進モデル事業」に採択され実施に至ったものである。東棟の新築とともに，既存の5つの棟に省エネルギー改修を施した。エコキャンパスの中核である東棟には，中央の階段を利用した自然採光により空調負荷を少なくした多目的ラウンジが設置されている（写真6-4）。外壁は，省エネルギーに配慮した，空調負荷の少ない外観となっている（写真6-5）。屋上には，太陽光発電と空調のGHP（ガスヒートポンプ）を利用した発電が設けられており，敷地内分散型発電を行っている。モデル事業は完成後3年間の実証を平成26年3月に終え，1次エネルギー消費量については事業開始前のベンチマークに比して約18％の削減効果が得られた。

　先にも述べたように，獨協大学エコキャンパスは平成21年度第1回住宅・

図6−12　獨協大学エコキャンパスの省CO_2推進事業の取り組み

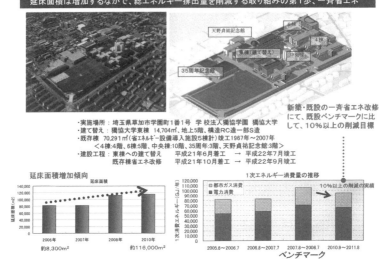

出所：『最新の省エネルギー事例』獨協大学東棟及び最近の取り組み事例　講演者木村博則／石本建築事務所　建築設備技術会議講演会　〜震災復興のために建築設備技術者ができることは何か〜（主催　社団法人建築設備技術者協会・社団法人日本能率協会　2011年9月29日，会場：東京ビッグサイト）。

写真6−4　階段を活用した昼光利用の東棟1階多目的ラウンジ

出所：エスエス東京支店撮影。

写真6-5　外壁からの空調負荷の少ない東棟の外観

出所：エスエス東京支店撮影。

建築物省CO_2推進モデル事業採択プロジェクトである。この取り組みの特長は，図6-12に示すように，建て替えられた棟と既存の古くなった主要な5つの棟において省CO_2への取り組みを実施し，キャンパス全体のエコ化を図りながら，複数の棟の総合的な管理を行うことである。これは，独立行政法人建築研究所による大学キャンパスの省CO_2推進の先導的モデル事例として，他の2大学とともに紹介されている（図6-13）。

8．エネルギー消費削減とピーク電力削減の時代へ

我が国は，「エネルギーの使用の合理化等に関する法律」（通称「省エネ法」）の下で，工場・事業所，運輸，住宅・建築物のエネルギー効率の改善を推進している。この法律は石油危機を契機として1979年に制定されたものであり，我が国の省エネルギー政策の根幹をなしている。その後，何回かの改正があったが，2014年4月1日に新たに改正され，住宅・建築物，事業所への対策が強化された。さらに，東日本大震災により生じた電力供給の逼迫を受け，需要家が，従来の省エネルギー対策に加え，蓄電池や自家発電の活用等によりピーク電力を削減することで，我が国の電力需要の平準化の推進を図ることとなった。

東日本大震災以降，すべての電力を電力会社から受電するのではなく，施設

図6-13 大学キャンパスの省CO_2事業の先導的3事例

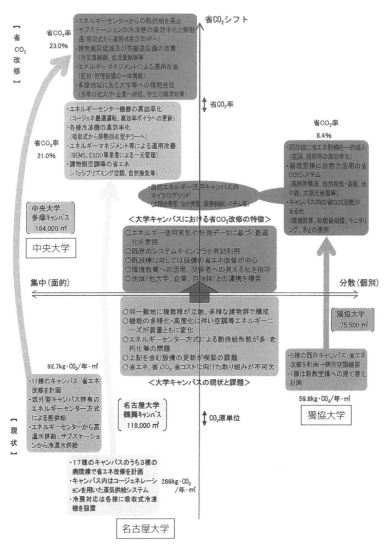

出所:独立行政法人建築研究所(2010)「住宅・建築物省CO_2推進モデル事業全般部門(平成20年度・21年度)における採択事例の評価分析」『建築研究資料』第125号(2010年5月), 39頁.

が自主的に発電する分散型発電システムを整備することが，停電時対策からも重要視されている。これからは，太陽光発電などの再生可能エネルギー，排熱が利用できるコージェネレーション，将来の燃料電池による発電などの技術の普及が期待されている。この分散型発電はオンサイト発電ともいわれ，従来のような発電所からの電力であるオフサイト発電と区分されている（図6-14参照）。

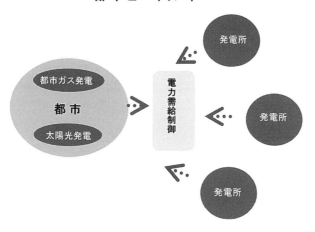

図6-14　オンサイト発電とオフサイト発電

獨協大学で取り組んでいるオンサイト発電は，電源と連系して電力補給を行っている。これは，成長するマイクログリッド（エリアの電力の需要と供給のバランスを監視しながら分散型発電を有効に利用するシステム）として，図6-15に示すような機器によってシステムが構成されている。2015年10月時点の直近のキャンパス全体のピーク電力は，2013年7月12日の13時に記録している。需用電力のピーク値は2,353 kWで，そのうちオンサイトでの発電は277 kWであった。したがって，電力会社からの受電は2,076 kWであり，オンサイト発電はピーク電力の約12%を負担していることになる。そのうち約1／2は再生可能エネルギーの太陽光発電と未利用エネルギーのGHP発電（都市ガス個別

図6-15 成長するマイクログリッドを構成するオンサイト発電

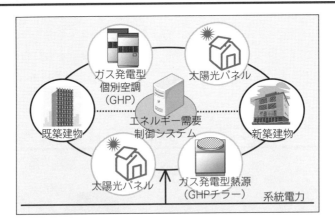

表6-2 ピーク電力時における分散型発電の実測結果

2013年度ピーク電力時（7月12日13時）		単位　kW		
需用電力	受電電力	分散型発電		
2,353	2,076	277		
		GHP発電	太陽光発電	コージェネ発電
		57	80	140

空調のエンジンの余力で発電）による（表6-2参照）。

　2008年からの取り組みの成果をもとに，2012年8月に竣工した学生センターでは，さらに太陽光発電，コージェネ発電，GHP発電などの分散型発電を増強しており，キャンパス全体でのエネルギーの自給率を高めることをめざしている。写真6-6は学生センター屋上に設置された太陽光発電パネルである。ここでは，キャンパス全体でピーク電力を予測して，制限値を超えそうなときはあらかじめ設定したモードに基づいて順次電力消費を停止できるように制御している。これらは，図6-16に示すような獨協大学キャンパス全体の電力総合管理システムによって管理されている。

第6章 低炭素社会の実現に向けて　121

写真6－6　獨協大学学生センター屋上の太陽光発電装置

出所：クドウフォト撮影。

図6－16　獨協大学キャンパスの電力統合デマンド管理ネットワーク

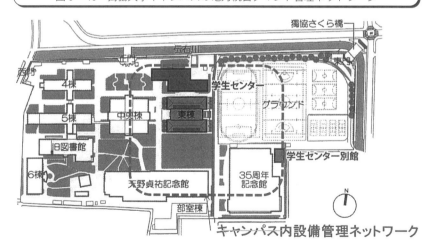

9. スマートシティへの期待

　スマートシティの明確な定義はないが，一般には「最新技術，IT 技術を駆使してエネルギー効率を街全体で高め，低炭素，省資源に配慮した環境配慮型の街」と解釈される。スマート家電などのように，人の暮らしの利便性を高めるものとして期待されている。電力の見える化，需要と供給の見える化と制御を行う装置の開発が必要であり，国を挙げてこれに取り組む段階にある。

　先駆的に導入が始まっている装置は，HEMS (Home Energy Management System)，BEMS (Building Energy Management System)，CEMS (Cluster/Community Energy Management System) という3つのエネルギー管理システム (Energy Management System: EMS) である。EMS とは，電力使用量の可視化，節電（CO_2 削減）のための機器制御，ソーラー発電機などの再生可能エネルギーや蓄電器の制御等を行うシステムである。管理対象により HEMS，BEMS，CEMS という名前がそれぞれ付けられている。HEMS は住宅向け，BEMS は商用ビル向け，CEMS はこれらを含んだ地域全体向けとなる。それぞれ管理対象は違うが，電力の需要と供給をモニターし，コントロールするためのシステムである。

　2012年9月，「都市の低炭素化の促進に関する法律」が公布された。都市の低炭素の促進に向けた主要なポイントは，①都市機能の集約化，②建築物の低炭素化，③公共交通機関の利用促進，④緑，エネルギーの面的管理・利用の促進，の4つである。建築物においては，新築，既設を問わず，低炭素建築物を認定し，都市の低炭素化の促進を図ろうとしている。この具体的な展開であるスマートシティの創出に向けては，国が認定する環境モデル都市に期待が寄せられている。環境モデル都市として2008年度に選定された13都市（下川町，帯広市，千代田区，横浜市，飯田市，豊田市，富山市，京都市，堺市，梼原町，北九州市，水俣市，宮古島市）が，低炭素なまちづくりの先導的なモデルとなっている。

　スマートシティは，まちづくり全体の中で，これからさらに技術革新の進む IT 技術やオンサイトでの発電などによって，環境負荷を削減しながら，私た

図6-17　低炭素なまちづくりと都市の交通システムの技術革新

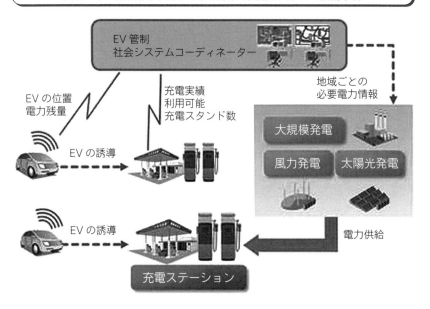

出所：「環境未来都市」構想パンフレット（環境未来都市構想推進協議会）。

ちの暮らしをより発展させるものと期待されている。これまでのようにエネルギー資源を大量に消費しながら経済を成長させていくことは望めない。低炭素なまちづくりは，図6-17に示すような都市の交通システムの技術革新，駅を中心としたコンパクトシティの形成による低炭素なまちづくりなど，さまざまな地域の新たな取り組みを必要とする。獨協大学は草加市に位置する大学として，地域と連携した低炭素なまちづくりに積極的にかかわっていかなければならない。獨協大学のエコキャンパスへの取り組みは，地域とともに発展していくことが期待されているのである。

【注】

1) 建築の電気設備 編集委員会 編著（2009）『建築の電気設備』彰国社，9頁。
2) 植田和弘・神野直彦・西村幸夫・間宮陽介編（2005）『都市のアメニティとエコロジー』（岩波講座　都市の再生を考える　第5巻），46頁。
3) 気候変動に関する政府間パネル（IPCC）第5次評価報告書　第2作業部会報告書（影響・適応・脆弱性）の公表について，報道発表資料（2014年3月31日，文部科学省・経済産業省・気象庁・環境省）。
4) 植田和弘（2013）『緑のエネルギー原論』岩波書店。

第  部

環境マインドをいかにして育み，どう活かすか

獨協大学経済学部犬井ゼミナールでのフィールドワークの様子。

第7章　環境教育

安井一郎

> **第7章の学習ポイント**
> ◎環境教育はどのような目標を設定して行われるべきか，またその具体的内容はどうあるべきかをめぐる議論について，「ベオグラード憲章」採択以降の国際的動向や日本の取り組みを通じて学習する。
> ◎環境教育を通じて習得されるべき能力や態度は，我が国の現行の学習指導要領の基本理念である「生きる力」の育成につながるということを理解する。
> ◎環境教育において，学習内容を「つなぎ」「発展させ」「まとめる」ように構造化するには，カリキュラム・マネジメントの視点を踏まえて，環境をテーマに各教科・領域の学習内容を横断的に編成するクロス・カリキュラムの考え方が重要であることを学ぶ。

1．はじめに

　2006（平成18）年に改正された教育基本法において，我が国の教育の目標として「生命を尊び，自然を大切にし，環境の保全に寄与する態度を養うこと」が新たに規定された（第2条第4項）。また，2008（平成20）年の中央教育審議会「幼稚園，小学校，中学校，高等学校及び特別支援学校の学習指導要領等の改善について（答申）」〔以下，中央教育審議会答申（2008）〕では，「地球温暖化，オゾン層の破壊，熱帯林の減少などの地球的規模の環境問題や，都市化，生活様式の変化に伴うゴミの増加，水質汚染，大気汚染などの都市・生活型公害問題は世界各国共通の課題となっている。その解決に向けて，有限な地球環境の

中で，環境負荷を最小限にとどめ，資源の循環を図りながら地球生態系を維持できるよう，一人ひとりが環境保全に主体的に取り組むようになること，そして，それを支える社会経済の仕組みを整えることにより，持続可能な社会を構築することが強く求められている」との認識に基づき，「社会の変化への対応の観点から教科等を横断して改善すべき事項」として，情報教育，ものづくり，キャリア教育，食育，安全教育等とともに環境教育が挙げられている[1]。この答申に基づき改訂された現行学習指導要領[2]では，後述するように，各教科等において，環境に関する学習内容が質量ともにこれまで以上に重視されている。本章では，グローバル化がよりいっそう進展する社会における学校教育の重点課題として，持続可能な社会の構築に向けて環境教育の果たす役割がますます重要になるとの認識に基づき，我が国の環境教育の現状と課題について考察することを目的とする。

2．環境教育の目的

今日の環境教育の体系を，国際的に共通する枠組みとして明確に示したのは，1975（昭和50）年に開催された「国際環境教育専門家会議」（ベオグラード会議）で採択された「ベオグラード憲章」である。「ベオグラード憲章」では，環境教育の目的を，「環境やそれに関連する問題点に気づき，関心をもつとともに，現在の問題を解決することや新たな問題の発生を防止することに向けて，個人や団体で行動するために必要な知識，技能，態度，意欲，実行力を身に付けた人々を世界中で育成すること」と規定し，それを実現するための8つの包括指針と6つの目標段階を提案した[3]。ベオグラード憲章の意義は，次の3点に整理できる。すなわち，①環境教育を，政治，経済，社会，文化など私たちの生活全体にまたがる複合的な課題として捉えたこと，②環境に関心を持つことから環境のために行動することに至る教育の体系を明示したこと，③私たち一人ひとりに環境問題解決の主体者としての自覚を求めたことである。

「ベオグラード憲章」の考え方は，1977（昭和52）年に開催された「環境教育政府間会議」（トビリシ会議）で採択された「トビリシ宣言」に発展的に継承

され，今日に至る環境教育の指標となっている。「トビリシ宣言」では，環境教育の目標段階と，環境教育に含まれるべき基本原則を，以下のように提示した[4]。

環境教育の5つの目標段階
1　気づき：環境全般とそれに関連する問題に対する自覚と感受性を習得することを援助する。
2　知　識：環境とそれに関連する問題についてのさまざまな経験と基本的な理解を習得することを援助する。
3　態　度：環境に対する価値観と感性を得て，環境改善と自然を守ることに積極的に参加する動機づけを援助する。
4　技　能：環境問題を識別し，解決する技能を得ることを援助する。
5　参　加：環境問題の実際の解決に向けて，あらゆるレベルを含む行動をとる機会を与える。

環境教育に含まれるべき12の基本原則
1　環境全体を包括的に考えること。
2　生涯継続する過程と考えること。
3　個別学科を越えたアプローチを採用すること。
4　主要な環境問題をそれぞれ地元地域，地方，全国的，そして国際的な視点から学習し，生徒が他の地域における環境状態について理解できるようにすること。
5　歴史的な視野を考慮しながら，現在の環境状況と本来あったはずと思われる環境に焦点を当てる。
6　環境問題を防ぎ解決するため，地域・国・国際レベルでの協力が必要であり，大切であることについて学習を促進する。
7　開発と成長の計画の中で明確に環境の視点を考慮する。
8　生徒たちに彼らの学習経験の計画づくりに参加させ，役割を与え，決定のチャンスを与えるとともに，自分の決定したことの結果を良くも悪く

も受け入れさせる機会にする。
9　環境に対する感受性，知識，問題解決のための技能，価値観を明確にすることをすべての年齢に適したかたちで教え，特に初期は生徒自身の地域社会の環境問題について敏感になることを強調する。
10　環境問題の徴候と真の原因を生徒が発見できるように援助する。
11　環境問題の複雑さを強調し，批判的思考能力や問題解決の技能を開発する必要があることを教える。
12　さまざまな学習手段や教育方法についての広範な教育理論などを利用して，環境について学び，また環境から学び，実践的な活動と直接的な体験をするよう強調する。

　以上のように，「トビリシ宣言」は，環境問題を積極的に解決していくプロセスに個人および社会の諸団体を巻き込み，自発性，責任感，参加を促す環境教育のカリキュラムを開発するための方向性を明示したことに大きな意義がある。
　さらに，1997（平成9）年に開催された「環境と社会に関する国際会議」（テサロニキ会議）で採択された「テサロニキ宣言」では，持続可能な社会の構築のためには環境教育が不可欠であるとされ，持続可能性という概念で捉えられた環境教育のあり方が示され，今日に至っている。すなわち，今日の環境教育は，「持続可能な開発のための教育（Education for Sustainable Development：ESD）」（将来世代のニーズを満たす能力を損なうことなく，現在の世代のニーズを満たすような社会づくりのために貢献できる子どもを育成する教育[5]）の視点から，環境問題に対する意欲，知識・理解，行動を統一し，よりよい環境とそれを実現するための社会・生活の主体的創造者を育成することが求められている。

3．我が国の環境教育に関する近年の動向

　2005（平成17）年から2014（平成26）年までの10年間は，「国連持続可能な開発のための教育の10年（United Nations Decade of Education for Sustainable Development：UNDESD）」とされ，ESDおよび環境教育に関する世界的取組が

展開されたが，これは，2002（平成 14）年に開催されたヨハネスブルグ・サミットにおいて我が国が提案し，同年の第 57 回国連総会において全会一致で採択されたものである。我が国におけるこの間の環境教育に関する主な取組は，以下の通りである。

2003（平成 15）年 7 月：「環境の保全のための意欲の増進及び環境教育の推進に関する法律（環境保全活動・環境教育推進法）」公布。環境教育を「環境の保全についての理解を深めるために行われる環境の保全に関する教育及び学習（第 2 条）」と定義する。

2006（平成 18）年 12 月：教育基本法改正。教育の目標に環境関連事項が加わる（前述）。

2007（平成 19）年 6 月：学校教育法改正。義務教育の目標に「学校内外における自然体験活動を促進し，生命及び自然を尊重する精神並びに環境の保全に寄与する態度を養うこと（第 21 条第 2 項）」が加わる。

2007（平成 19）年 7 月：国立教育政策研究所『環境教育指導資料［小学校編］』改訂〔旧版は 1992（平成 4）年刊行〕。環境教育の目的を「環境や環境問題に関心・知識をもち，人間活動と環境とのかかわりについての総合的な理解と認識の上にたって，環境の保全に配慮した望ましい働き掛けのできる技能や思考力，判断力を身に付け，持続可能な社会の構築を目指してよりよい環境の創造活動に主体的に参加し，環境への責任ある行動をとることができる態度を育成すること」と規定し，環境教育を行う際の主な視点として，①持続可能な社会の構築を目指す，②学校，家庭，地域社会等と連携する，③発達等に応じて内容や方法を工夫する，④地域の実態から取り組む，⑤消費生活の側面に留意する，の 5 点を明示する[6]。

2008（平成 20）年 1 月：中央教育審議会「幼稚園，小学校，中学校，高等学校及び特別支援学校の学習指導要領等の改善について（答申）」（前述）。

2008（平成 20）年 3 月：小学校学習指導要領，中学校学習指導要領改訂。

2009（平成 21）年 3 月：高等学校学習指導要領改訂。

2011（平成 23）年 6 月：環境保全活動・環境教育推進法改正。「環境教育等

による環境保全の取組の促進に関する法律（環境教育等促進法）」公布。環境教育を「持続可能な社会の構築を目指して，家庭，学校，職場，地域その他のあらゆる場において，環境と社会，経済及び文化とのつながりその他の環境の保全についての理解を深めるために行われる環境の保全に関する教育及び学習（第2条3）」と再定義する。

2012（平成24）年3月：国立教育政策研究所『学校における持続可能な発展のための教育（ESD）に関する研究〔最終報告書〕』刊行。

2014（平成26）年10月：国立教育政策研究所『環境教育指導資料［幼稚園・小学校編］』刊行。UNDESD，学習指導要領改訂，環境保全活動・環境教育推進法改正等の環境教育に関する動向を踏まえて作成される。

『環境教育指導資料［幼稚園・小学校編］』〔以下，指導資料（2014）〕において，環境教育のねらいが，①環境に対する豊かな感受性の育成，②環境に対する見方や考え方の育成，③環境に働き掛ける実践力の育成と示されている[7]ように，UNDESDの実施以降，我が国の環境教育は，持続可能な社会の構築のために，ESDの考え方に基づき，環境教育を児童生徒の生活実践の課題として位置づけている。そのために，「ベオグラード憲章」が提起した「環境にかかわる知識，技能，態度，意欲，実行力を身に付けた人々を世界中で育成する」という課題を，「生きる力」の育成を目的とする現在の教育の基盤と位置づけ，環境教育のカリキュラムとしてどう具体化するのかということが改めて問われている。

4．学習指導要領における環境学習の扱い

中央教育審議会答申（2008）に，「今後は，現行に引き続き，各教科，道徳，特別活動及び総合的な学習の時間それぞれの特質等に応じ，環境に関する学習が行われるようにする必要がある」[8]と記されているように，我が国の教育課程においては，「環境科」のような環境教育の核となる教科・領域は設定されておらず，各教科・領域の中で，それぞれの目標・内容とかかわって扱われて

いる。それは,「環境教育は広範囲で多面的,総合的な内容を含んでおり,各学校段階,各教科等を通じた横断的・総合的な取組を必要とする」との認識に基づいており,「(各教科等の)特性に応じ,また相互に関連させながら学校の教育活動全体の中で実施する」ことが求められているのである[9]。

それでは,現行の学習指導要領において,環境に関する学習内容が,各教科等でどのように取り扱われているのかを確認してみよう。ただし,本章では,紙幅の関係上,中学校学習指導要領のみを扱うこととする(以下,新設:○○とあるのは,現行学習指導要領において新たに記述された内容であり,その内容の新設と関連する近年の環境問題や環境教育の動向における重要事項を表す)。

- 社会(地理的分野)
  (1) 世界の様々な地域　イ　世界各地の人々の生活と環境:「世界の人々の生活や環境の多様性」(**新設:グローバル社会の進展**)
  (2) 日本の様々な地域　イ　世界と比べた日本の地域的特色
    (ア) 自然環境　(イ) 人口　(ウ) 資源・エネルギーと産業
    日本の様々な地域　ウ　日本の諸地域
    (ア) 自然環境を中核とした考察:「自然環境が地域の人々の生活や産業などと深い関係をもっている」(**新設:東日本大震災,防災・安全教育**)
    (エ) 環境問題や環境保全を中核とした考察:「持続可能な社会の構築のためには地域における環境保全の取組が大切である」(**新設:ESD**)
    (オ) 人口や都市・村落を中心とした考察　(カ) 生活・文化を中核とした考察
- 社会(公民的分野)
  (2) 私たちと経済　イ　国民の生活と政府の役割:「公害の防止など環境の保全」
  (4) 私たちと国際社会の諸課題　ア　世界平和と人類の福祉の増大:「地球環境,資源・エネルギー,貧困などの課題の解決のために経済的,地

域的な協力が大切である」(新設：環境教育等促進法)

私たちと国際社会の諸課題　イ　よりよい社会を目指して：「持続可能な社会を形成するという観点から，…解決すべき課題を探求」(新設：ESD)

- 理科（第1分野）
  - （7）科学技術と人間　ア　エネルギー　（イ）エネルギー資源（＊放射線の性質と利用に触れる　新設：福島第一原子力発電所事故）

    科学技術と人間　ウ　自然環境の保全と科学技術の利用　（ア）自然環境の保全と科学技術の利用：「自然環境の保全と科学技術の利用の在り方について科学的に考察し，持続可能な社会をつくることが重要であることを認識する」(新設：ESD)

- 理科（第2分野）
  - （7）自然と人間　ア　生物と環境　（イ）自然環境の調査と環境保全：「身近な自然環境について調べ，…自然環境を保全することの重要性を認識する」（＊地球温暖化，外来種に触れる　**新設：地球温暖化，生物多様性**）

    自然と人間　イ　自然の恵みと災害　（ア）自然の恵みと災害

    自然と人間　ウ　自然環境の保全と科学技術の利用　（ア）自然環境の保全と科学技術の利用：「自然環境の保全と科学技術の利用の在り方について科学的に考察し，持続可能な社会をつくることが重要であることを認識する」(新設：ESD)

- 保健体育（保健分野）
  - （2）健康と環境　ウ　「人間の生活によって生じた廃棄物は，環境の保全に十分配慮し，環境を汚染しないように衛生的に処理する必要がある」
  - （3）傷害の防止　ア　自然災害による傷害　イ　環境の改善による防止　ウ　「自然災害による傷害の多くは，災害に備えておくこと，安全に避難することによって防止できる」（**新設：東日本大震災，防災・安全教育**）
  - （4）健康な生活と疾病の予防　ア　主体と環境の相互作用　ウ　社会環境の影響

- 技術・家庭（技術分野）
    A　材料と加工に関する技術　（1）生活や産業のなかで利用されている技術　イ「技術の進展と環境の関係について考える」
    C　生物育成に関する技術　（1）生物の生育環境と育成技術　ア「生物育成に適する条件と生物の育成環境を管理する方法を知る」（**新設：生物多様性**）
- 技術・家庭（家庭分野）
    D　身近な消費生活と環境　（2）家庭生活と環境　ア「自分や家族の消費生活が環境に与える影響について考え，環境に配慮した消費生活について工夫し，実践できる」
- 道徳[10]
    3　主として自然や崇高なものとのかかわりに関すること
    （1）生命の尊さを理解し，かけがえのない自他の生命を尊重する
    （2）自然を愛護し，美しいものに感動する豊かな心をもち，人間の力を超えたものに対する畏敬の念を深める
- 総合的な学習の時間
    例えば国際理解，情報，環境，福祉・健康などの横断的・総合的な課題についての学習活動…などを行う

　上記以外の教科・領域については，直接環境に関する学習内容は明示されていないが，例えば，国語や外国語では環境破壊やゴミ問題等環境にかかわる事項を主題とする文章を取り上げる，数学では環境について調査したことを表やグラフに表す，音楽や美術では自然の美しさ，雄大さ等を主題とする作品の鑑賞や創作を行う，特別活動では学校内外の環境整備・美化等に関する話合い，係・委員会活動，学校行事を行うなど，環境に関連する内容を教材・題材とする学習が広く行われている。

5．環境教育のカリキュラム開発の課題

　環境教育の核となる教科・領域が設定されていないということは，上記のように「環境」に関する学習内容が各教科・領域に分かれて学ばれるということである。これは，環境教育に対する間口が広く，各教科・領域の特質に応じてどこからでもアプローチできるという利点がある一方で，各教科・領域の専門性という枠組みによって，学習内容が分断・分散され，個別的に扱われてしまう危険性がある。「ベオグラード憲章」以降，環境教育は，環境を全体として考えるべきであり，学際的なアプローチに基づき，環境に関心を持つことから環境問題の解決に向けて積極的に行動することが求められている。前述の「トビリシ宣言」の環境教育の基本原則においても，「3　個別学科を越えたアプローチを採用すること」，「8　生徒たちに彼らの学習経験の計画づくりに参加させ，役割を与え，決定のチャンスを与えるとともに，自分の決定したことの結果を良くも悪くも受け入れさせる機会にする」，「12　さまざまな学習手段や教育方法についての広範な教育理論などを利用して，環境について学び，また環境から学び，実践的な活動と直接的な体験をするよう強調する」と明記されている。それ故，環境教育を学校の教育活動全体を通して実施していくためには，各教科・領域および課外活動の特質を踏まえながら，そこでの学習内容を相互に関連づけ，多角的な視点を持って「環境」にかかわる総合的，包括的な問題意識を高めていくこと，また，それを児童生徒の日常的な生活実践に結びつけていくことができるカリキュラム開発を行うことが必要である。

　指導資料（2014）では，「（各教科等）の目標やねらい，内容と環境に関わる内容を関連させるとともに，環境に積極的に働き掛け，環境保全やよりよい環境の創造に主体的に関与できる能力の育成が図られなければならない。また，生活環境や地球環境を構成する一員として環境に対する人間の責任や役割を理解し，積極的に働き掛けをする態度を育成することが重要である」と述べ，環境教育を通して身に付けさせたい能力や態度として以下の9点を挙げている[11]。

- 環境を感受する能力
- 環境に興味・関心をもち,自ら関わろうとする態度
- 問題を捉え,その解決の構想を立てる能力
- データや事実,調査結果を整理し,解釈する能力
- 情報を活用する能力
- 批判的に考え,改善する能力
- 合意を形成しようとする態度
- 公正に判断しようとする態度
- 自ら進んで環境の保護・保全に寄与しようとする態度

　これらの能力や態度は,「生きる力」の育成を基本理念とする現行学習指導要領における「習得・活用・探求」という学習モデルに合致する。すなわち,各教科・領域で習得した基礎的・基本的な知識・技能を具体的な課題解決の過程や日常生活の場面で活用する力を育成し,実際に課題を探求する活動を行うことによって,主体的な学習態度を形成すること―環境問題に対する知識・理解とよりよい生活環境づくりに向けての行動の統一を図ること:「環境に積極的に働き掛け,よりよい環境の創造に積極的に関与できる能力」―が求められている。このことに関して,指導資料（2014）では,「子供が自分自身を取り巻く全ての環境に関する事物・現象に対して,興味・関心をもち,意欲的に関わる中で,環境に対する豊かな感性を育み,問題解決の過程を通して環境や環境問題に関する見方や考え方を育むとともに,持続可能な社会の構築に向けて積極的に参加・実践する力を育てることが大切である」[12]と述べている。
　このような能力を育成するためには,各教科・領域で学ぶ内容を「つなぎ」「発展させ」「まとめる」構造化されたカリキュラムを開発することが必要である。我が国の環境教育のカリキュラムでは,環境問題に対する知識・理解と行動の統一を図ること,特に,環境に働き掛ける実践力の育成という点に課題がある。その原因は,以下の点にある。

- 各教科・領域間の連携を図った機能的なカリキュラムになっていない。

- 各教科，道徳においては，日常生活における実践力の育成が難しい。
- 総合的な学習の時間が本来期待される役割を十分に果たせていない。
- 各教科・領域の枠を超えて，どのような能力をどのように育成するのかが明確に意識されていない。
- そのため，「調べて」「まとめて」「発表する」学習で終わってしまい，学んだことの成果を日常生活の内容として継続的に発展させることができない。

したがって，環境に関する学習を知的理解にとどまる学習，あるいは，単発のイベント的な体験学習に終わらせるのではなく，日常生活の実践活動として機能させること，そのために，活用・探求の場をどのように保障するかが重要である。

6．環境教育のよりよいカリキュラムの実現に向けて

各教科・領域で学ぶ環境に関する学習内容を「つなぎ」「発展させ」「まとめる」構造化されたカリキュラムを開発するためには，環境をテーマとするクロス・カリキュラムとして編成することが重要である。クロス・カリキュラムとは，「既存の教科や領域に，一つの共通のテーマを設定し，それを追究していくなかで，各教科を相互に関連づけ，ネットワーク化を図り，さらには教科の枠組みの組み替えや再構成を図る」[13] 教科横断的カリキュラムである。環境教育のカリキュラムをクロス・カリキュラムとして編成するためには，カリキュラム・マネジメントの視点を踏まえて，以下のような手順を経ることが必要である。

①テーマを設定し，達成すべき学習目標を明確化する。
②設定されたテーマを追求するための学習内容の全体構造（クロスさせる各教科・領域の位置づけと相互関係）を検討する。
③学習内容の全体構造に基づき，各教科・領域の関連性，発展性を踏まえ（スコープとシークエンス[14]），系統的な学習計画を立案する。その際，次の

点を考慮して，各教科・領域間に往還的関係を成立させることが必要である。すなわち，

- 各教科・領域としての学習目標と環境学習の全体構造における学習目標との関連が示されているか。
- 各教科・領域の学習内容の相互関連が示されているか。
- 各教科・領域の学習内容と日常生活との関連性が示されているか。

④各教科・領域で扱う学習内容を具体的な単元として構成する。
⑤各単元で育てたい能力を明確にし，能力系統表を作成する。
⑥能力系統表に基づき，評価の観点，評価規準を明確にする。
⑦学習計画の中に，習得・活用・探求の場が保障されているか確認する。
⑧学校生活の中に，児童生徒自身が環境に働き掛ける実践活動の場を設定する。

最後に，環境教育をクロス・カリキュラムとして成立させるうえで，「習得・活用・探求」という学習モデルに照らして，各教科・領域がどのような役割を果たすのかということを確認しておきたい。もちろん，各教科・領域の役割は，一元的に規定され，一方通行的に展開されるものではないが，主たる役割は以下のように捉えることができる。

各　　教　　科：知識・技能の習得，科学的認識の形成 → 諸体験・実践の客観的基盤を形成する。
道　　　　　徳：道徳的心情，判断力，実践意欲と態度の育成 → 学習を動機づける環境に対する豊かな感受性を育成する。
総合的な学習の時間：学習計画の作成，調べ学習，体験学習，まとめ，発表，総括 → 環境学習の核として，各教科・領域における学習を「つなぎ」「発展させ」「まとめる」学習を展開する。
特　別　活　動：学級，学校，地域の環境に働き掛ける実践活動の展開 → 各教科・領域の学習成果に基づく実践活動を行い，学習の生活化を図る。

上記の役割に基づきながら，各教科・領域が双方向的な関係を持ちつつ，スパイラルに展開されることによって，指導資料（2014）に記されているように，環境教育を学校の教育活動全体を通じて行うことが可能となる。そのために，学校として事前の学習計画を立案することは当然であるが，それにこだわることなく（大枠は保ちつつ），児童生徒の興味・関心，問題意識に基づく柔軟な展開が必要である。特に，総合的学習，特別活動においては，児童生徒自身の話合い，自己決定，集団決定に基づく学習計画の立案，自主的・創造的活動，振り返りと評価，学習活動の改善の機会を保障し，環境について学ぶということは自分たちの生活をよりよくするための実践（生活づくり）であるという意識づけを図ることが重要である。

7．おわりに

　2014（平成26）年11月20日に，下村博文文部科学大臣（当時）は，次期学習指導要領改訂に向けて，中央教育審議会に対して，「初等中等教育における教育課程の基準等の在り方について」と題する諮問を行った。そこでは，「ある事柄に関する知識の伝達だけに偏らず，学ぶことと社会とのつながりをより意識した教育を行い，子供たちがそうした教育のプロセスを通じて，基礎的な知識・技能を習得するとともに，実社会や実生活の中でそれらを活用しながら，自ら課題を発見し，その解決に向けて主体的・協働的に探究し，学びの成果等を表現し，更に実践に生かしていけるようにすることが重要である」という視点から，「これからの時代を，自立した人間として多様な他者と協働しながら創造的に生きていくために必要な資質・能力をどのように捉えるか。その際，我が国の子供たちにとって今後特に重要と考えられる，何事にも主体的に取り組もうとする意欲や多様性を尊重する態度，他者と協働するためのリーダーシップやチームワーク，コミュニケーションの能力，さらには，豊かな感性や優しさ，思いやりなどの豊かな人間性の育成との関係をどのように考えるか。また，それらの育成すべき資質・能力と，各教科等の役割や相互の関係はどのように構造化されるべきか」と述べられている[15]。すなわち，これからの時代を

生きていく子どもたちに必要な資質・能力とは何か，それらを育むための新たな学びを創造するための教育課程の在り方が問われている。そのために，「育成すべき資質・能力を踏まえた，新たな教科・科目等の在り方や，既存の教科・科目等の目標・内容の見直し」も求められている。

　環境教育は，以下の点から，この課題の実現に十分に応えうる可能性を有している。第一に，前述のように，指導資料（2014）では，「生活環境や地球環境を構成する一員として環境に対する人間の責任や役割を理解し，積極的に働き掛けをする態度を育成する」との視点から，環境教育を通して身に付けさせたい能力や態度として9点を明示している[16]。そこには，上記の下村大臣の指摘する資質・能力のすべてが含まれている。私たち自身の具体的な生活内容そのものを学習内容とする環境教育は，「習得・活用・探求」の学習過程全体を通じて，それらの資質・能力を意図的・計画的に育成することが可能である。第二に，クロス・カリキュラムの形をとって展開される環境教育は，子どもたちの問題意識の発展に応じて，多様なかたちで各教科・領域における学習を「つなぎ」「発展させ」「まとめる」カリキュラムを構成することができる。その過程において，既存の教科・科目等の役割を改めて意味づけ，教科・科目等の枠組みの組み替えや再構成を含めた新たな学びの構築を図ることができる。以上の点から，環境教育は，新たな視点で構想される新教育課程において，子どもたちの「生きる力」をバランスよく形成し，新しい時代を生きるうえで必要な資質・能力を確実に育んでいくために，学校教育の基盤としてのこれまで以上の役割を果たすことが期待される。

【注】

1）中央教育審議会「幼稚園，小学校，中学校，高等学校及び特別支援学校の学習指導要領等の改善について（答申）」2008（平成20）年1月，67頁。
2）小学校，中学校は2008（平成20）年3月，高等学校は2009（平成21）年3月改訂。なお，小学校学習指導要領，中学校学習指導要領については，2015（平成27）年3月に，道徳を特別の教科とする一部改正版が告示されたが，本稿では2008年版に基づ

いて記述する。
3）日本生態系協会編著（2001）『環境教育がわかる事典』柏書房，99頁。
4）同上書，100～101頁。
5）五島政一「学習指導要領と環境教育の関係」（http://www.mext.go.jp/b_menu/shingi/chousa/shisetu/013/003/shiryo/__icsFiles/afieldfile/2010/08/25/1296207_6.pdf，2015年2月16日閲覧）。
6）『環境教育指導資料［小学校編］』国立教育政策研究所教育課程センター，2007年，6～7頁。
7）『環境教育指導資料［幼稚園・小学校編］』国立教育政策研究所教育課程センター，2014年，33頁。
8）前掲，中央教育審議会答申（2008），67頁。
9）前掲，『環境教育指導資料［幼稚園・小学校編］』，8頁。
10）2016年一部改正版では，以下のようになっている。
　　　D　主として生命や自然，崇高なものとのかかわりに関すること
　　　［生命の尊さ］
　　　生命の尊さについて，その連続性や有限性なども含めて理解し，かけがえのない生命を尊重すること。
　　　［自然愛護］
　　　自然の崇高さを知り，自然環境を大切にすることの意義を理解し，進んで自然の愛護に努めること。
　　　［感動，畏敬の念］
　　　美しいものや気高いものに感動する心をもち，人間の力を越えたものに対する畏敬の念を深めること。
11）同上書，34頁。
12）同上書，36頁。
13）福田正弘「クロス・カリキュラム」山崎英則・片上宗二編集代表（2003）『教育用語辞典』ミネルヴァ書房，155頁。
14）スコープ（scope）とは，カリキュラムをどのような領域，範囲によって構想するか（教育内容のまとまり）のことであり，シークエンス（sequence）とは，カリキュラムがどのような系統性を持って展開されていくのか（教育内容のつながり）のことである。
15）「初等中等教育における教育課程の基準等の在り方について（諮問）」（http://www.

mext.go.jp/b_menu/shingi/chukyo/chukyo0/toushin/1353440.htm，2015 年 3 月 5 日閲覧）。

16）上記 11）参照。

第8章 ドイツにおける環境意識
―ボトムアップを支えるもの―

岡村りら

第8章の学習ポイント

◎ドイツでは，幼児教育や初等教育，高等教育を通して，いかにして環境意識が育まれているか，また教科や学問の中で環境がどのように学ばれているかを学習する。

◎環境を守るための取り組みを地域で行う際，ドイツでは，環境保護だけでなく住民にとって生活の質の向上につながるかどうかも重視されることを理解する。

◎生産活動や消費活動，まちづくりを環境や健康にとって優しいものへと変化させるためには，環境教育の実践や自治体による取り組みの推進，エコマークなどの消費者に対する情報提供の仕組みの整備が非常に重要であることを学ぶ。

環境問題を解決するには，一人ひとりの環境に配慮した意識と行動が不可欠である。本章では，直接的あるいは間接的に人々の環境に対する意識の形成に影響すると考えられる，教育，自治体の取り組み，そしてエコマークを取り上げ，ドイツの事例を紹介しながら，環境意識を高めるために必要なことは何かを論じる。

1．教育機関における環境教育

1.1　森の幼稚園

就学前教育はドイツでも義務教育ではないため，その教育方針は個々の幼稚

園，保育園による裁量が大きい。ここでは，日本ではまだほとんど馴染みのない「森の幼稚園」というものを取り上げる。

森の幼稚園について述べる前に1つ強調しておきたいことは，「森の幼稚園は，ドイツでも一般的な保育形態ではない」ということである。ドイツにあるすべての幼稚園が「森の幼稚園」の形態をとっているわけではなく，ドイツでも日本と同様に園舎がある通常の幼稚園や保育園が一般的である。

しかし近年，森の幼稚園の教育理念が注目されるようになり，そのような保育システムを行う，もしくは部分的にでも取り入れる幼稚園・保育園が増えてきている。このように最近ドイツにおいても関心が高まってきている「森の幼稚園」とは，実際どのように誕生し，そしてどのような保育を行う幼稚園なのであろうか。

1.1.1 森の幼稚園の概要

ドイツ語では，森の幼稚園のコンセプトを "Kindergarten ohne Dach und Wände"（屋根も壁もない幼稚園）と表すことが多い。通常，幼稚園や保育園には園舎というものがあり，その中にクラスごとの部屋やお遊戯室，おままごとの部屋などがある。そして外には大きさの差はあれ園庭があり，そこにはブランコやシーソーなどの遊具が置かれている。子供たちは，このようにきちんと仕切られた範囲内で，他の子供や保育士とともに時間を過ごす。

しかし森の幼稚園は，そのドイツ語のコンセプトにも表れているように，「屋根も壁もない幼稚園」である。すなわち園舎も園庭もなく，子供たちの遊び場は，自然の中に存在する「森」である。四季を通じて森の中で遊び，「五感を使った自然体験」を通してさまざまなことを学んでいく。

森の幼稚園のそもそもの発祥地は，ドイツではなくデンマークである。1954年にエラ・フラタウ（Ella Flatau）が，彼女の子供や近所の子供たちを森に連れて行き，森で遊んだり自然観察などをしながら子供たちの面倒を見たのが始まりである。

そのうち友人や近所の人々が，そのような「自然の中での子供の世話」という形に興味を持ち，親たちが自発的に協力していくことで，初めて森の幼稚園

という保育体系が出来上がる。

ドイツでは，1968年にウルズラ・ズーベ（Ursula Sube）がヴィースバーデンにおいて個人的に行った保育がはじめといわれている。市の青少年部局や所管の保健部局により15人の子供たちを森で保育する許可を与えられたが，資金面では行政からの援助を受けることはなかった。保育にかかる費用は子供たちの親が負担して運営していた[1]。

ドイツで森の幼稚園が注目され，その数が増加していくようになったのは1990年代に入ってからである。その先駆けとなったのが，2人の女性教育学者，ケルスティン・イェプセン（Kerstin Jebsen）とペトラ・イェーガー（Petra Jäger）である。ウルズラ・ズーベが個人的な保育を行っていたのに対し，2人は通常の幼稚園と同じように森の幼稚園を運営することを目的として1991年に社団法人を設立した。イェプセンとイェーガーはたびたびデンマークの森の幼稚園を参観し，2人が設立した団体は1992年には公に認められた青少年育成団体となる。そして，1993年から通常の幼稚園と同様にシュレスヴィヒ・ホルシュタイン州とフレンスベルク市の助成を受け，フレンスベルク森の幼稚園が誕生した[2]。その翌年にリューベックとベルクレンに森の幼稚園が誕生し，ドイツ全土に森の幼稚園が広がっていく。森の幼稚園の需要は増加しており，部分的に森の幼稚園のコンセプトを取り入れる幼稚園も増えてきている。

1.1.2　森の幼稚園の1日

ここでは，ごく一般的な森の幼稚園の様子を紹介する。先にも述べたが，幼稚園は義務教育ではないため，その教育内容は幼稚園や保育士の裁量に任されることが多く，それは森の幼稚園でも同様である。

多くの森の幼稚園では，3歳から就学前の子供たちが十数名在園し，3名ほどの教師が保育を行う。コンセプトでも説明した通り，森の幼稚園は「屋根も壁もない幼稚園」である。したがって，基本的に園舎というものは存在せず，親が子供たちを森の中の集合場所に連れてくる。園舎はないが，悪天候や緊急時に避難できる小屋が用意されていることが多い。

子供たちは月曜日から金曜日まで，毎日4～6時間を森の中で過ごし，森が

子供たちの「遊び場」となる。遊び方は基本的には子供たちの自由であり，切り株によじ登って遊ぶ子，きれいな石を集める子，昆虫を捕まえる子，地面に枯葉や石で絵を描く子，など子供たちの遊びはさまざまである。保育士は子供たちの興味や関心によってアドバイスや必要な手助けをする。

　1年中，四季を通して子供たちは森の中で時間を過ごす。雨の日は，ぬかるんだ場所で転ばずに歩く方法を学び，風の強い日は木の枝などの飛来に気を付ける。雪が降れば，雪合戦や雪だるまなどで楽しく遊ぶのはもちろん，その一方で積雪によって起こりうる危険の避け方，寒さをしのぐ方法も同時に体験していく。

　動植物を自分の目で見て触り，鳥の声や小枝が風にそよぐ音，雷や雨の音を聞き，自分の五感を使って自然の中の，暖かい場所，明るい場所，安全な場所を身をもって学び取っていく。1年を通じて積雪，雪解け，洪水などの水の循環，動植物の誕生，成長，死など生命の循環も経験する。こうして，日々の遊びを通じて子供たちは「自然への敬意，自然との共生」を身に付けていくのである。

　このように自然の中で体を思いきり使って毎日を過ごす子供たちは，現代の子供が抱える「運動不足」や「アレルギー」などの問題に悩まされることが少なくなるため，就学後も健康に学校に通う子供が多い。また森の中で自発的かつ創造的に時間を過ごした子供たちは，通常の幼稚園に通った子供たちより，集中力や根気，動機付けという面で勝っているという研究結果も出ている[3]。このような「五感を使った自然体験」という森の幼稚園のコンセプトを，保育時間の中に部分的にでも取り入れる幼稚園が増えてきている。

1.2　小学校（基礎学校）

1.2.1　学校生活の中で

　小学校入学時に，学校生活に必要な持ち物に関して，教師から両親に細かい指示がある。その内容をパンフレットにして配布したり，インターネットに掲載している自治体も数多くある[4]。日本でも小学校入学時には「持ち物には必ず記名すること」などの指示はあるが，学用品の「素材」に関して指示される

ことはほとんどない。

　例えば小学校生活に欠かせないランドセルであるが、子供に負担がかからない重さや大きさの指示はもちろん、長く使用できるもの、修理システムの整っているメーカーのものなどが推奨される。

　ドイツでは進級するたびに、入学時と同じように必要な持ち物について教師から子供たちに指示がある。例えば教科ごとに必要なノートのタイプが知らされるが、そのとき併せて「再生紙のノート」が推奨される。カラーペンは使い捨てであると同時に、インク自体もときに人体に悪影響を与える物質が含まれている場合がある。そのため環境だけではなく健康に配慮する意味も含めて、カラーペンに比べて環境にも体にも優しい色鉛筆を使うことが勧められる。色鉛筆も子供が噛んだりすることを考慮に入れて、塗料でコーティングされているものより木のままの自然素材のタイプが推奨される。

　また、ドイツでは子供の頃から万年筆を使うことが一般的だが、使い捨てのカートリッジタイプよりもインク充填タイプの方が好まれる。子供の頃から万年筆を使うこと自体が、長い間、大事に物を使い続けることにもつながっていく。その他の持ち物、例えば消しゴムや筆箱などに関しても、強制ではないが自然素材のものが推奨される。これはもちろん、資源や環境に配慮するためではあるが、子供の健康に配慮する意味も多分に含まれている。

　ドイツには給食というシステムがなく、伝統的なスタイルとしては、子供たちは昼食を自宅で食べる。しかし授業の開始時間が早いため、サンドイッチなどの軽食を家から持参して休み時間に食べることが多い。そのようなスナックも、ラップフィルムやホイルなどゴミになるものではなく、弁当箱に入れて持参するようにいわれる。

　このように小さい頃から持ち物についての細かい説明を受けた子供たちは、高学年になっていくと、特に教師からの指示がなくても自然に再生紙のノートや自然素材の文具を買う習慣が身に付いていく。

　何より日本と違う習慣としては、教科書が無償貸与という点が挙げられる。要するに、今年自分が使う教科書は、1年前は1つ上の上級生が使っていたもので、来年は下級生が使用するということである。紛失したり破損してしまっ

た場合には，自分で購入して学校に返却しなければならない。そのため子供たちは，教科書をできるだけきれいに使えるようにカバーを付ける。すべての教科の教科書が無償貸与であるため，新学年のはじめは教科書のカバー付けから始まる。これらのカバーも再生紙からできたものや自然素材のものが多く売られている。デザインもさまざまで色の種類も豊富であり，子供たちは自分の好みによって，好きなカバーを選んで付ける。高学年になっていくと，きれいな包装紙や雑誌の切り抜きなどを上手く組み合わせて，自分だけのオリジナルカバーを作る子供たちも出てくる。

このように，ことさら「環境」に特化した指示があるわけではないが，子供たちは「物を大切に使う」「素材のいいものを選ぶ」ということを普段の学校生活の中で自然に身に付けていくのである。

1.2.2 教科の中で

ドイツは連邦制を採用しているため州に与えられている権限が多い。教育も州の管轄となっており，義務教育の年数などは連邦レベルで統一されているが，カリキュラムに関しては州が決定権を持つ。すべての州に文部省のような教育に関する省が設置され，州ごとの事情に合わせて教育政策は行われる。そのため環境教育に関しても，その内容は州ごとの裁量に任されているが，環境教育の重要性に関しては連邦で共通した理解となっている。

ドイツでも日本同様，1960年代に高度経済成長に伴い環境問題が深刻化していた。それに対処するため，1970年に「環境保護緊急対策」を連邦政府が閣議決定し，それに続き1971年に「連邦環境計画」[5]が策定される。その中で「環境問題を解決するには，きちんとした知識が必要であり，全ての段階／学年，そして成人教育においても，環境に配慮した行動を一般的な教育目標として授業計画に取り入れるべきである」と環境教育の重要性が指摘された[6]。

世界的にも同じような流れがあった。環境をテーマとした世界で初めてのハイレベル政府間会合として国連人間環境会議が1972年にスウェーデンのストックホルムで開催されたが，そこで採択された環境国際行動計画（Action plan on the Stockholm Programme）においても，環境教育の必要性が強調され，教

育機関における環境教育の導入推進が求められた。

　1978年には，旧西ドイツの国家環境問題専門家委員会（Rat von Sachverständigen für Umweltfragen）7)の会議において，すべての学校段階，すべての教科で環境教育を取り上げる必要性が認識され，1980年の文部大臣会議（Kultusministerkonferenz）でも授業の中に環境教育を取り入れる重要性が強調された。環境についての知識を深めるだけではなく，行動に結び付けられるようにすること，環境を1つの科目の中で学ぶのではなく，さまざまな教科の中で横断的に取り扱うこと，などの環境教育の方向性が示された。このように，ドイツは早くから環境教育に取り組んできたが，学校の授業の中で「環境」という名の教科が設けられていることはほとんどない。さまざまな教科の中で「環境」がテーマとして扱われることが一般的である。

　先にも述べた通りドイツは連邦制ということもあり，自らの地域・郷土を大切にする傾向が強く，昔から学校教育の中で「郷土科（Heimatkunde）」と呼ばれる科目が存在していた。1955年のバイエルン州の学習指導要領では，「郷土科の授業で生徒たちは自らの郷土について知り，観察し，理解し，そして尊重し，大切にし，愛することを学ぶべきである。そうすることで生徒たちは，さらに故郷への思いを強くし，故郷の人々と運命と関わっているという感情が強くなるであろう」8)と書かれている。

　この「郷土科」の考え方は，環境教育にも受け継がれていく。自分たちの身近な自然を観察し，知ることは，子供たちにとって「体験的」なものとなり，身近な環境を慈しみ，愛する行動へとつながる。1960年代になると郷土科に代わるものとして，さらに総合的な特徴を持った事象教授（Sachunterricht）が主要教科の1つとして設置され，多くの学校がこの授業の中で環境をテーマとして扱っている。環境を1つの科目として限定的に学ぶのではなく，多角的に捉えるという意味で，この事象教授が果たす役割は大きい。しかし，この事象教授だけで環境が扱われるのではなく，化学や生物，地理，地学はもちろん，宗教や家庭科，国語（ドイツ語）でも環境をテーマとした授業が行われる。英語やフランス語の授業で，環境に関するテキストを読んでディスカッションすることなども行われる。

第 8 章　ドイツにおける環境意識　151

　このように多様な授業のサポートとして，連邦環境省も初等教育から高等教育レベルまで，さまざまな分野（温暖化，ゴミ・リサイクル，交通，エネルギー，生物多様性など）の教材を提供している[9]。

1.3　大学における環境教育

　大学においても，環境は「教科を越えた学問」という観点で捉えられていることが多い。したがってドイツでは，「環境学科」のように，環境に特化した学部・学科を設立している大学はあまり多くない。では実際に大学ではどのように「環境」を授業の中に取り入れているのであろうか。

　例えばベルリン自由大学の 2014 年の夏学期のシラバスを見ると[10]，

　　獣医学（環境と動物に適した家畜の飼育方法）
　　政治学（ドイツにおける環境・気候変動政策）
　　法学（環境およびエネルギー法　理論と実践）
　　気象学（天気と環境のモデル）

などの講義が行われている。これは一例にすぎないが，自然科学，社会科学を問わず，それぞれの学科の中で「環境」をテーマとした講義が提供されている。

　また，ドイツの伝統的な大学のシステムが，学問を「多角的」に捉える仕組みとなっている。ドイツでは，医学や法学などの特殊な学問を除き，大学で主専攻を 2 つ選択するか，1 つの主専攻に副専攻を 2 つ組み合わせて学ぶようになっていた。例えば，主専攻 2 つの場合であれば，「政治学」と「ジャーナリズム学」を組み合わせたり，「政治学」と「生物学」などのように，自然科学と社会科学の分野を両方専攻する学生も少なくない。

　特に「環境」のように，さまざまな角度から考察することが必要な分野には，このシステムは非常に適している。例えば「政治学」と「生物学」を専攻している学生が「気候変動」をテーマに選んだ場合，政治学では気候変動に関する国際レベルでの政策や国内の施策を学ぶ。そして生物学では，気候変動による生態系の変化が，人間や動植物に実際どの程度の影響を与えるのかを学ぶことができるため，2 つの角度からより深い考察を行うことが可能となる。

　現在では，EU の統一基準（ボローニャ宣言）が採用されるようになり，日本同

様１つの学科のみの専攻（バチュラー）コースが主流となってきた。しかし「多角的に捉える」という考え方は，今でも学問の中に根付いている[11]。

2．地域の取り組み

　現在は，気候変動問題のように地球規模で被害が及ぶ環境問題が深刻化している。環境問題を地球規模で捉え，考えることは非常に重要であるが，しかしそれを解決していくには，地域や個人など身近なところでの取り組みが不可欠である。

　1992年にブラジルのリオデジャネイロで開催された環境と開発に関する国際連合会議で採択され，持続可能な発展をめざす行動計画「アジェンダ21」[12]でも，地域の役割が重視されている。自治体と地域社会がアジェンダ21で掲げられた目標を効果的に地域レベルで実現していくために「ローカルアジェンダ21」を策定し，地域住民との協力のもとにプログラムを実行していくことを奨励している。

　ドイツでは，ローカルアジェンダ21に先駆けて，環境や自然保護に熱心に取り組んでいる自治体を「環境首都」として表彰するコンテストが1989年から1998年まで行われていた。この「環境首都コンテスト」は，ドイツ環境支援（Deutsche Umwelthilfe e. V.）が主催し，ドイツ環境自然保護連盟（BUND），ドイツ自然保護連盟（NABU）などの環境NGOも実施に協力した。

　環境保護に積極的な自治体として表彰されることの意義は，もちろん自治体の評価を高め知名度を上げることにあるが，住民の誇りにつながるということにもある。1992年に環境首都となったフライブルクは日本でも有名となり，今でも日本からの視察が毎年のように訪れている。

　2001年からはローカルアジェンダ21を受け，「持続可能性」をテーマとして「持続可能な自治体」コンテストが行われた。その後も「自然保護」や「気候変動対策」など個別のテーマを毎年設定し，コンテストが行われている。連邦環境省が支援する自治体コンテストも定期的に開催されており，2014年にドイツ都市研究所の自治体温暖化防止サービスセンターと共同で実施した「自

治体の気候保護」コンテストでは 9 つの自治体が選出され，それぞれに 3 万ユーロが授与された[13]。

2010 年からは，EU レベルで「欧州グリーン首都賞（European Green Capital Award）」というコンテストが始まった。欧州委員会により，都市の環境改善と経済成長を両立させ，かつ生活の質を向上させる地域の取り組みが表彰される。2011 年度には，環境を破壊することなく，人にも環境にも優しい湾岸地域の再開発を実現している，ドイツのハンブルクがこの賞を受賞した。

では実際に，どのような取り組みを行った自治体が表彰されるのか，またどのような項目が評価基準になるのであろうか。

例えば 2001 年から行われた「持続可能な自治体」コンテストの評価ポイントには，ごみ処理の方法や自然エネルギーの生産量などの「環境配慮関連」の項目はもちろん，公共交通の接続，自転車道の整備率，子供の肥満率，子供の預かり施設数，移民の教育参加へのチャンス，人口の増減率など，直接的には環境保護に結び付かないような，非常に幅広い分野での取り組みが評価項目として挙げられている。

このように「環境に配慮したまちづくり」を行う自治体を表彰するコンテストであっても，環境に"だけ"優しいのでは評価されない。環境保護と併せて，そこに住む住民の生活の質も向上させるような「環境にも人にも優しい」取り組みを行うことが重要とされている。

3．「エコマーク」——日常生活の中での環境意識

「エコマーク」は，消費者が商品を購入する際に，その製品が環境配慮型のものであるか，自分の健康にも良いものであるかを知るための判断基準を提供してくれる。日本にも同じようなエコマークが存在するが，ドイツにおける認知度は日本のそれに比べるとずっと高い。多くのドイツ人は，このエコマークを購買時に商品選択の基準として活用している（図 8 − 1 参照）。

ここでは，ドイツの消費者にとってなじみ深いマークをいくつか紹介する。

154 第Ⅲ部 環境マインドをいかにして育み，どう活かすか

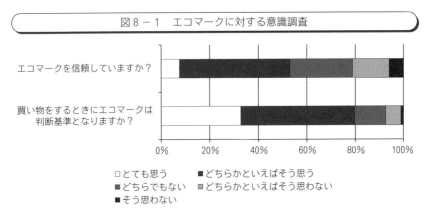

図8-1 エコマークに対する意識調査

出所：ミュンスター大学 Buxel 教授による調査結果参照。
　　　<https://www.fh-muenster.de/fb8/downloads/buxel/10_Studie_Lebensmittelsiegel.pdf>

3.1　ブルーエンジェル（Der Blaue Engel）

　ブルーエンジェルは，1978年に世界で初めて導入されたエコラベル制度であり，環境に配慮した製品に付与される（図8-2）。環境に配慮した製品を明確化することにより，消費者にブルーエンジェルが付いた製品の購入を推奨し，

図8-2　ブルーエンジェルのマーク

出所：ブルーエンジェルホームページ。
　　　<http://www.blauer-engel.de/de/unser-zeichen-fuer-die-umwelt>

製造者にも環境に配慮した製品を生産したり環境に優しい生産工程を導入したりするよう促すことを目的としている。消費者の側も，そのほとんどがブルーエンジェルを認識している（図8－3参照）。

完成した製品はもちろん，使用された原材料の採取から，製造工程，使用後の最終処分までのすべてのプロセスにおける環境負荷が考慮される。また「環境に配慮」した製品であっても，品質や性能が劣る製品は認定されない。そのため，

・他の製品と同等あるいはそれ以上の機能を持つ
・製品の使用に関して安全性が確保されていること

なども認定の基準となる。

また，エネルギー・資源消費が環境に与える負荷が少ない製品を明確にすること，有害物質や騒音などから消費者を保護すること，それらに加えてサービスを向上・促進させることも，ブルーエンジェルの重要な目的の1つである。

2014年時点では，文房具やトイレットペーパーから家具，塗料，木工玩具，冷蔵庫，コピー機などの電気機器まで1万2,000品目以上にブルーエンジェルのラベルが付与されている[14]。一度認定されても，3～4年で更新しなければ

図8－3　ブルーエンジェルに関する意識調査（2014年）

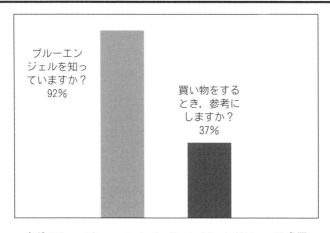

出所：Umweltbewusstsein in Deutschland 2014, p.58参照。

その後ラベルを付与することは許されない。そのときの最新の技術を考慮して検査は行われるため，一度認定が与えられた製品でも，常に質を向上させていく必要がある。

3.2　ビオマーク（Bio Siegel）

ビオマークは，主に食品や，体内に入れるもの，身に着けるものを中心に，その安全性を保証するマークである（図8-4の右のマーク）。ビオマークは2001年からスタートしたが，この頃は狂牛病の問題によりヨーロッパで「食への不安」が広まっていた時期であった。国民に食品の安全と品質を保証し，安全な食を推進するため，また有機農業による生産，流通，販売を促すことを目的としてビオマークが誕生した。このビオマークも，ドイツ国民に広く認識されている（図8-5）。

図8-4　EU共通マーク「エコリーフ」（左）とドイツのビオマーク（右）

出所：ビオマークホームページ。<http://www.oekolandbau.de/bio-siegel/>

ビオマークの付与が認められる有機農業の基準として，
- 農薬を使用しない
- 合成窒素肥料を使用しない
- 遺伝子組み換え技術を使用しない
- 家畜は，自然生来の行動本能を尊重した健全な飼育を行う（抗生物質や成長ホルモンなどの投与は行わない）

などが定められている。

図8-5　ドイツのビオマークに関する意識調査

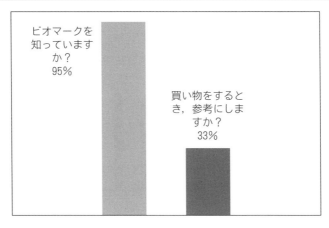

出所：Umweltbewusstsein in Deutschland 2014, p. 49 参照。

　ドイツでは，このような基準を満たして EU のビオ規格に適合する商品に，2001年から六角形の EU ビオマークが付けられるようになった。外国からドイツに輸入される製品でも EU 基準を満たしたものであれば，このマークを付与することが許される。またドイツ国内の有機食品生産者団体が，EU 基準よりさらに厳しい認証制度を設け，独自のビオマークを付けることもある（図8-6）。

図8-6　独自のビオマークの例

出所：有機食品連盟ホームページ。<http://www.boelw.de/boelw-mitglieder.html>

図8-7　ビオ製品の売上推移

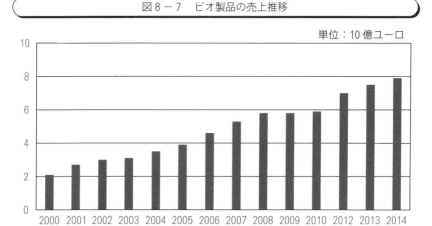

出所：Zahlen, Daten, Fakten：Die Bio-Branche 2011, p. 18，および Zahlen, Daten, Fakten：Die Bio-Bransche 2014, p. 15 参照。

　食に不安を感じていた国民にとって，ビオマークは「健康」を買う指標となり，2001年にドイツでビオマークが導入されて以降，ビオ製品は順調に売り上げを伸ばしている（図8-7参照）。

　2012年からは，EU規格を満たした商品にはEU全体で共通のマーク「エコリーフ」を付けることになっている（図8-4の左のマーク）。

3.3 『エコテスト（ÖKO-TEST）』

　『エコテスト』は，1985年から続いている，ドイツの消費者から高く評価されている専門情報誌である。毎月異なる製品を選び，製品ごとに数十種類の商品を取り上げ，環境や人体に影響を及ぼす有害物質が含まれていないかを徹底的にテストし，その結果が『エコテスト』で公表される。例えばその月のテーマが「オリーブオイル」であれば，さまざまな企業やブランドが販売しているオリーブオイルの値段，原産国，味や香り，農薬の使用，環境や健康に負荷を与える物質の含有の有無などを，徹底的に比較調査し結果を公表する。

　対象商品は，食品から化粧品，子供の玩具，壁紙や塗料などさまざまであり，

特に有機製品が対象となっているわけではない。市場に出回っている大量生産された製品に対し、発がん物質やアレルギーを引き起こす物質が含まれていないか、生産工程で資源の無駄遣いをしていないか、焼却したときに有害物質が拡散しないか、人々の健康や環境に悪影響を与えないかなど、さまざまな角度から調査が行われる。それに加えて、適正な価格設定が行われているかについての検証も行うため、内容に比べて値段を高く設定しすぎたブランド品が低い評価を受けることもある。

例えば、2014年8月号では「ディスカウントショップ」という横断的なテーマが設定され、ディスカウントショップで販売されている「食品」や「化粧品」の調査が行われた。また同じ号で、「子供用の日常品」をテーマとし、「発がん性物質を含む場合もあるPAH（多環芳香族炭化水素）の子供向け製品の中の含有率」や「子供向けパズル型マットレス」の耐久性や安全性、含有成分比較の調査などを行っている。

このように、テーマは人々の生活に非常に身近なものである。しかし通常は、製品に含まれる成分の分析や有害性の判断などを一般消費者が行うことは不可能である。消費者が日々関心を持っていても知ることのできない商品情報を『エコテスト』が調査する。誰もが一目でわかるように結果を表にして公表することで、幅広い読者層から支持を得ている（図8－8参照）。

国や自治体などの公共団体が出版しているものではないが、その信頼度はとても高く社会的な影響も大きい。『エコテスト』の結果を受け、結果が良ければ自社の商品に『エコテスト』から好評価を得たことを示すSehr Gut（大変良い）マークを付ける企業も多い。そのため、『エコテスト』を読まなくても消費者はスーパーや商店で買い物をするときに『エコテスト』の評価を商品判断の基準とすることができる。逆に結果が悪いと、製造者が製品を改善したり、スーパーや商店の側が評価の低い商品を販売リストから外すこともある。改善された商品に関しては、『エコテスト』が改良情報を掲載している。

『エコテスト』のSehr Gutマークは、現在では健康や環境に配慮した商品であることを保証するブランドのような存在になっており、多くの消費者にとって商品を選択する際の重要な判断基準となっている。

160 第Ⅲ部 環境マインドをいかにして育み,どう活かすか

図8-8 『エコテスト』2013年8月号 オリーブオイルの特集

(注)右はテスト結果。表でわかりやすい。

3.4 エコマークが果たす役割

　ここではドイツで現在使用されているいくつかのエコマークを紹介した。判断基準として追加すべき項目や,調査方法など,改善すべき点もあるだろう。しかし,言葉がわからなくても,そのマークを見るだけで,一定の基準を満たし,環境にも健康にも配慮した信頼に値する商品であるかどうかを判断することができる。消費者が環境や健康に優しい製品を「意識」するようにもなる。そして,個々人が自ら判断し,環境や健康に配慮した製品を選択するようになれば,「環境に優しく！」などとアピールしなくても,環境や健康に負荷のかかる製品が自然に市場から消えていくことにもつながるであろう。

4．環境意識を高めるには

　ドイツのエコマーク，ブルーエンジェルのサイトに"Gut für mich. Gut für die Umwelt."というスローガンが掲載されている。これは日本語に訳すと「私にもいい，環境にもいい」となる。

　日本で「環境のために」というと，環境のために「節約」しよう，「我慢」しようという印象が与えられることが多い。しかし我慢や辛抱ばかりするのでは，継続的にそのような行動をとり続けることは難しい。ドイツでは，小学校における文具の選び方から始まり，自治体の取り組みの評価でも「人の健康，生活，そして環境に優しい」という点が，常に重要なポイントとなっている。人と環境を分けて考えるのではなく，私たちの生活が「環境の中にある」「環境とつながっている」ということを意識している点に，「環境意識」を高めるヒントが隠されているのではないだろうか。

　環境意識を高め，環境に配慮した行動をとることを促すには，「環境に配慮するということは，自分のためにもなる」という意識を多くの人に持ってもらうことが必要である。その点において，教育や自治体，および消費者への情報提供の仕組みが果たす役割が非常に重要であることを，ドイツの事例は教えてくれている。

【注】

1）ヘフナー（2009），26頁参照。
2）フレンスベルク森の幼稚園ホームページ。<http://www.waldkindergarten.de/index.php?page=gruendung>
3）ヘフナー（2009），126頁以降参照。
4）ほとんどの自治体が小学校入学に際して，持ち物のアドバイスを行っている。以下はその一例。
　ハイデルベルク：http://www.heidelberg.de/hd,Lde/HD/Rathaus/Der+abfallar

me+Schulranzen.html

　アーヘン：http://www.aachen.de/DE/stadt_buerger/umwelt/pdf/der_coole_toni.pdf

　カールスルーエ：http://www.karlsruhe.de/b4/buergerdienste/abfall/kindergarten/schulranzen.de

5) http://dipbt.bundestag.de/doc/btd/06/027/0602710.pdf

6) 連邦環境計画，20頁。

7) Bundestag Umweltgutachten 1978, pp. 455-460. <http://dip21.bundestag.de/dip21/btd/08/019/0801938.pdf>

8) http://www.comenius.gwi.uni-muenchen.de/index.php?title=Bayern:_Lehrplan_Geschichte/Heimatkunde/Sozialkunde_Volksschule_1955

9) 連邦環境省環境教育教材サービス。<http://www.bmub.bund.de/themen/umweltinformation-bildung/bildungsservice/>

10) ベルリン自由大学ホームページ参照。<http://www.fu-berlin.de/vv/de/search?utf8=%E2%9C%93&query=Umwelt&sm=119983>

11) しかし，EUの統一基準（ボローニャ宣言）が採用されるようになり，最近では日本同様，1つの学科のみの専攻（バチュラー）コースも設けられるようになっている。バチュラーは，日本の4年制大学卒業時に授与される学士と同レベルの学位である。

12) 21世紀に向けて持続可能な開発を実現するための具体的な行動計画。社会的・経済的側面，開発資源の保全と管理，NGO，地方政府など主たるグループの役割の強化，財源・技術などの実施手段などの方向性を示している。

13) ドイツ連邦環境省プレスリリース。<http://www.bmub.bund.de/presse/pressemitteilungen/pm/artikel/neun-kommunen-sind-gewinner-im-wettbewerb-kommunaler-klimaschutz/?tx_ttnews%5BbackPid%5D=103&cHash=26a8d07d8d6c6554a948c75662e329b9>

14) ブルーエンジェルホームページ。<http://www.blauer-engel.de/de/unser-zeichen-fuer-die-umwelt>

参考文献・関連資料

資源リサイクル推進協議会編（1997）『環境首都　フライブルク』中央法規出版。

ヘフナー，P.（佐藤　竺訳）（2009）『ドイツの自然・森の幼稚園――就学前教育における正規の幼稚園の代替物』公人社。

松田雅央（2004）『環境先進国ドイツの今──緑とトラムの街カールスルーエから』学芸出版社。

BÖLW Bund Ökologische Lebensmittelwirtschaft e. V. (2011) "Zahlen, Daten, Fakten : Die Bio-Branche 2011". BÖLW Bund Ökologische Lebensmittelwirtschaft e. V.

BÖLW Bund Ökologische Lebensmittelwirtschaft e. V. (2015) "Zahlen, Daten, Fakten : Die Bio-Branche 2014". BÖLW Bund Ökologische Lebensmittelwirtschaft e. V.

Bundesministerium für Ernährung und Landwirtschaft (BMEL) (2015) "Ökologischer Landbau in Deutschland".

Bundesministerium für Umwelt, Naturschutz, Bau und Reaktorsicherheit (BMUB)/Umweltbundesamt (UBA) (2015) "Umweltbewusstsein in Deutschland 2014".

Bundestag (1978) "Umweltgutachten".

Del Rosso, Silvana (2010) "Waldkindergarten : Ein pädagogisches Konzept mit Zukunft?" Diplomica Verlag GmbH.

Kuhlmann, Janina (2012) "BE-G-REIFEN im Wald Ausführungen zum aktuellen Stand der Waldkindergartenpädagogik in Deutschland". AV Akademikerverlag GmbH & Co. KG.

関連ホームページ

連邦環境省（BMUB）：http://www.bmub.bund.de/

ハイデルベルク市：http://www.heidelberg.de/hd,Lde/HD/Rathaus/Der+abfallarme+Schulranzen.html

アーヘン市：http://www.aachen.de/DE/stadt_buerger/umwelt/pdf/der_coole_toni.pdf

カールスルーエ市：http://www.karlsruhe.de/b4/buergerdienste/abfall/kindergarten/schulranzen.de

フレンスベルク森の幼稚園ホームページ：http://www.waldkindergarten.de/index.php?page=gruendung

ミュンスター大学：http://www.uni-muenster.de/de/

ブルーエンジェルホームページ：http://www.blauer-engel.de/de/unser-zeichen-fuer-die-umwelt

ビオマークホームページ：http://www.oekolandbau.de/bio-siegel/

エコテストホームページ：http://www.oekotest.de/

有機食品連盟ホームページ：http://www.boelw.de/boelw-mitglieder.html

第9章　フィールドワークの方法

大竹伸郎

> **第9章の学習ポイント**
> ◎環境に関して研究する際に用いられる調査方法の1つであるフィールドワークについて，地理学分野の事例に基づきながらその要領を学ぶ。
> ◎フィールドワークを実りあるものにするには，研究対象となる地域の選定や調査に向けた事前の準備をどのように行えばよいかを学習する。
> ◎フィールドワークで収集されたさまざまな資料や情報を用いることで，人間の活動が環境とどのようにかかわっているか，また環境に対してどのような影響を与えているかが明確に把握できるようになることを理解する。

1．フィールドワークとは

　フィールドワーク（fieldwork）とは，地理学や歴史学，社会学，民俗学などで行われる地域研究の手法の1つで，筆者の専門分野である地理学では野外調査や臨地研究などと呼ばれている。地理学は英語で Geography と表記されるが，これはギリシャ語の geo（地表）と graphia（記述）に由来する。すなわち地理学とは，地表の自然（地形・水系・気候・植生など）や人文的現象（産業・文化・宗教・社会・経済・政治など）について「自然と人とのかかわり」に着目しながら，それらの空間的な特徴（地域的差異）を明らかにする学問であるといえる。したがって，地理学においては実際に現地を訪れ自然環境を観察したり，

地域に暮らす人々に話を聞くといったフィールドワークが重要となる。

　グローバリゼーションやモータリゼーション，情報化や少子高齢化，都市化や過疎化といった今日的な社会事象は，我々が暮らす地域にもさまざまな変化や影響をもたらしている。例えばグローバリゼーションは，ヒト・モノ・サービス・資本などの移動を容易にし，我々の生活物資を豊かにした反面，新たな経済格差（国家間・個人間）や伝染病の世界的な拡大（pandemic），輸送や移動による二酸化炭素の増加といった問題を引き起こしている。またモータリゼーションは，都市郊外部への大型ショッピングモールの立地を可能にした反面，「シャッター通り」と呼ばれるような都市中心部の空洞化現象の要因にもなっている。

　さらに，こうしたグローバリゼーションやモータリゼーションの影響の度合いは，地域によって異なっており決して一様ではない。近年，フィールドワークを伴う地域研究が盛んになっているのも，こうした社会現象による地域社会への影響を正確に把握する必要性が生じているためであろう。我々が暮らす現在の日本社会では，さまざまな技術的進歩によって都市部と農村部の均質化（農村部の都市的生活化）が進んでいる。このことは農村部に暮らす人々の利便性を高める反面，地域の自然環境に基づいた持続可能な生活様式や文化的多様性の喪失にもつながっている。

　我々が暮らす地表にみられる家屋や田畑・学校・会社・道路・鉄道などさまざまな人工的建造物も，地域の自然環境と乖離して存在しているわけではない。同じ家屋であっても場所の違いによってその形態や材料に違いをみることができるように，人々の暮らしや文化の基盤となっているのは，それぞれの地域が有する自然環境なのである。したがって，それぞれの地域の特殊性や他の地域との共通性を解明し，各地域の有する特性（空間的特徴）や課題を見出すことは，前述した地域が抱える諸問題の解決に大いに寄与するはずである。本章では，地理学分野で行われるフィールドワークを事例にその方法を解説する。

2．フィールドワークの準備

　フィールドワークを成功させるためにはさまざまな準備が必要となる。本節ではフィールドワークに出発する前に行っておくべきことを解説する。はじめに行うべきことはフィールドワークを実施する地域の選定であるが，自分の研究のテーマに合った地域かどうかを事前に調べておく必要がある。その際に役立つものとしては，研究対象地域に関する新聞や雑誌等の記事の収集，テーマに関連する統計データの分析，地域の様子を確認するための地図の入手などが挙げられる。これらは，現地に行かなくても手に入れることができる資料である。さらに統計データを基に主題図[1]や図表を作成すれば，国内や市町村レベルでの比較が可能となり，研究対象地域としての適性を判断する材料になる。

　例えば，福島県庁の水田農業振興課や福島県農業普及センターから入手した既存のデータをもとに作成した図9－1・図9－2の主題図をみると，水稲の省力栽培法である直播栽培[2]について，都道府県別や福島県の市町村別の分布状況，導入面積や乾田直播と湛水直播の場所的違いなどから，テーマに即した研究対象地域の選定が可能となる。

　研究対象地域が決まったら，必要な調査に向けた準備をする。例えば土地利用調査や景観調査ならば縮尺の異なる複数の地図やカメラ，聞き取り調査やアンケート調査を行うのであれば調査項目をまとめた聞き取り調査票やアンケート用紙などの作成が必要となる。その際，参考になるのが先行研究の分析である。「どのような事柄を明らかにするために（調査目的の明確化）」「どのような聞き取り調査やアンケート調査を行っているのか」「どのような資料を集めるのか」「得られた調査データをどのようにまとめ，分析しているのか」といったことを先行研究から学んでおけば，フィールドワークの成果を一層高めることができるであろう。

　地図はその縮尺によって，一般的に大縮尺図（2,500分の1から1万分の1）と中縮尺図（2万5,000分の1から10万分の1），小縮尺図（20万分の1以上）に分類される。フィールドワークの際は大きな書店で手軽に購入できる2万5,000分

168　第Ⅲ部　環境マインドをいかにして育み，どう活かすか

図9-1　水稲直播栽培の分布と湛水直播の割合（1999年）

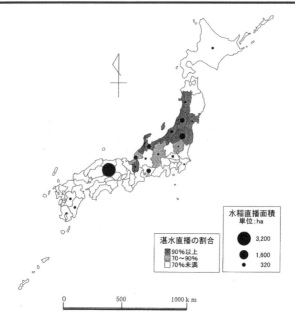

（注）栽培面積上位20までの都道府県を記載した。
出所：福島県水田農業振興課調べ。大竹（2003），3頁より転載。

図9-2　福島県における湛水直播と乾田直播の分布（2001年）

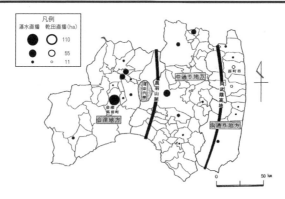

出所：福島県農業普及センター調べ。大竹（2003），6頁より転載。

の1から5万分の1の地形図と，役場などで保管している2,500分の1から5,000分の1の国土基本図を準備すると良い。また，役場などに行く際は，関連する資料を入手したり担当者から地域の話を聞けたりすることがあるので，資料を保管するためのクリアファイルや，うかがった話をメモするためのフィールドノート（大学ノート）も準備しておきたい。

3．調査地域および研究対象の概要

　本節では，フィールドワークの例として次節で取り上げるトキ野生復帰事業と環境保全型稲作について概説する。トキ（学名：*Nipponia nippon*）は特別天然記念物で国際保護鳥にも指定されている世界的にも貴重な鳥である。体長は約75 cm，翼開長は約140 cmで，朱鷺色と呼ばれる淡橙赤色の美しい羽を持つ鳥である。2015年12月16日現在，日本国内にいるトキは野生下にあるものが154羽，人工飼育下にあるものが189羽生息している（佐渡自然保護官事務所HP，2015年12月29日最終閲覧）。これらのトキは1985年から開始された人工繁殖によるもので，中国から借用した数組のペアーをもとに30年かけて現在の数まで回復させたものである。2008年には飼育したトキ10羽の自然放鳥が開始された。これまでに計13回，215羽のトキが放鳥されている。2012年には放鳥したトキのペアーによる初の自然繁殖も確認され，2015年時点で自然界において繁殖した個体数は27羽となっている。

　2003年に日本産最後の野生個体「キン」が死亡したことで，一時は絶滅の危機に瀕したトキであったが，明治時代までは北海道から沖縄まで日本各地に生息する一般的な鳥であった。トキが歴史上初めて登場するのは奈良時代に書かれた『日本書紀』や『万葉集』で，その羽の色から「ツキ（桃花鳥）」と呼ばれていた。平安時代になるとその鳴き声から「タウ・ドウ（鵇・鴇）」と呼ばれるようになった（荒俣，1987）。古今和歌集には田んぼで餌をつぐむ様子から「タウノトリ（田負鳥）」や「イナオセドリ（稲負鳥）」として登場しており，古くから水田稲作農業とかかわる鳥として認識されてきた。また，その美しい羽は伊勢神宮の式年遷宮の際に奉納される宝刀『須賀利御太刀（すがりのおんたち）』

の柄や茶道の羽箒，釣りの疑似餌などに珍重されてきた。

　トキが絶滅の危機に瀕するようになったのは，明治期に入り鳥獣の狩猟が一般人にも解禁されるようになったためである。美しい羽根の採取を目的とした乱獲の結果，トキの個体数は著しく減少し，1908（明治41）年には保護鳥にも指定されたが大正末期には絶滅したものと考えられていた。しかし，1932（昭和7）年に内田清之助博士らの調査により佐渡島と能登半島の一部にトキが生息していることが確認され，1934（昭和9）年に国の天然記念物に，1952（昭和27）年には特別天然記念物に指定された。

　佐渡島はトキが最後まで生息していた地域で，昭和30年頃までは60羽ほどのトキが生息していた。しかし1940年以降，農薬の使用による餌生物の減少や，ダム建設や圃場整備事業に伴う用水路のコンクリート化や灌漑用溜池の埋め立てなどにより，採餌場が減少したことなどを受けて次第にその数を減らし，2003年には最後の野生種「キン」が死んだことにより，日本産のトキは絶滅することとなった（表9－1）。

表9－1　佐渡島における水田稲作農業の変化とトキの個体数の推移（1930～2003年）

時期	1930年代		1940年代		1950年代		1960年代		1970年代		1980年代		1990年代		2000年代
	前半	後半	前半	後半	前半	後半	前半	後半	前半	後半	前半	後半	前半	後半	前半
水田形態	用排水兼用の湿田								暗渠排水による乾田						
農業水利	冬期湛水・溜池灌漑								新穂ダム建設開始（農業用水不足解消⇒冬期乾田化）				完成		
肥料・農薬	有機質肥料				化学肥料・農薬										
トキの個体数	約60羽		約35羽		約24羽		約12～6羽				5羽（1981年，野生個体を捕獲）		1羽		2003年，野生個体絶滅

出所：佐渡地域振興局『トキの野生復帰に向けた川づくり』（2005）により作成。
　　　大竹（2005），20頁より転載。

　トキの野生復帰事業は，ニッポニア・ニッポンの学名を持つ日本を代表する鳥であるトキを再び佐渡島の空に取り戻す事業として位置付けられている。環境省が主管するトキの野生復帰事業は2003年から始められたが，トキが野生で生きていくためには，営巣地となる森林と水田や小川，溜池など季節ごとの

図9-3 トキの日周活動と季節による採餌場

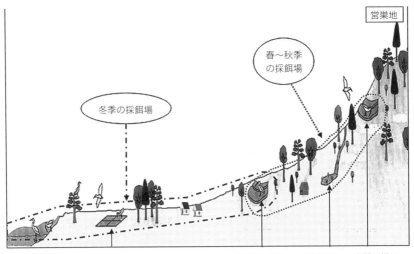

出所:佐渡地域振興局『トキの野生復帰に向けた川づくり』に加筆して作成。

採餌場が必要となる(図9-3)。佐渡市ではトキの野生復帰事業の一環として,耕作放棄された棚田でのビオトープ[3]作りや農薬や化学肥料を使用しない環境保全型のコメ作りによるトキの餌場づくりを進めてきたが,その導入は一部の農家に限られている。フィールドワークの目的は,こうした取り組みが導入された地域において生じる変化や社会・経済システムへの影響,取り組みの現状や課題などを実際に地域に暮らす人々との対話などを通して明らかにすることである。

4. フィールドワーク

本節では,新潟県佐渡市で取り組まれているトキの野生復帰事業と環境保全型農業を事例に,①事業に関する資料収集,②土地利用調査,③聞き取り調査の3つのフィールドワークについて解説する。

はじめに，資料収集の手順に関しては，事業を所管している地方自治体の担当部署を訪ねて必要な資料や情報を提供してもらうことになるが，その際，事前に電話やメール等でアポイントメントを取るとともに，訪問の目的を明確に相手に伝えておくことが重要である。事前に面会の約束を取っていない場合や目的が伝わっていない場合には，担当者の不在や準備期間の不足により，目的の資料が入手できないこともあるので注意したい。

資料収集に訪れる際は，前述したフィールドノートやファイルなどを持参すると良い。さらに訪問した際にうかがった話はフィールドノートにメモするが，メモしたことは箇条書きや単語の場合が多くなるので，忘れないようその日の内にフィールドノートに整理しなおすことが重要である。

筆者が実際にトキの野生復帰事業と環境保全型農業に関する資料を収集するために訪れたのは，新潟県環境部環境企画課，新潟県農林水産部農産園芸課，佐渡農業普及センター，旧新穂村役場，佐渡農業協同組合営農部などである。写真9-1は実際に収集した資料の一部であるが，フィールドワークでは1カ所に訪問しただけで必要な資料をすべて入手できることは極めて稀なので，あらかじめ必要な資料のリストを作成し，訪問先にその資料がないときはどこで手に入るかなどを担当者にうかがうと良い。

写真9-1　フィールドワークで収集した資料の一例

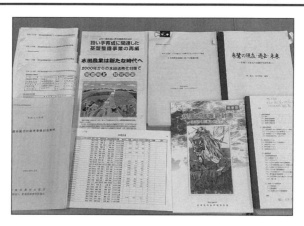

次に土地利用調査の方法について解説する。土地利用調査では,「どのような地形の場所をどのような地目に利用しているのか」や「1枚の畑や田んぼの1年間の作付状況」などから,その地域の地理的な特性やそこで暮らす人々の農業経営の様子などを明らかにすることができる。

例えば図9－4は,佐渡市月布施集落の土地利用状況を表したものである。標高0mの海面から標高400mを超える山地に位置する月布施集落は,半農半漁を生業とする集落で海に面した土地に集落を構え,山間部の谷間に棚田を作って暮らしてきた地域である。図9－4でこの地域の水田と畑の分布をみると,集落に近く水の便が悪い農地を畑として利用し,水の便が良い谷間の農地は水田として利用していることがわかる。また,標高の高い地域にある水田や農道から離れた場所にある水田ほど耕作放棄地が多い傾向もこの図から読み取れる。これはこの地域の農業従事者の高齢化や後継者不足が深刻化したことに

図9－4　佐渡市前浜地区月布施集落の土地利用状況（2006）

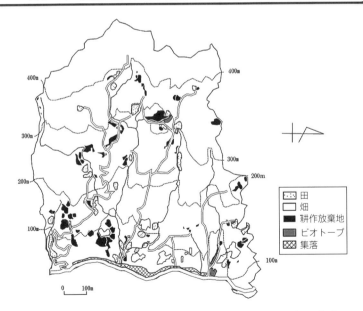

出所：航空写真および現地調査により作成。大竹（2009），22頁より転載。

写真9-2　ビオトープ作りの様子

出所：2008年8月1日，佐渡市月布施にて撮影。

より，通耕に要する時間がかかる地域や農業機械による作業が困難な場所から耕作放棄地になっているためであると考えられる。また，耕作放棄地の一部が復田されビオトープとして利用されているが，このビオトープは獨協大学犬井ゼミナールの学生が2002年から2007年までの間に佐渡島に夏合宿で訪れた際に作ったものである（写真9-2）。

　図9-5は，トキの放鳥に先駆けて旧新穂村で2001年から導入されることとなった環境保全型稲作圃場の2005年現在の分布を示したものである。航空防除は「カメムシ」や「いもち病」といった水稲の病害虫による被害を防ぐために行われるが，その毒性はトキの餌となるドジョウやカエル，サワガニなどの水生小動物の生息にも影響を与える。そのためトキの野生復帰を実現するためには，航空防除を廃止するか，毒性の弱い薬剤へ切り替えることなどが必要となる。しかし航空防除を実施しないとコメの等級が下がり販売収入が減少する[4]ことから，地域内の農家の多くが航空防除の実施を希望し，環境保全型稲作の導入が進んでいない（図9-5）。新穂地区では2008年に予定されていたトキの自然放鳥へ向けて環境保全型稲作の導入を農家に要請していたが，導入5年目となる2005年の時点でも目標面積の1割にも達していなかった。

第9章　フィールドワークの方法　175

図9-5　新穂地区における航空防除地域と環境保全型圃場の位置（2005年）

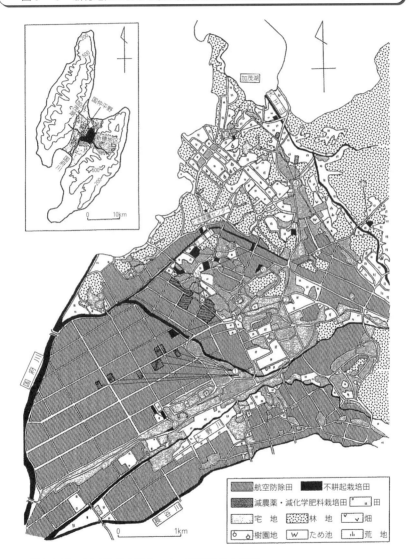

（注）図中の囲み数字は図9-6の農家番号と対応。
出所：聞き取り調査，新穂地区航空防除計画書および土地台帳により作成。
　　　大竹（2005），27頁より転載。

176　第Ⅲ部　環境マインドをいかにして育み，どう活かすか

　環境保全型稲作の栽培面積が増加しない要因は，肥料や農薬を農家に販売し，農家が生産したコメの集荷・委託販売を請け負う農業協同組合（JA）と環境保全型稲作の導入を進める行政側の合意形成がなされておらず，環境保全型稲作導入による収益低下を補填する経済的な仕組みがこの時点で整っていないためである。そのため導入農家は，周囲の圃場に影響の少ない圃場や航空防除の対象外となる宅地周辺の圃場以外で環境保全型稲作を導入できない状況にある（図9－5）。

　以上のように，土地利用図などの主題図の作成によって，地域が抱える諸問題を可視的に捉えることが可能となる。

　最後に聞き取り調査の方法を解説する。ここでは，旧新穂地区で環境保全型稲作を導入している農家の経営状況や，従来までの農薬や化学肥料を使用する慣行栽培と比較した場合の投入労働力や水稲栽培に要する費用について聞き取り調査を行った。聞き取り調査にあたっては，佐渡島農業振興局から入手した特栽名簿をもとに，新穂地区で農薬や化学肥料の使用量を従来の5割以下に低減する特別栽培を導入している15件の農家をその対象とした。

　図9－6は，特別栽培導入農家の経営面積とともに，農家の労働力構成や導

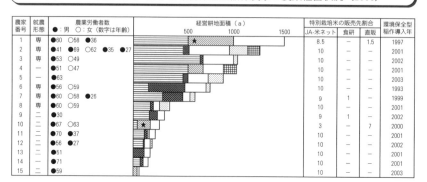

図9－6　新穂地区における環境保全型稲作農家の農業経営状況（2003）

出所：聞き取り調査により作成。大竹（2005），24頁より転載。

入している特別栽培のタイプ，導入開始年，特別栽培米の販売先などを示している。この図から，水田稲作のすべてを特別栽培にしている農家はおらず，導入面積は所有する農業労働力や農協以外の販売先の有無，導入開始年などと関係していることなどが読み取れる。

　図9－7と表9－2は，特別栽培導入農家への聞き取り調査と佐渡農業普及センターの「コシヒカリ栽培暦」をもとに作成した図表である。図9－7の栽培カレンダーから，同じコシヒカリの栽培でも農薬や化学肥料を使わない特別栽培（ここでは不耕起栽培[5]）では，栽培の方法が異なることや，「手取り除草」という夏の炎天下で行わなければいけない作業が必要となることなどがわかる。一方，環境保全型稲作と慣行栽培稲作の収益性を示した表9－2からは，コメ60 kgの販売金額は慣行栽培よりも環境保全型の不耕起栽培（有機栽培）や減農薬・減化学肥料栽培の方が高くなるが，収穫量の低下や労働時間の増加によって，不耕起栽培の1時間当たりの労働生産性は約半減していることがわかる。以上のことから，トキの餌場となる環境保全型稲作を定着させるためには，増

図9－7　佐渡島における栽培方法別コシヒカリの栽培カレンダー

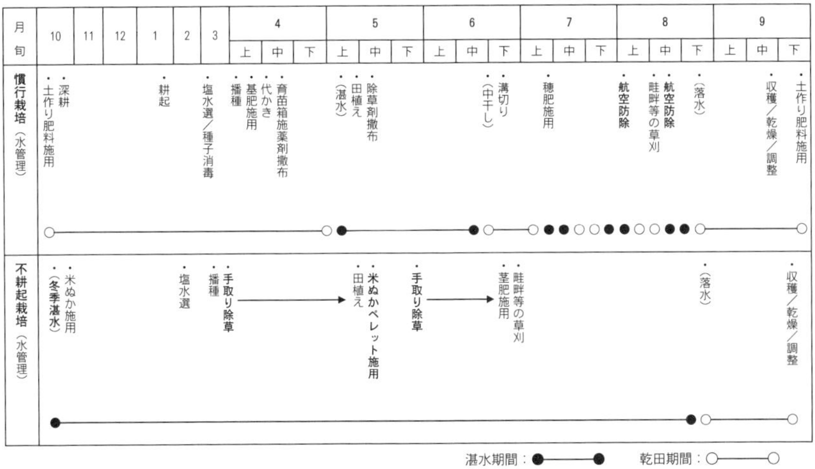

出所：聞き取り調査および佐渡農業普及センター「コシヒカリ栽培暦」により作成。
　　　大竹（2005）23頁より転載。

表9-2　環境保全型稲作と慣行栽培稲作の収益性

	不耕起栽培	減農薬・減化学肥料栽培	慣行栽培
10a当たりの収量	420kg	480kg	540kg
60kg当たりの販売金額（JA価格）	26,000円	22,000円	20,000円
10a当たりの栽培費用（機械費・人件費を除く）	12,500円	23,000円	38,000円
10a当たりの粗収益<a>（販売金額－栽培費用）+〔助成金〕	189,500円〔20,000円〕	176,000円〔24,000円〕	142,000円
10a当たりの労働時間<b>	72時間	38時間	30時間
1時間当たり労働生産額<a/b>	2,632円	4,631円	4,733円

出所：聞き取り調査により作成。大竹（2005），24頁より転載。

加する農業労働力や減少する農業収益といった経済的な問題を解決する必要があることがわかる。

5．おわりに

　以上のように，フィールドワークを行うことによって地域が抱えるさまざまな問題を明らかにするとともに，必要な解決策を考え出すことが可能となる。また，学術的な意義だけでなく，フィールドに赴き，地域の人々と語らうことはとても良い経験になるであろう。
　もちろん中には，失敗して苦い経験となることもあるであろうが，そうした苦い経験も次に活かすことで良い経験になると思う。筆者自身も数々の失敗をしたが，今となってはそれらも良い経験になっているし，失敗を糧とすることでフィールドワークの面白さを一層実感できるようになったと若輩ながら思っている。
　学会からはそっぽを向かれながらも，己の信じる民俗学の研究に邁進し，亡くなるまでフィールドワークを行っていた「旅の巨人」宮本常一博士は，その

著書の中で「私にとって旅は発見であった。私自身の発見であり，日本の発見であった。書物の中で得られないものを得た。歩いてみると，その印象は実にひろく深いものであり，体験はまた多くのことを反省させてくれる」（『私の日本地図』第1巻「天竜川にそって」）と述懐している。

　こうした新たな発見が詰まったフィールドワークの経験は，日常の観光旅行にも活かされ，その旅行の中で新しい発見をもたらしてくれるものとなるであろう。自分の知らない人や暮らし，産業や地域を知ることは，それを知った新しい自分と出会うことでもある。魅力あふれるフィールドワークに出かけてみよう。最後に，本章を執筆する際に参照した文献とともに，フィールドワークの参考になると思われる関連図書を章末に掲載しているので，ぜひ一読して頂きたい。

【注】

1）地図は記載されている内容によって，一般図と主題図に分類される。一般図とは地表の事象をまんべんなく記載した地図（地形図，国土基本図など）を指し，主題図とは，何らかのテーマに即して描かれた地図（地質図，人口密度図，土地利用図，交通図など）を指す（小林，2012）。
2）直播栽培とは水稲の省力栽培法の1つで，田植えを行わず種もみを直接水田に播種する栽培方法である。圃場に水を張った状態で播種する湛水直播と，水を張らず畑状態の圃場に播種する乾田直播の2つの栽培方法がある。
3）ビオトープ（独：Biotop）とは，ギリシャ語のbio（命）とtopos（場所）を意味する合成語で，英語ではバイオトープ（biotope）と呼ばれている。生き物の生息空間を意味し，日本語では「生物空間」や「生物生息空間」と訳される。近年では，ホタルビオトープのように特定の生物が生息可能な空間を表す用語としても使用されている。
4）日本のコメの価格は等級によって決定され，一等米，二等米，三等米，規格外に分けられる。等級を区分する指標は，カメムシの被害や生育不良による着色米や，胴割れ米のような未成形米の1,000粒当たりの混入量によって決定される。着色米の混入基準は一等米が1,000粒中1粒まで，二等米は2粒以下と厳しいもので，等級が下が

るごとに価格も 2,000 円から 3,000 円ほど低下する。
5）不耕起栽培とは，その名の通り，従来の水田稲作では不可欠とされていた耕起砕土作業を行わない栽培方法である。従来の水稲栽培では，稲の生育を良くするために定期的に水田の水を抜く「中干し」と呼ばれる作業が行われてきたが，この中干しが土壌を硬化させる原因にもなっていた。不耕起栽培では，この中干しを行わないことで土壌の硬化を防ぐとともに，水生小動物の生息環境も保全することができる。調査農家では，この不耕起栽培に加え，農薬や化学肥料を使用しない特別栽培（有機栽培）を導入している。

参考文献・関連図書

荒俣　宏（1987）『世界大博物図鑑 4　鳥類』平凡社。
犬井　正（2013）「フィールドワークをベースにした地理学研究の回顧」『環境共生研究』第 6 号，1〜8 頁。
井上　真編（2006）『躍動するフィールドワーク――研究と実践をつなぐ』世界思想社。
大竹伸郎（2003）「水稲直播の導入と地域営農の変化――福島県原町市高地区・会津高田町八木沢地区を事例として」『新地理』第 51 巻第 3 号，1〜27 頁。
大竹伸郎（2005）「佐渡市新穂地区における環境保全型稲作の導入と展開への課題」『埼玉地理』第 29 巻，19〜30 頁。
大竹伸郎（2009）「トキとの共生を目指す農業の取り組み」『地理』第 54 巻第 6 号，20〜31 頁。
大竹伸郎（2010）「佐渡市におけるトキ放鳥と水田稲作農業の課題」『環境共生研究』第 3 号，78〜87 頁。
小林浩二（2012）『地域研究とは何か』古今書院。
宮本常一（2014）『宮本常一講話選集　全 8 巻』農文協。
宮本千晴・田村善次郎監修（2011）『宮本常一とあるいた昭和の日本』農文協。

第10章 歴史的環境の保全とナショナルトラスト

米山淳一

> **第10章の学習ポイント**
> ◎日本において歴史的環境の保全に向けた取り組みがどのように展開してきたか，またその取り組みを進める際の課題は何かを学習する。
> ◎シビックトラストやナショナルトラストといった歴史的環境を保全するための活動がどのようなものか，またそうした活動において重要なことは何かについて，この分野の先進国である英国の事例を通して学ぶ。
> ◎歴史的環境の保全に向けた取り組みにおいては，市民が主役となって活動を展開していくこと，地方自治体や国が適切な仕組みを整備してそうした活動を支える必要があることを理解する。

1．はじめに

　今日，歴史的遺産やそれらが形成する歴史的環境は日常的な話題にものぼるほどポピュラーな存在になった。しかし，一昔，いやふた昔前の高度成長に沸いた昭和30年代～50年代には，全国各地でその土地固有の歴史的遺産は急速に失われつつあった。それでも，歴史的環境をどう守るかという課題に取り組むわずかな地域では，市民と行政が連携し地域固有のかけがえのない歴史的環境の保全を推進してきたのである。

　歴史的環境を構成するさまざまな地域遺産は，今や地域の財産であり宝物で

ある。このような位置付けに至ったのは、「一度失ったら元には戻らない」という市民意識であり、それに伴う価値観の醸成にあるといえる。また、行政による有効な手立てや仕組みづくりが行われてきたこともこれに寄与している。

我が国の歴史的環境の保全は、保存から活用、そして「歴史を生かしたまちづくり」、さらにこれらを核とした地域活性化や観光振興に向けて着実に歩み始めている。ビジットジャパン、地方創生、地域定住など、歴史的環境の保全はさまざまな展開を見せ始めている。

本章では、我が国における歴史的環境の保全の系譜を整理し、将来にわたり日本国を光り輝かせる一助として歴史的環境の保全が有効な方策であることを示したい。

2．黎明期の歴史的環境の保全——古都保存法・倉敷市伝統美観保存条例・金沢市伝統環境保存条例

2.1　古都・鎌倉の歴史的環境を守れ

高度成長に伴い、都市近郊での宅地開発が全国各地で盛んに行われるようになった。個人住宅を求める動きは、経済の発展とリンクしていたのである。東京郊外で魅力的な宅地といえば、当時は鎌倉周辺が人気。七里ヶ浜の開発をはじめ、鎌倉市内では山を切り崩し宅地化する動きが顕著になった。そして、1963（昭和38）年、開発の手は鎌倉の代名詞ともいえる「鶴岡八幡宮」の裏山にまで迫っていた。誰もが親しむ鎌倉のいわば聖地でもある八幡宮の景観を阻害するというのはあってならないこととして、鎌倉市民、文化人、僧侶までもこぞって反対を表明、これが市民運動に発展した。運動の先頭に立ったのは大仏次郎である。小説家として知られる作家の鶴の一声は、多くの市民や全国からの支援者を喚起した。合わせて、小林秀雄、川端康成らもこれに賛同。「御谷騒動（おやつそうどう）」としてマスコミにも大きく取り上げられ、市民運動は活発化した。署名活動だけではなく募金活動も開始され、業者は開発を断念、結果として現在の公益財団法人鎌倉風致保存会が土地を取得する形で終息したのである。市民らの募金をもとに歴史的環境を守ったことから、我が国初のナ

ショナルトラスト運動として語り継がれることになった。現在，八幡宮の背後の山々が緑に包まれ，八幡宮と一体となって歴史的風致を形成しているのは，この運動のお蔭なのである（写真10-1）。

写真10-1　鶴岡八幡宮とその周辺

余談ではあるが，横浜港に隣接する山下公園の上に，国鉄の山下臨港線を高架線で建設することがほぼ同時期に計画された。これに対して景観破壊だと反対したのも大仏次郎だった。また，「横浜のまちづくりを百年の計で進めてきた先達に申し訳ない」と当時の神奈川県知事であった内山岩太郎も反対を表明している。しかし，高架線は国鉄の政治力で完成してしまった（現在，山下公園部分撤去）。文学者や政治家の発言や行動が社会を動かす激動の時代でもあった。

さて，この手の宅地開発は関西の歴史地区である奈良市，京都市内でも頻繁に起こっていた。これ以上，古都の歴史的環境を汚さない意味を込めて制定さ

写真10-2　古都保存法により周囲の山並みのスカイラインが保全された

れたのが,「古都保存法」(正式には「古都における歴史的風土の保存に関する特別措置法」)である。超党派の国会議員による議員立法で1966(昭和41)年に成立したことに意義がある。現在,鎌倉市,逗子市,京都市,奈良市,奈良県飛鳥村を含む10市町村が古都保存法に基づき「古都」指定されている。鎌倉を訪れたら,町を囲む周辺の山々を眺めて欲しい。稜線(スカイライン)がきちんと維持されているのがわかるであろう。これが古都保存法の威力の1つである(写真10-2)。

2.2　歴史都市の取り組み

倉敷市「美観地区」

「美観地区」という,なんとも響きの良い熟語がある。文字に留まらずに本当に美しい景観を守っている町があるのだ。今では当たり前のような景観保存は,高度成長時代には誰も知らない言葉であった。「美観地区」を定めたのは岡山県倉敷市である。伝統的な町並みの保存地区を設定することをめざし,「倉敷市伝統美観保存条例」を1968(昭和43)年に制定した。1969(昭和44)年には「倉敷川畔美観地区」として施策が始まっている。倉敷川畔には伝統的町家や白壁土蔵がずらりと並んだ美しい風景があるのをご存じであろう。この故郷の風景を愛して止まないクラボウ(株)の大原総一郎氏は,ドイツのロマンティック街道を訪ねた際,その町並みの美しさに感動し,倉敷を日本のローテンブルクにしたいとの思いを抱いたという。これが「美観地区」設定の起源

写真10-3　倉敷川河畔の美しい町並み景観(岡山県倉敷市)

となったのである。

その後「美観地区」は，伝統的建造物群保存地区に発展し，現在は国重要伝統的建造物群保存地区に選定されている（写真10−3）。

金沢市伝統環境保存条例

倉敷市とともに，金沢市は固有の伝統的環境を大切にする施策を1968（昭和43）年に制定している。実は，それ以前の1964（昭和39）年に長町武家屋敷群の門や土塀の修理保存を開始していた。1989（平成元）年には「金沢市における伝統環境の保存及び美しい景観の形成に関する条例」（市景観条例）を制定し，さらに1994（平成6）年のこまちなみ制度では「ちょっといい町並み」として旧港町である金石地区をはじめ8地区を指定している。それ以降も看板規制など金沢市の歴史的風致の維持・向上に努めている。このように金沢市の伝統的環境の保全は約50年を経て効力を発揮している。奇しくも2015（平成27）年3月に北陸新幹線の金沢駅が開業したが，こちらも約50年かかっている。新幹線が開業したときに金沢の町で歴史的環境が保全され，結果として観光資源となり来訪客におもてなしができたとすれば，金沢市は先見の明があったといえる（写真10−4）。

まさに金沢の歴史的街区を歩くと「景観は結果であり，手がかりである」ことを実感できるのである。

写真10−4　東山ひがしの茶屋の町並み（石川県金沢市）

3. 歴史的環境保全の先進地・英国に学ぶまちづくりの思想

　歴史的環境保全の先進地・英国に目を転じてみよう。ロンドンをはじめ歴史的な町はたいへん多く存在し，国全体が歴史遺産で溢れている。歴史的建造物の保存は日常的に当たり前なのである。いや，英国人は歴史が大好き。歴史の上に生かされているというのが本音である。ロンドン動物園の園長にお会いしたときに伺った彼の自慢話を披露してみたい。「僕もロンドンから1時間の町についに茅葺民家を買った」というのだ。もう30年以上も前のことであったが，とにかくびっくりだった。「なんでそんな古家を購入？」と聞くと，笑顔で答えてくれた。

　答えは3つあった。①茅葺民家が好きでその歴史文化的価値を知っている。②英国では歴史的建造物は高価。だから自分は金持ちである。③購入することで壊されずに次のオーナーに住みつなぐことができる。素晴らしいのは，③にあるように，自ら歴史的建造物を伝えるバトン役を買って出たということだ。これが彼の本音なのだ。口だけではなく自ら行動を起こす。何と勇気のあることだろうか。

　そんな出来事のあとにシビックトラストと出会った。

3.1　シビックトラストの活動

　シビックトラストは，1957年，当時の住宅大臣であったダンカン・サンズの提案で生まれた環境保全団体だ。歴史的環境の保全に主眼を置き，街中から醜さをなくしていこうという活動を推進している。騒音や看板に関する調査や規制，ショップフロントの景観整備提言など活動はさまざまだが，市民，行政と協働で行っている点が特徴である。

　シビックトラストが中心となって，1967年には「シビックアメニティーズアクト」なる法律を定めている。この結果，イングランドを中心に6,000カ所もの歴史的保存地区（コンサーベーションエリア）が誕生した。その後，このアクトは田園都市計画法に組み込まれていく。

シビックトラストは政府の助成金や企業からの寄付などで運営されている。行政や地域の市民団体である地域環境保全団体（ローカルアメニティーソサエティー）と連携して活動を進めている。この手の団体は約1,000あり，シビックトラストに加盟している。具体的な活動として，歴史的地区の環境保全施策を展開しており，歴史的建造物の修理・修景のほか，環境教育やインタープリテーション（町の歴史を読み取ること）を通じた周辺環境調査なども実施している。さらに，地域再生プロジェクト（リジェネレーション）を行い，空き家対策，地域活性化などを手掛けている。例えば，ワークスワースという石の産地では，採石場の閉鎖に伴い労働者が去った後の住宅が廃墟になったが，これを救うために家具職人やアーティストを住まわせて町に賑わいを取り戻すという再生事業を成功させている。この活動はシビックトラスト賞を受賞した。また，歴史的保存地区で世界文化遺産にも登録されている，ローマ人が築いた温泉町バースでは，エイボン川に堰を設ける際に市民コンペを開催した。歴史的橋梁と一体となった景観形成のため，弧を描く優美な形状の堰が選ばれ，これもシビックトラスト賞を受賞している（写真10－5，写真10－6）。この受賞を通じて歴史的環境保全の啓発を推進しているのだ。

このほか，「歴史を生かしたまちづくり」を推進する地方環境保全団体の拠点としてのヘリテイジセンターの設置にも力を入れている。その町らしい歴史的建造物に改修を施して資料展示や物品販売のための場所，交流空間，事務所

写真10－5　バース市内を流れるエイボン川の堰。優美な姿は，観光資源でもある

188　第Ⅲ部　環境マインドをいかにして育み，どう活かすか

写真10-6　歴史的景観に配慮したデザインが評価されシビックトラスト賞を受賞

を設置し，地方環境保全団体がボランティアでそれらを運営・管理している。ロンドン南部の港町であるファバシャムにある，ファバシャムソサエティーが運営するヘリテイジセンターを訪ねた。17世紀の町家を改装した歴史的建造物で，1階にはタウントレイルと呼ばれる町歩きの案内所，関係資料や廃品の販売所，およびソサエティー事務所があり，2階は町の歴史を伝える資料館になっている。資料や古写真の展示のほか，かつての理髪店や鍛冶屋などの内部が忠実に再現されている。中庭を介した裏手には，18世紀の頃の典型的な商店の洒落たショップフロントが保存されていた（写真10-7，写真10-8）。

　シビックトラストは，市民と協働で歴史を生かしたまちづくりを推進してお

写真10-7　ファバシャムの町並み保存地区とヘリテイジセンター

写真10−8 ヘリテイジセンターの資料室。市内初の電話交換機を保存展示
（人物は元シビックトラスト理事パーシバル氏）

り，そのスローガンは「プライド・オブ・プレイス」である。この言葉は，シビックプライドの醸成が何よりもまちづくりに重要であることを教えてくれている。なお，シビックトラストは，現在，シビックボイスに組織が変わった。

3．2　英国ナショナルトラストの活動

　昭和50年代，我が国では英国ナショナルトラストの活動を市民運動，しかも自然や歴史的遺産の買い取り運動として捉えていたが，実はまったく異なる特殊な団体なのである。我が国において，自然や歴史的遺産が高度成長に伴って破壊されていくことに対して自治体に訴えたり反対運動を行ったりしても，結局は破壊されてしまうことが当時は当たり前であった。それではどうしたら守れるかと見回してみると，「英国ではナショナルトラストという団体が市民の募金を集めて危機に瀕する自然や歴史的遺産を買い取って保存している」という「夢のような手法」の情報を知ることになる。実情を知らず，資料や写真，人の話だけでの事柄なのだが，これが独り歩きしてしまった。

　そこで，実態はどうなっているのかを知りたくて，英国政府大使館文化部（ブリティッシュカウンシル）の門を叩いた。教育文化担当官のモリス・ジェンキンズは，開口一番，自然や歴史的遺産の買い取り団体ではない，と説明してくれた。以後，ご指導を受けるために何度も伺ったが，結果として「英国に行って実情を学びたい」という思いに至った。その際，ナショナルトラストだけで

はなくさまざまな団体を訪ねるのが良い，とご教示いただいた。担当官が，日本の実情に向いているのは多分シビックトラストだ，と助言してくださったことに驚いた。それほどナショナルトラストは別世界の団体だったのである。

　1983（昭和58）年3月，学者，研究者，行政担当者，新聞記者ら15名からなるスタディツアーを企画し，英国を初めて訪れた。その後，3回のスタディツアーを行った。その結果，ナショナルトラストの実情を知ることになる。さらに，ナショナルトラスト世界会議に5回，アメリカナショナルトラスト（歴史的遺産・地区保存団体）の年次総会にも出席することにより，歴史的環境保全の実情が国によって異なることを知るのである。

3.3　The National Trust for Places of Historic Interest or Natural Beauty が正式名称

　我が国ではナショナルトラストと呼んでいた団体の正式名称を知って，またまた驚いた。ナショナルトラストだけでは名称にはならないのである。「歴史的名勝地と美しい自然地のためのナショナルトラスト」なる意味が名称には込められていたのだ。トラストという単語は英国中に溢れていた。レイルウェイトラスト，ファンテイントラスト，アイアンブリッジトラストなど，山ほどある。トラストは直訳すれば信頼である。市民や社会の信頼の下で皆が一緒に力を合わせて行動するボディー（団体・組織）のことを「TRUST」と呼んでいる。NATIONAL は国家ではなく，当然，国民を指すことになるのである。「国民がみんな一緒に力を合わせて歴史的名勝地や自然地を守り育て後世に伝えよう」というのが世界に1つしかない THE 英国ナショナルトラストという組織なのである。

　創設は1895年，3人の市民から始まったとよくいわれるが，単なる市民ではない。牧師，法律家，社会運動家であり，社会的にも影響力を持っていて，政府，貴族，有力者等とも関係を持った市民であることを忘れてはならない。ナショナルトラストが起こる以前の英国には，古記念物の保存団体などはあったが，歴史的・自然的環境を保全する団体は存在しなかった。時は産業革命真っただ中，工場用地や工場労働者住宅などの建設のための土地の確保が盛んで，

コモン（共用地）が囲い込み政策で頻繁に開発されていった時代である。当然，貴重な歴史的遺産や美しい自然地までも開発されていったのである。これを憂いて保存運動を起こしたのが，先の3人の市民なのである。反対の声を上げるのではなく，実践が物をいう時代，囲い込まれないように先に土地を買うこと以外に手立てはない。そこで寄付を募り最初に購入したのが「デナンズ・オライ」という名の自然地で，崖地のような場所だった。また，歴史的遺産で初の取得が「アリフリストンの牧師館」である（写真10－9）。17世紀の茅葺民家である。現在は第1号の保護資産（プロパティ）として整備され，公開されている。このように手探りの状態で活動は始まった。しかしその後の活動は必ずしも順風満帆とはいえなかった。活動の輪は広がらず，また資金不足もあり，先人たちは「これでプロパティを取得するのは最後」と活動への不安を述べている。

写真10－9　初めて取得した「アリフリストンの牧師館」

ところが，ロビー活動のお蔭によるものなのか，歴史的環境に理解を示した国は，1907年にはナショナルトラスト法を制定するのである。これが国から特権を与えられた，民間団体としてのナショナルトラストの姿である。この法律によって，ナショナルトラストは保有する資産の「譲渡不能」を宣言する。ナショナルトラストに寄付されるお金，土地，資産などは免税扱いとなった。組織も拡充されるが，活動は相変わらず一般に広がることはなかった。免税団

体になってもナショナルトラストが市民からは遠い存在であったことがその背景にあるが、それはナショナルトラストの姿勢が上流階級寄りであったからだといわれている。

その後、1931年に財政法が改正され、ナショナルトラストは新たなプロジェクトを始める。「カントリーハウスと歴史的庭園」保存計画である。これは、地方の領主らが所有する規模の大きな邸宅や庭園をナショナルトラストに寄贈すれば、固定資産税や相続税が免税になるという仕掛けだ。領主の救済に思われがちだが、建物だけでなく室内の家具や調度品、美術工芸品も対象になり、歴史の生き証人を丸ごとセットで保存できる利点があった。しかも、寄贈された建物は半分を公開するという義務が生じるが、半分には住み続けることができるのであるから、こんな都合の良いことはないのである（写真10-10）。

写真10-10　カントリーハウス保存計画で寄贈されたレイコックアービー

とかく上流階級寄りと捉えられがちのナショナルトラストは、会員が増えず、領主館といった大きな資産ばかりを所有していることから管理費が膨らみ、運営にも支障を来してきた。そこで、領主館などの規模の大きな財産の寄贈を受ける場合に管理費を生み出す基金、または不動産を合わせて寄贈するような仕組みをつくり、実行した。要するに維持管理費に見合った「おまけ」がなければ受け入れないという訳である。そのお蔭で、歴史的集落や庭園をも一緒に保存することができるようになった。例えば、レイコックアービーの寄贈時にレ

第 10 章　歴史的環境の保全とナショナルトラスト　193

写真 10-11　レイコックビレッジの石造りの商家

イコック村の集落が持参金として付いてきた（写真 10-11）。村の民家は，歴史的建造物が好きな人がこぞって住むことにより，家賃収入がナショナルトラストに入る仕組みである。また，ナショナルトラストの公開資産で人気の庭園「ストアヘッド」は，立派なカントリーハウスの管理費を生み出すのに有効な資産となっている。お金を回す，稼ぐという方式がこの頃から始まっている。要するにお金がなければ大事な資産は末永く守れないのである。

その後，チャーチル元首相や，ピーターラビットの作者であるベアトリックス・ポターなどの有名人の邸宅の保存を手掛けるが，そうした際も上記のよう

写真 10-12　チャーチル元首相の邸宅。ナショナルトラストに
　　　　　　室内の調度品，庭とも遺贈された

写真10-13 ベアトリックス・ポターが「ピーターラビット」の印税で取得後にナショナルトラストに寄贈した生家と周辺の集落

写真10-14 ネプチューン計画で取得した「フォーランド岬」

な手法を活用し管理運営を円滑に行っている（写真10-12，写真10-13）。しかし，立派な領主や著名人などの邸宅の保存だけでは，広く市民から活動への賛同を得ることは難しく，保存運動は普及しないばかりか会員も増えない。そこで計画されたのが，美しい海岸線を買い取る「エンタープライズネプチューン」である。英国は海に囲まれた国だ。国民は海に親しみを覚えている。そこで，自然海岸を中心に募金で買い取り始めたのだ。ネプチューン計画と呼ぶキャンペーンは広く国民の参加を招き，合わせて会員も増える結果になった。1965年のことだ（写真10-14）。

これを機に取得保存している保護資産を積極的に会員に無料公開し，合わせてレストランやカフェの経営，オリジナルグッズの販売などの商売を積極的に進めることになった。この運営に当たっては，別にナショナルトラストエンタープライズという会社を設立している。利益を歴史的・自然的資産の保護に使用する新たな仕組みが出来上がったのである。以来，一般入場者も増え，領主館，庭，民家など多くの保護資産は，お金を生み出す英国の観光資源として海外からの来訪者にも人気となるのである。保存から活用へ一気に舵を切ったナショナルトラストは，今や会員250万人である。資産を活用する新たな企画も進んでいる。例えば，ホリデーコテージキャンペーンでは，領主館などの馬屋といった付属屋を改造して週末に宿泊所として開放している。また，農家のキッチンを開放するなど家族を意識した旅の受け入れも行っている。市民生活に保護資産が生かされてこそ，初めてその歴史文化的価値が理解できるのである。

このように，The ナショナルトラストは独自のアイデンティティーを基にサステイナビリティーを維持しながら，いわば観光資源保護団体のようなセンスを兼ね備え，活動を推進している。なお，The ナショナルトラストは王室に次ぐ大土地所有者であることを忘れてはならない。

ちなみに，世界中にはナショナルトラストのような仕組みの環境保全団体がスコットランド，オーストラリア（州ごとと総括するカウンシルを含む：写真10-15），ニュージーランド（写真10-16），フィジー，ジャマイカ，アメリカ，オ

写真10-15　オーストラリアナショナルトラストカウンシル所有の歴史的建造物

196　第Ⅲ部　環境マインドをいかにして育み，どう活かすか

> 写真 10-16　ニュージーランドヒストリックプレイシーズトラスト所有の「テューリーテーハウス」。マオリ族との和解の場

> 写真 10-17　ヘルダーランドトラスト（オランダ）所有の領主館

ランダ（写真 10-17），インドなどに存在する。そして3年に1回，世界会議が開催されている。

4．我が国における歴史的環境保全と市民活動の台頭

4.1　日本版ナショナルトラストをめざせ——「観光資源保護財団」の設立

　1968（昭和43）年12月，英国のナショナルトラストをモデルに財団法人観光資源保護財団が運輸省（当時）の認可により設立された。設立に尽力したの

は，元参議院議員で厚生大臣を務めた堀木鎌三であった。「歴史文化，自然を大事にする観光」を提唱して英国のナショナルトラストをモデルに設立したのである。しかし，当時の観光行政は運輸省観光部の主管であり，団体名には「観光」の文字が馴染むことから「観光資源保護財団」となった。広く一般に事業の内容がわかりやすく伝わる願いを込めて，愛称を「日本ナショナルトラスト」とした（後に正式名称を日本ナショナルトラストとした）。

広く国民が参加し，かけがえのない我が国の美しい自然と優れた歴史文化を守ることを目標に，会員カテゴリーとして個人，個人永久，団体，賛助の4つを設けた。組織の体制は，調査，保護，普及の3本の柱を設けて事業を推進するために，理事会，評議員会そして学者・研究者からなる専門委員会を設置した。運営は，各会費，企業からの寄付や財団法人日本船舶振興会からの助成金で行った。毎年，調査対象を約15～20件ほど専門委員会で選定し，調査を実施した。この中から保護を要する優れた対象を「保護対象」に認定し，必要な助成金を拠出している。第1号は「朱鷺の餌付の土地」（新潟県）や淡路人形浄瑠璃（兵庫県）他である。その後，白川郷合掌造り民家群（岐阜県），高山三之町（岐阜県）などを追加，最終的に約40件となった。

順調に事業を進めてきたが，英国のように保護対象を取得・保護するには至っていなかった。それは免税措置を受けていなかったからである。免税団体への道は遠かったが，長年の調査，保護，普及事業の実績に対して当時の大蔵省税制第3課が理解を示し，運輸省の力添えもあり，ついに免税団体である特定公益増進法人団体として認められた。会長は岸信介（元首相）であった。これにより，所得税，相続税などが免税となり，英国ナショナルトラストのように募金を集めて保護対象を取得したり，相続税の免除を受けて貴重な文化遺産などを取得・保存・活用したりすることが可能になった。

1985（昭和60）年からは文化財取得保護計画を開始し，白川郷合掌造り民家や歴史的鉄道車両，大平宿民家他の取得・保護対策を推進することになった。その結果，白川郷合掌造り民家2棟（岐阜県）と歴史的鉄道車両4両（トラストトレイン：静岡県大井川鐵道）を募金で取得し，それらの保護に成功している（写真10-18，写真10-19）。

写真 10-18　募金で取得した白川村合掌造り民家。村の皆様の協力，「結（ゆい）」で屋根葺きを行った

写真 10-19　募金による歴史的車両の保存である「トラストトレイン」計画は，我が国初の鉄道文化財の動態保存

　その後，免税特権を生かし相続税を免税にして「安田楠雄邸・庭園」（東京都指定名勝），譲渡所得税を免税にして「駒井邸」（京都市指定文化財），市民等の募金でJ. H. モーガン邸（藤沢市：取得後に焼失）を取得している。市民募金や行政からの補助金などで修理を行い，一般公開を行っている。まさに英国ナショナルトラストを手本とした保護対象の取得が実現したのである。
　さらに，英国シビックトラストから学んだまちづくりの思想に基づき，「歴史を生かしたまちづくり」を推進している市町村や市民団体と連携し，まちづくりの拠点として「ヘリテイジセンター」を建設した（写真 10-20）。財源は，

第 10 章　歴史的環境の保全とナショナルトラスト　199

> 写真 10-20　英国シビックトラストを範として「ヘリテイジセンター」を建設。まちづくりの拠点として好評

財団法人日本宝くじ協会の助成である。観光資源調査の成果を基に、「葛城の道」（奈良県御所市）、「飛騨の匠文化館」（岐阜県飛騨市）、「大乗院庭園文化館」（奈良市）、「長浜鉄道文化館」と「北陸本線電化記念館」（滋賀県）、「村上歴史文化館」（新潟県村上市）、「西条鉄道文化館」（愛媛県西条市）と合計 7 館が建てられた。まちづくり活動の拠点となっているほか、地域に合わせた資料展示やイベントも行っている。

　また、調査などの 3 本柱の仕事に留まらず、市民活動を結び付ける横軸を敷くことを目的にネットワーク活動も始めた。調査・保護対象のジャンルごとに団体、行政などからなるネットワーク事業を全国展開した。「日本鉄道保存協会」「茅葺きネットワーク」「鳴き砂ネットワーク」「全国近代化遺産活用連絡協議会」「ヴォーリス建築ネットワーク」「湘南邸宅文化ネットワーク」がそれで、事務局を財団内に置いて毎年、総会、全国会議、講演、シンポジウム、パンフレット発行などを行った。

　このように微力ではあるが、設立以来、地道な活動を続けてきた。歩んできた道のりは、英国ナショナルトラストの保護資産の所有・管理・公開という部分と、シビックトラストの市民協働による歴史を生かしたまちづくり的な部分の両面を備えた組織であった。まさに、英国政府文化部担当官のアドバイスの通り、英国ナショナルトラストの活動をそのまま導入するのではなく、シビッ

クトラストの活動要素をも併せ持つ我が国独自の歴史的環境保全団体へ進化したのである。現在は、保護資産の所有・管理・公開や東北復興にかかわる歴史的遺産の保護などを主眼に事業を行っている。

4.2 社団法人日本ナショナルトラスト協会の設立

英国ナショナルトラストの活動に大いに影響を受けて、自然保護を推進する立場から「ナショナルトラストを進める全国の会」が1983（昭和58）年に設立された。そのきっかけとなったのは、1982（昭和57）年の、「知床で夢を買いませんか？」で知られる知床一坪運動である。市民の募金で知床の自然地の保存を推進する計画であるこのアピールは、全国的に広がりを見せ、多くの募金者により、自然地の取得・保護が実現することになった。その先頭に立ったのは斜里町長の藤谷豊であった。朝日新聞が大々的に活動を紹介したことも功を奏した。このときに朝日新聞論説委員木原啓吉がいち早くこの運動を支援した。かねてから英国ナショナルトラスト活動を紙面で紹介するなど、歴史的環境の保全にはことのほか関心を示していた。そして次は、自然保護とばかり知床運動に力を注いだのである。また、「天神崎」（和歌山県）の買い取り運動も知床と並んでこのときに関心を集めている。そのためか、ナショナルトラスト運動は「自然海岸の買い取り運動」という一方的な方向性をたどることになった。確かに英国ナショナルトラストは、1965年から市民募金により美しい自然海岸を取得する「ネプチューン計画」を開始しているが、これがすべてではない。カントリーハウス、庭園、歴史的民家など、幅広く保護活動を推進しているのだ。

その後、「ナショナルトラストを進める全国の会」は、1992（平成4）年から「社団法人日本ナショナルトラスト協会」（当時、環境庁所管）として発足した。歴史的環境を保全する「妻籠を愛する会」なども参加して活動が活発化する。各地でナショナルトラスト的な活動を行う約30団体が加盟する形だ。同協会はセンターとしての機能を果たしている。結果として、日本には財団と社団の2つのナショナルトラストが存在する結果となった。ナショナルトラスト世界会議には双方が出席し、世界に向けて活動を紹介するとともに交流を行っている。しかし、英国型の法律に基づいた組織にはなっていない。

5．文化財保存は点から面へ
―― 重要伝統的建造物群保存制度のダイナミズム

　1975（昭和50）年，我が国において，歴史的環境を保全するうえで有効な制度が確立された。文化財を核に据え，地区を丸ごと守る仕組みである。英国のコンサーベーションエリアのような仕掛けである。いわば歴史的環境保全の切り札ともいえる制度だ。

　歴史的建造物の保存への関心は高く，国をはじめ市町村での指定は年々増えている。国指定文化財建造物だけでも3,000件を超えている。しかし，単体での保存では，建造物の周辺が開発されるなど，環境が変化するとその存在価値にも変化が生じることになる。そこで，歴史的建造物だけではなく，周辺環境も合わせて地区ごと保存する新たな制度が設けられたのである。それが，1975（昭和50）年に文化財保護法の一部を改正して創設された「重要伝統的建造物群保存制度」である。

　これまでの国指定文化財建造物は，その名の通り国が指定する形だが，重要伝統的建造物群保存地区制度では，国が指定するのではなく選定を行うことになっている。「伝統的建造物群保存地区」としての指定はあくまでも市町村が実施し，その後，国が優れた「伝統的建造物群保存地区」として選定することによって「重要伝統的建造物群保存地区」になるのである。

　保存地区の対象と種類は，集落，宿場の町並み，港町と結び付いた町並み，商家の町並み，産業と結び付いた町並み，社寺を中心とした町並み，茶屋の町並み，武家を中心とした町並みなどである。これらの保存地区には，伝統的建造物（建築物，工作物として門，塀など），環境物件（樹木，生垣など）が含まれている。保存地区内でこれらの建築物の外観や柱・梁といった軸部の修理・修景などを行う場合は，国，県，市町村から合計約8割の経費が補助され，所有者は2割負担という，世界に誇る優れた制度である。毎年，保存地区では2～3棟の建築物などの修理・修景事業が行われ，集落や町並みの景観の向上が図られている。

ちなみに 2016（平成 28）年 7 月の新規選定の時点で、全国で 112 カ所が重要伝統的建造物群保存地区に選定されている。制度ができて翌年の 1976（昭和 51）年に選定されたのは、「角館の武家屋敷」（秋田県）、「南木曽の妻籠宿」（長野県）、「白川郷の合掌造民家集落」（岐阜県）、「祇園新橋」と「産寧坂」（京都市）、「萩の堀内、平安古武家屋敷」（山口県）の 7 地区である（写真 10−21、写真 10−22、写真 10−23）。保存地区は、近年注目を集めている。それというのも、快適な住環境の保全が確立されるばかりか、観光資源として有効に活用されているからだ。例えば、白川村荻町の合掌造り民家集落では、合掌造り民家の他所への流出を防ぐことを目的に「荻町の自然環境を守る会」が先頭に立って保存運動を行い、「売らない、貸さない、壊さない」を合言葉に住民憲章をつくった。これに呼応して白川村は、伝建対策調査の結果を踏まえ、伝統的建造物群保存地区を指定した。これを国が選定し重要伝統的建造物群保存地区になった。
　その後、1996（平成 8）年、隣にある五箇山の合掌造り民家集落である相倉、菅沼合掌集落（富山県南砺市：いずれも重要伝統的建造物群保存地区）とともに、庄川流域文化のつながりで一緒に世界文化遺産にも登録されている。茅葺屋根の葺き替えや柱、梁などの軸部修理等には国、県、市、村からの補助金が当てられている。その結果、集落景観が整い、優れた歴史的環境が保全されている。当然、観光客が多く訪れており、年間約 200 万人を数える。特に、保存地区である白川村荻町には土産物屋、食堂、民宿などを中心に多額のお金が落ちることになる。合掌集落が重要伝統的建造物群保存地区に選定され、また世界文化遺産に登録されたことで全国的に注目され、観光資源となり、地域活性化を促し経済効果を生んでいるのである。
　これに似た現象は、各地で起こっている。重要伝統的建造物群保存地区に 1979（昭和 54）年に選定された高山市三町の商家の町並み、京都の産寧坂（三年坂）や祇園新橋の町並み、金沢の東茶屋や主計町の町並み、倉敷川河畔の町並みなどは、まさに観光資源として揺るぎない存在感を示している。いや、訪れた方々のほとんどが重要伝統的建造物群保存地区であることにお気づきではないと思われ、心配になってくるほどだ。
　重要伝統的建造物群保存地区への道は、なかなか険しい。学者・研究者によ

写真10-21 初めて重伝建に選定された萩の武家屋敷「平安古」地区。土塀が印象的

写真10-22 歴史都市京都には，重伝建地区が4カ所ある。おなじみの産寧坂の町並み

写真10-23 110番目に選定された重伝建地区。突き上げ形民家集落・上条（山梨県甲州市）

る保存対策調査から始まり，保存地区決定（都市計画決定）のための地区住民との合意形成，そのための懇談会，説明会などをこまめに重ねる必要がある。109番目に重要伝統的建造物群保存地区に選定された「更級の商都・稲荷山」（長野県千曲市）には，縁あってその調査から住民説明会や合意形成，地区決定などを行う保存対策委員会の委員としてかかわり，現在も伝建審議会の委員を仰せつかっている。稲荷山は，全国でも最速の3年で選定を実現させている。住民が善光寺街道の宿場町や絹織物で繁栄した町の歴史文化を今も誇りとして大切にしているという点がその根底にある。そのうえ，この熱意を千曲市担当者が上手く受け止めた結果，地区住民からの保存地区に向けた賛成割合は7割以上となった。この勢いが重要伝統的建造物群保存地区に導いたのだ。

　稲荷山の重厚な土蔵造りがずらりと並ぶ町並みは全国屈指の規模であるが，今日，空き家や景観を阻害する要素が多いのも事実である。しかし，住民と千曲市は，商業都市の復権をめざし，地域活性化の核として歴史的町並みを保存・活用する道に力を合わせて舵を切ったのである（写真10-24）。

　早速，伝統的建造物の修理事業が開始された。2014（平成26）年度に初めて1棟の土蔵造りの外観（ファサード）を修理したのである。経費は1,000万円（自己負担は200万円）。漆喰壁，柱，梁，建具などに手を入れた結果，見事に明治期の貫録を取り戻したのである。このままではもったいないとの声を受け，所有者はNPO法人を立ち上げ，まちづくり活動の一環として修理事業を開始

写真10-24　かつて善光寺街道の宿場町であった「稲荷山」は後年，商業都市として発展

した。しかも，修理してそのままではなく，商店街に活気を呼び起こす第一歩と位置付けた。それは，千曲市の伝統的な食べ物である「おやき」と稲荷山の名にちなんだ「いなり寿司」を製造・販売することである。疑心暗鬼で開店したら，「20年ぶりに町中に行列ができた」と千曲市担当者から電話があり，喜ばしく思った。何よりも実践が大事であり，そして主役は市民でなければならない。嬉しい悲鳴は今も続き，売り切れの毎日である。

現在，新たなプロジェクトが始まっている。歴史まちづくり法に基づく「歴史的風致維持向上計画」の策定である。2014（平成26）〜2015（平成27）年の2年間で調査をまとめ，国の認定を申請するものだ。内容は，重要伝統的建造物群保存地区「稲荷山」，重要文化的景観保存地区「姨捨の棚田」（名勝でもある：写真10-25），森将軍塚古墳（国史跡）など，市内の歴史的地区を重点地区として定め，「街並み環境整備事業」をはじめとした有効な歴史を生かしたまちづくり事業を導入し，歴史的風致形成建造物の修景，買収のほか，電柱の埋設など町の魅力を高めていく事業を推進するというものである。この事業の窓口は国土交通省である。先にも述べたが，重要伝統的建造物群保存地区や重要文化的景観保存地区，国指定重要文化財，史跡，名勝などがあれば重点地区を設定できるのだ。この点，千曲市は宝の山といえるであろう。なお，2016（平成28）年度に国の認定を受ける結果となった。

写真10-25　1,400枚を超える棚田が現存する「姨捨の棚田」は，国指定名勝と重要文化的景観保存地区に選定されている

実は，重要伝統的建造物群保存地区を擁する市町村はこぞって「街並み環境整備事業」などを行っている。金沢市，高山市，萩市，亀山市は事業が開始された2009（平成21）年に手を挙げている。その後もこの事例は増加傾向にある。文化庁に比べ予算規模が大きいという点も，歴史的環境保全策には有効なのである。

6．都市計画の視点で歴史的環境を保全する
──「歴史を生かしたまちづくり」の元祖・横浜市

歴史まちづくり法以前に，文化財保護条例に基づく歴史的環境の保全ではなく，都市計画の視点から歴史的環境の保全を早くから推進してきたのが，横浜市都市整備局都市デザイン室である。1988（昭和63）年に定めた「歴史を生かしたまちづくり要綱」がそれだ。狙いは，「市民が横浜の歴史性を実感しながら明るく楽しく歩ける街」である。要するに横浜らしい都市景観の創出である。横浜市はこれを都市デザインと位置付けたのである。そのため，横浜らしい都市景観の形成に必要な歴史的建造物をとことん残す方針を決めている。具体的な取り組みとして，市内の歴史的建造物や土木遺産，近代化遺産を含む歴史的建造物等の調査を行い，その結果をもとに保全対策を実施している。そして，歴史的建造物等の登録・認定制度を設けて，資金面での助成制度を基本に積極的な保全策を行っている。

要するに口も金も出し，横浜らしい都市景観を大切にしているのである。現在，登録建造物190件，認定建造物90件である。認定するには，所有者との合意形成が不可欠であり，粘り強い対応が必要になる。認定後は，毎年管理費が助成されるほか，認定建造物を修理する場合は，鉄筋コンクリート造など6,000万円，木造1,000万円を限度として補助金が拠出される。

認定建造物第1号の修理は馬車道の日本火災ビル（当時）で，隣接する神奈川県立博物館（旧横浜正金銀行：国重要文化財）との景観融合を図るために歴史的建造物の外観を残し，新たなビルを建設している（写真10-26）。所有者や商店街との合意形成や建築業者との調整に時間をかけ，信頼関係を築いたうえでの修景事

業となった。結果，馬車道の歴史的環境を保全することに成功している。

これを皮切りに，ドックヤードガーデン（三菱2号ドックの保存再生），汽車道（旧国鉄横浜臨港線のプロムナード化：写真10-27），赤レンガ倉庫の保存（写真10-28），山手の西洋館「231番館」の買い取り保存（マンション業者から21億円で買い戻す），横浜港の原点である象の鼻の復元（開港150周年を記念して安政6年の開港当時の姿に復元），新川邸の保存（茅葺屋根の復元）ほか，多くの歴史的建造物や土木遺産の保存を行い，歴史的環境の保全・維持・向上に努めて

写真10-26 外観を保全して新築ビルを立ち上げた馬車道のビル

いる。これらの事業は，公益社団法人横浜歴史資産調査会（愛称ヨコハマヘリテイジ）と連携して，市と民間団体が両輪となって実施している。ハード事業のほか，セミナー，講演会，シンポジウム，見学会，『都市の記憶』や横浜新聞の出版物の発行など，市民を巻き込んだ啓発事業も行っている。

写真10-27 旧国鉄横浜臨港線は近代化遺産の宝庫。赤レンガ倉庫へのプロムナードとして整備

> 写真 10-28　横浜市認定歴史的建造物「赤レンガ倉庫」は明治末期の建造

　なお，新たに歴史的環境保全を目的に「歴史を生かしたまちづくりファンド」を推進中である。

　歴史的環境の保全を睨んだ都市デザインの創出のための施策は，日米修好通商条約（安政6年）を基に開港した神戸市，函館市，長崎市にも波及している。現在，新潟市も加わり，開港5都市景観会議を通じて歴史的環境保全にかかわる情報交換や交流を推進している。この結果，「横浜」はブランドになった。

7．おわりに

　以上，おおまかに我が国の歴史的環境保全の道のりやさまざまな事例を紹介したが，時を経てもまだまだ手探りの状況に変わりはない。ただ，市民活動は活発化しており，国の各省庁による各種の制度も増え，それに伴い歴史的環境の保全への関心が高まりつつあるのも確かだ。歴史的環境の保全活動は，未来永劫，人類にとって大きな課題であり続けるだろう。しかし，いつの時代も主役は市民であることを忘れてはならない。そのうえで，行政，専門家，企業などが一緒に力を合わせて保全活動を推進し，先進地との交流や情報交換を積極的に行い，合わせて有効な方策を活用することで，将来にわたる有益な歴史的環境の保全を図ることが可能になると確信している。本章がこれを実現する一助になれば幸いである。

参考文献

AMR編・(財)せたがやシビックトラスト協会監修(1991)『まちづくりとシビック・トラスト』ぎょうせい。

文化庁文化財部参事官(建造物担当)(2015)『歴史を活かしたまちづくり——重要伝統的建造物群保存地区109』。

米山淳一(2007)『「地域遺産」みんなと奮戦記——プライド・オブ・ジャパンを求めて』学芸出版社。

米山淳一(2012)『歴史鉄道 酔余の町並み』駒草出版。

米山淳一(2016)『続・歴史鉄道 酔余の町並み』駒草出版。

ロビン・フェデン,四元忠博(1984)『ナショナル・トラスト——その歴史と現状』時潮社。

第IV部

法と経済から環境問題を考える

富山市におけるコンパクトシティ構築の柱となっている新型路面電車・LRT。少子高齢化の進行など日本の経済・社会構造が変化していく中で,環境負荷の低減と生活の質の向上を実現するためのまちづくりが各地で模索されている。

第11章 「環境」と「法」の変容

大藤紀子

第11章の学習ポイント

◎法において，環境と人（人間）との関係がどのように変容してきたかを学ぶ。

◎欧州人権裁判所の判例を通じて，環境に対する権利を具体的に保障するためにはどのような方法がありうるかを学習する。

◎環境を適切に保護するために，一般市民に対して，環境に関する情報へのアクセスを保障したり，意思決定手続に参加する機会を与えたりすることが，国際法やヨーロッパ法において重視されるようになっていることを理解する。

1．はじめに

　現在，「環境」をめぐる議論が盛んであるが，それは地球規模的，全人類的な射程からの問題意識に支えられていることに深く関連している。かつては地域的な汚染のような「公害」，そして一定のエリアにおける「環境破壊」という語で表されていたものが，次第に地球環境さらには地球規模の生態系（エコロジー）までの広がりを持った議論，「宇宙船地球号」といった地球存亡にかかわる議論，あるいはまた環境問題を離れ，現代人のライフスタイルを問題とする議論となっているのである。

　そもそも自然は，行為主体としての人間の（自然に対する）優越性を前提に論じられていた。「知は力なり」とするフランシス・ベーコンの言葉を引き合いに出すまでもなく，人間は自然を制御し，それを人間の物質的利益に役立て

ようとする功利主義（Utilitarianism）や，人間中心主義（Anthropocentrism）は，あきらかに自然に対する人間の優位から議論を展開している。

その流れからするならば，われわれ人間は，環境を体験し，あるいは環境から享受し，また環境に手を加える権利を有していると考えられる。そして，主体としての人間は，その権能の範囲において環境を適切に扱い，生じた結果に対して責任をとることが前提とされているのである。しかし，現在行われている環境をめぐるディスコースは，そうした前提を超え出ている。むしろわれわれは環境と共に生き，それに対する責任は当事者から離れ広く全人類に及び，事故は未然に防ぐことが求められている。

つまり，環境の問題には，これまで法が前提としてきたさまざまな枠組みでは捉えきれない議論が垣間見える。そこで本章では，この点に留意しながら，環境をめぐる法のいくつかのトピックスに言及し，その特徴を示していく。

2．「環境」の議論がもたらした変容

2.1　「環境」の位置の変更——対象から主体へ

1949年，アメリカの森林局に勤めた後にウィスコンシン大学教授となったアルド・レオポルド（1887〜1948）は，その著書『砂土地方の暦（A Sand County Almanac）』の最後のエッセーで，「土地倫理（Land Ethics）」の必要を主張している。彼は，人間の倫理の対象，すなわち倫理の働く場としての「共同体」の枠組が「土壌，水，植物，動物もしくはこれらを総称した土地にまで拡大」されなければならないとする。そのうえで，「土地」を支配や征服の対象としてではなく「愛情，尊敬そして称賛」の対象と見なすことを通じて，同じ土地に生きる仲間やその所属する共同体に対する愛情の醸成が可能になると説明する[1]。ここでは，「土地」という環境に向かう意識が，倫理的生活を実現するための人間の内的条件として考えられている。

第二次世界大戦後は，さらに「権利」の認識が高まる。すなわち生物学者レイチェル・カーソンは，1960年代，『沈黙の春（Silent Spring）』において，DDTなどの農薬で使用されている化学物質の危険性を指摘しつつ，「毒物から

の自由」を個人の権利として主張した[2]。つまり，環境は人間の行為の対象であるにとどまらず，人間の権利の前提として議論されることとなる。

　1972年，クリストファー・ストーンは，「木は法廷に立てるか」というタイトルの下に，自然物そのものの法的権利を主張した[3]。ストーンのこの論文は，その後の国内外の環境保全運動や産業開発の無効を訴える環境訴訟に関する学説に大きな影響を与えた。ここでは，自然の生物種も生存の権利を有するという指摘がなされる。これは，自然に対する支配者としての人間中心主義に対する反省に由来する。さらに，地球上から生物種を絶滅させてはならないという大命題から，人間ではないもの，人間の手の範囲に及ばないものにも権利能力を認めようという理解が広げられた，その延長として理解されよう。こうした権利主体の変更により，従来法的議論において扱われてこなかった「主体」による「権利の要求」が可能とされた。

　こうして環境は，人間の所有物としての法益の対象となるという理解をはるかに出て，これまで対象であったものが主体へと，その位置付けを変えるに至ったのである。

2.2　射程の拡大

　人類が発展させたさまざまな技術とその革新は，それを開発して用い，そこから利益を得た当事者たる世代を越えて，長期に，場合によっては永続的ともいえるほどの影響を環境に対して与えうるものとなった。こうした影響について，その原因にかかわった世代が，結果に対する責任を全うすることはできない。かかる世代（加害者）と，その世代においてなされた決定の影響を享受する世代（被害者）との間で，仮にいかに明白な因果関係が証明されようと，責任を何ら具体的に追及することができない事態が，容易に予想される。また，場合によっては，生じた事故の及ぼす影響が壊滅的な場合，もはや被害者は生存しえない状況すら想定しうる。

　このように加害者と被害者との間で何ら接点を想定しえない事態，あるいは人類の存亡にかかわる事態を招来させる可能性をまえに，従来の理論的な射程ではおよそ収めることのできない問題が発生する可能性が生じた。

こうした理解から，未来の世代に対する（生存条件を保証するという）責任は，現在の世代から論じられることとなる。現在の世代が，未来の世代の生存を脅かすないしはその可能性を狭めるようなことをしてはならない。すなわち，未来の環境は，現在の生活を犠牲にしても保全しなくてはならない。ここでは責任の及ぶ範囲が，世代を越えて，または世代をまたがって考えられることとなる。

そこでは，現存する個人の生存が問題にされているのではなく，「人類」の存続が問題となっている。もはやその時代のその場所に存する「当事者」の問題ではない。時代を越えて，この地球に棲まう「全人類」の問題なのである。

1972年にストックホルムで提唱された「国連人間環境宣言（UNCHE）」は，その第1原則を次のように掲げている[4]。すなわち，「自然の環境と人が作り出した環境」が，「ともに人間の福利および基本的人権ひいては生存権そのものの享有にとって不可欠」であり，「人は，自由，平等，満足な生活条件，尊厳と幸福の中で生きることを可能にする環境に対して，基本的権利を有するとともに，現在および将来の世代のために環境を保護し改善する厳粛な責任を負う」とする。

さらに，この国連人間環境宣言に示された環境に対する視座は，1987年，「国連の環境と開発に関する世界委員会（WCED，いわゆるブルントラント委員会）」による，「地球の未来を守るために（Our Common Future）」と題された報告書に引き継がれた。同報告書では，開発における「持続可能性」の概念が導入され，現在の世代が，将来の世代の生存条件を損なってはならないという，責任の通時性が確認されている。

このように環境問題は，<u>全人類</u>に課せられた問題であり，またそれに対する責任は<u>時代を越える</u>ものとされた。

2.3 「環境」と国家の責任

そもそも近代法は，国家に対して，国際法上定められた他国の権利を侵害しない限り，自国の領土内における天然資源の管理を国家主権の1つとして認めてきた。

それに対し，先に引用した「国連人間環境宣言」は，国家の責任について次のように書いている。すなわち，まず地球資源の有限性について，「再生不可能な地球の資源は，その将来の枯渇の危険から保護し，その利用の恩恵がすべての人類にひとしく享受されることを確保するような方法で，利用されなければならない」（第5原則）とし，そのうえで主権国家に向け，「自国の管理下や支配下にある活動が，他国の環境のみならずいずれの国にも属さない国家の領域を越えた地域に対する環境に損害を与えないよう，確保する責任を負う」（第21原則）とする。

このように，資源の有限性，また地球における生態系の閉鎖性・相互依存性の認識は，外部に無限に開かれたことを想定した諸活動に変更を余儀なくさせる。すなわち，地球の有限性という現実の中で，生態系の保全が第1目標とされ，進歩より配分が，発展における絶対値より持続可能性が問題とされるようになる。

国家の責任についてのこの言及は，理念的にせよ，こうした近代法の主権国家の権利に対する大きな制約となる。すなわち，軍事目的にせよ，経済目的にせよ，主権の領域に属する国家の行為を制約することは，かつては基本的に不可能であった。しかしこうした行為も，環境が問題である場合，かかる制約と責任のもとに置かれるとみなされることとなった。

3．権利の「実体的保障」のヴァリエーション

3.1 憲法における「環境」

国家の法秩序において一般に最高規範の位置付けを有する憲法において，環境に関する規定を導入したのは，第二次世界大戦後から今日までに植民地支配から独立した諸国である。これらの諸国は，独立後，自国領域内の天然資源や自然環境をかつての宗主国やそれ以外の諸外国および海外企業から守る必要がにわかに生じたため，いち早く憲法において環境に言及することとなった。現在，国連に加盟している193の国々のうち，143カ国の憲法が何らかの形で環境に対して言及しているといわれる。

それ以外の諸国も含め，憲法改正を通じて，環境への言及ないし「環境に対する権利」の導入を行った例として，次のような規定が挙げられる[5]。

①南アフリカ共和国憲法（Act 108）（1996，アパルトヘイト政策廃止後の憲法）
　第24条
　「すべての人の権利」として，(a)「その健康や良好な生活を害しない環境に対する権利」を定め，すべての人は，(b)「現在および将来の世代の利益のために，(i)汚染およびエコロジーの低下を未然に防止し，(ii)保全を促進し，(iii)正当化可能な経済的社会的開発を促進すると同時に，エコロジーの観点において持続的な開発および天然資源の利用を確保するための，合理的な立法およびその他の措置を通じて，その環境を保護される権利を有する。」[6]

②ノルウェー王国憲法（1814，1992年改正による）
　第110（b）条
　第1項「すべての人の権利」として，「健康および生産性や多様性が保持される周囲の自然に資する環境に対する権利」を定め，「天然資源は，包括的，長期的な考慮に基づいて利用されなければならず，上記権利は，将来の世代に対しても同様に保障される。」[7]
　第2項「前項の定める権利を確保するため，市民は，自然環境の状態および計画され，現に実施されている自然に対するあらゆる侵害がもたらす効果について，情報を得る権利を有する。」
　第3項「国家機関は，これらの原則の実施についての規定を定める。」

③チリ共和国憲法（1980）
　第19条8項
　すべての者に「汚染のない環境の下で生活する権利を確立する。その権利の保障が侵害されないよう監視し，自然を保全することは，国家の義務である。法律により，環境保護のために，一定の権利または自由の行使に対し，特定の制限を定めることができる。」[8]

④ブータン王国憲法(2008)

　第1条の12

　「鉱物資源,河川,湖水,森林に関する権利は国家に帰属する国家の財産であり,法律によって規制されるものとする。」

　第5条

　第1節「すべてのブータン人は,現在および将来の世代の利益に資するための,王国の天然資源及び環境の受託管理者であり,全ての国民は,環境に優しい慣行や政策の採用や支持を通じて,自然環境の保護,ブータンの豊かな生物多様性の保全,騒音,風致公害や物理的汚染を含む,あらゆる形態の生態劣化の防止に貢献する基本的責務を負っている。」

　第2節「王国政府は,以下のことを行わなければならない。」
(a) 原初の環境に対する保護,維持および改善,並びに国内における生物多様性の保護
(b) 汚染および自然環境劣化の防止
(c) 無理のない経済成長および社会発展を推進しつつ,生態学的に均衡のとれた持続可能な開発を確保すること
(d) 安全で健康的な環境の保障。

　第3節「政府は,国内の自然資源を維持し,生態系退化を防止するために,ブータン全国土の60パーセントを最小限として,常に森林に覆われている状態が維持されていることを保障する。」

　第4節「議会は,自然資源の持続可能な使用を保障し,世代間の公平を維持し,生物学的資源に対して国家の主権的権利を再確認するために,環境法規を制定することができる。」

　第5節「議会は,国土のいかなる一部についても,これを国立公園,野生生物保護区,自然保護区,森林保全区,生物圏保護区,重要流域およびその他保護に値する分類の地域として,法律により宣言することができる。」[9]

⑤ケニア共和国憲法（2010）

第42条

「すべての人は，健全で健康な環境に対する権利を有する。それには，以下の権利が含まれる。

(a) 現在および将来の世代の利益のために，とりわけ第69条に定められた立法その他の措置を通じて，環境が保護される権利，
(b) 第70条の定める環境に関する義務の遂行を求める権利。」

第69条

第1項「国家は，

(a) 環境および天然資源の持続可能な開発，利用，管理および保全を確保し，発生する利益の公平な分配を保障しなければならない。
(b) ケニア領土の少なくとも10％が樹木で覆われるよう，その達成と維持に努めなければならない。
(c) 生物多様性および共同体の遺伝子資源の知的財産権およびその土地に固有の知識を保護し，強化しなければならない。
(d) 環境の管理，保護および保全において公衆の参加を奨励しなければならない。
(e) 遺伝子資源および生物多様性を保護しなければならない。
(f) 環境影響評価，環境の検査，モニタリングの制度を確立しなければならない。
(g) 環境を危険にさらしかねない手続や行為を抹消し，
(h) ケニア人民の利益のために環境や天然資源を利用しなければならない。」

第2項「すべての人は，環境を保全し，エコロジー上持続可能な開発と天然資源の利用を確保するため，国家機関と協力する義務を有する。」[10]

　こうした憲法上の規定は，環境を保全するにあたり，たしかに国家や人の責務を確認する意味がある反面，例えば「健康およびその生産性や多様性が保持される周囲の自然に資する環境に対する権利」など，権利内容の内実が明確でないものが多い。その結果，解釈にかなりの幅が生じ，立法や行政の裁量の範

囲を広くさせている[11]）。また，それらの権利にはしばしば裁判規範性が付与されていないことがある。こうしたことから，かかる規定は，単なる政治的綱領ないしはプログラムとして機能するにとどまり，その意味で未だ憲法上の権利として不十分ともいえる。

3.2 「人権のグリーニング化（環境志向化）」による保障

今日，「環境」という言葉そのものも内容は多岐にわたり，また実体的な意味で，その「環境」に対する権利として，世界中で一律に承認されているものは目下のところ存在しない。環境を保全される権利を確保する国家間の一律の条約ないし国際協定，あるいは憲法上の統一的な規定は，まだ確立されていない。

こうした環境に対する権利を法的に保障するための1つのやり方として，欧州人権裁判所が用いているような，いわゆる「人権のグリーニング化」がある。これは，「環境に対する権利」という特別の人権をあえて設けることなく，既存の人権の具体的な保障にあたって，環境保護の要請を付け加える方式である。

欧州人権裁判所は，欧州審議会（Council of Europe）の下で，1948年に締結された欧州人権条約上設けられた裁判所である。ちなみに欧州人権条約への批准は，ヨーロッパでは，新規加盟国がEUに加盟する際の要件となっており，すべてのEU加盟国が欧州人権条約の批准国でもある。欧州人権条約には，環境への実体的権利を含め，環境に関する権利に対する一切の言及はない。

そこで欧州人権裁判所は，環境のための権利の内実を保障するために，人権条約上の他の人権を援用することをもって対応する。そこで用いられた人権，および関連して下された判例には，以下のものがある。

（1）第8条——私的生活，家族生活，住居の尊重を受ける権利
① 2003年7月8日の *Hatton v. U. K.* 事件判決（[GC], *Reports of Judgments and Decisions* 2003-VIII）

ヒースロー国際空港における航空機の夜間飛行の騒音が，周辺住民の「健全かつ静寂な環境に対する権利」を害するかどうかが争われた事件。ヒースロー

空港の日中の航空機騒音被害に関して，すでに 1990 年 2 月 21 日の *Powell v. U. K.* 事件判決（Series A no. 172）において，欧州人権裁判所は，欧州人権条約第 8 条が保障する「私的生活の尊重を受ける権利」を根拠に，「申立人の私的生活の質およびその家庭生活の場での快適さを享受する機会は，ヒースロー空港を利用する航空機が生み出す騒音によって不当に侵害されていた」（§ 40）と判断している。*Hatton* 事件において，欧州人権裁判所は，「健全かつ静寂な環境に対する権利といったものは明示的には存在しないが，ある個人が，騒音または他の汚染によって，直接かつ深刻に影響を被る場合，第 8 条下の問題が生じうる」（§ 96）とした。

②1994 年 12 月 9 日の *López Ostra v. Spain* 事件判決（Series A no. 303-C）；1998 年 2 月 19 日の *Guerra and Others v. Italy* 事件（Reports of Judgments and Decisions 1998-I）

同様に，なめし革工場の廃棄物が放つ臭気に関する *López Ostra v. Spain* 事件判決および化学工場による有害物質の放出に関する *Guerra and Others v. Italy* 事件において，欧州人権裁判所は，こうした産業汚染をめぐって，「深刻な環境汚染は，個人の福利を害し，不当にその私的生活および家族生活を侵害する形で，その家庭生活の場を享受することを妨げかねない」（§ 60）とし，人権条約第 8 条は，こうした深刻な環境汚染から保護される権利を含むとした。

③2004 年 11 月 16 日の *Moreno Gomez v. Spain* 事件判決（ECHR 633）

その他，バーやディスコ店の騒音に関する *Moreno Gomez v. Spain* 事件判決では，やはり第 8 条を根拠に，「個人は，単に現実の物理的な空間に対する権利だけでなく，その空間を静寂の中で享受する権利を意味する，家庭生活の場の尊重を受ける権利を有する」と判断し，個人は「騒音，排気ガス，臭気……などの非物理的，非身体的な侵害」からも保護されると判断した。

なお，2008 年 2 月 26 日の *Fägerskiöld v. Sweden* 事件判決（application no. 37664/04）では，風車による風力エネルギーが環境に重要であるとし，「深刻な

環境汚染の限界値」を超えない風車の騒音は，条約違反とはならないと判断した。

（2）人権を制約する「一般利益」としての環境

　欧州人権裁判所は，以上のように欧州人権条約第8条の規定する私的生活を尊重する権利を通じて，環境に対する権利の保護に当てている。それ以外の判例では，環境を「一般利益（general interest）」として捉え，個別の事件で個人の権利を制約する要素として用いている。すなわち，環境保護は，欧州人権裁判所にとって，「『一般利益に適う』正当な目的」であるとする[12]。例えば第1付属議定書に定める財産権に対抗して，「自然と森林の保護」は，「申立人に課せられた制限の目的」であり，「当該付属議定書〔第1議定書〕第1条第2項にいう一般利益の枠内に入るもの」とされる[13]。こうしたアプローチは，建築許可などをめぐる財産権に関する事件に多く利用されている[14]。

　環境保護を個別人権の制約原理とする場合にも，制限の度合いの合理性は，比例原則（達成されるべき目的とそのための手段となる権利・利益の制約との間の均衡を要求する原則）によって判断される。また締約国は，環境保護を理由に人権を制限する措置を講じる前に，環境保全のための手段をあらかじめ尽くしていなければならないとされる。欧州人権裁判所は，例えば2007年12月6日付 Z. A. N. T. E. -Marathonisi A. E. 事件で，締約国が「アカウミガメ（"caretta-caretta"）の保護を目的に」，財産権に対して「厳しい制限」を課す際に，「所轄機関が当該目的の実現を危険にさらす活動に対して必要な措置を講じることを怠った場合には」，当該制限措置は「非合理的」であると判断されるという[15]。

4．手続とリスク[16]

4.1　環境に関する手続的権利と予防原則──国際法上の対応

　国際法上，1980年代までは，環境に対する実体的・主観的権利や責任に言及されることが多かったものの，1990年代になると，手続的権利の保障に力

点が置かれるようになる。

　1992年、ブラジルで「環境と開発に関する国連会議（United Nations Conference on Environment and Development : UNCED）」が開催され、27の原則からなる「環境と開発に関するリオ宣言」、その行動計画である「アジェンダ21」などが採択されたほか、気候変動枠組条約および生物多様性条約が署名に付された。

　リオ宣言では、「環境」に対する定義は施されず、また環境に対する実体的権利にも言及がなく、環境保護と開発の問題との相互連関性が強調され、「開発の権利は、開発の必要と現在および未来の世代の環境の必要を公平に充たすように実現されなければならない」（第3原則）と規定された。一方で、リオ宣言は、第10原則で環境に関する手続的権利につき、次のように述べている。

　　環境問題は、関連レベルにおいて関心のあるすべての市民の参加があってはじめて最も適切に扱うことができる。国内レベルでは、各個人が、公的機関が有する環境に関する情報（自分たちの社会における有害な物質および活動に関する情報を含む）への適切なアクセスと、意思決定手続への参加の機会が与えられなければならない。各国は、情報を広く得られるようにすることにより公衆による啓発と参加を促進し、かつ奨励しなければならない。司法および行政の手続（賠償および救済を含む）に対する実効的なアクセスが提供されなければならない。

　この原則を受け、1998年には、国連欧州経済委員会（United Nations Economic Commission for Europe : UNECE）により、「環境に関する、情報へのアクセス、意思決定における公衆参画、司法へのアクセスに関する条約（オーフス条約）」が定められた。例えば、その第6条第2項は、「『関心をもつ公衆』は、公告によるか、もしくはそれが適切であれば個別に、環境に関する意思決定手続の初期に、かつ、適切で、時宜を得て、効果的に、とりわけ、以下のことを知らされねばならない」として、「活動の計画」、「決定見込みもしくは決定草案の内容」、「予定される手続き」等を挙げている。ECも、1998年のオーフス条約に署名し、2005年に批准している。

1992年のリオ宣言は，手続的権利と並んで，予防原則を定式化したことでも知られている。その第15原則は，「環境を保護するため，国家により，予防的アプローチがその能力に応じて」適用され，「深刻なまたは回復不可能な損害が存在する場合には，完全な科学的確実性の欠如が，環境悪化を防止するための費用対効果の大きい対策を延期する理由として使用されてはならない」と定めている。予防原則とは，このように将来における深刻な環境侵害が予測される場合に，確実な科学的根拠がないにもかかわらず，損害を回避するために，所轄公的機関が何らかの予防的措置をとらなければならないとする原則である。こうした予防的措置は，起こりうる環境または健康に対する侵害のリスクを回避するための法的措置にほかならない。

　手続的権利の保障は，予防原則の適用に際して，なおさらその重要性を増大させる。すなわち，予防原則の適用に際しては，環境や健康の侵害を予防しうる一方，措置を講じることにより，経済的自由のほか別の重大な人権の制約や不利益が一般市民に及ぶことも起こりかねない。すなわち「リスク回避」のための特定の措置の「選択」は，新たな別のリスクを生じさせる。しかも回避のために選択された手段の有効性，適切性は，比例原則などによって事後的にしか判断できないのである。

　手続的権利の保障は，いうなればリスク回避措置の是非とその結果の受容可能性の判断を一般市民に（部分的にせよ）委ねることを意味する。重大で予測不可能なリスクに対しても，知り得ない結果に対する「選択権」，すなわち「環境侵害リスクの受容可能性」にかかわる判断を一般市民に委ねることを意味している。具体的には，特定の行動が環境に対しどのような影響を与えるかという環境アセスメントに始まり，一般市民に情報アクセス権を与えることで，こうした環境にかかわる政策についての透明性を確保し，決定手続への参加権を与えることによって，環境侵害に対するリスクを受容する／しないという決定を行為者や公的機関が独占するのではなく，一般市民にその選択権を担保することが目されている。

4.2 国家の未然防止義務と手続的性質の義務
―― 欧州人権裁判所を例に

(1) 国家の積極的な人権保護義務(未然防止義務)

　欧州人権裁判所の判例によれば，第8条を媒介に保障される環境のための権利を保護する場合に，国家は「合理的かつ適切」な措置を講じなければならない[17]。国家がそうした「積極的な人権保護義務」を講じる際に採択しうる手段については，原則として国家に選択権が認められている。なぜなら，「締約各国の機関は，直接の民主的正当性を有し，……原則として地域の要請や条件を評価するのに，国際裁判所よりもよりよい立場にある」からである[18]。国家の選択によって具体的な措置が採択された暁には，欧州人権裁判所が相反する利益の間に「公正な均衡が図られたか否か」を，目的との関係で事後的に判断する(比例原則)。

　他方で，第2条に保障されている生命に対する権利に関して，欧州人権裁判所は，次のように判断している。すなわち，条約第2条は，国家に対し「自らの管轄に属するあらゆる者の生命を保護するために，適切な措置を講じる積極的な義務を規定している」。「この義務は，公的であると否とにかかわらず，生命に対する権利にまつわるあらゆる活動との関係で生じると解されなければならず，廃棄物集積所の営業のように，まさにその性質上危険な産業の行為においては，なおさらのことである」とされる。また「第2条の目的において，生命を保護するためにあらゆる適切な手段を講じる〔国家の〕積極的な義務は，何よりも生命に対する権利への脅威に対抗する，有効な防止措置を提供する立法上または行政上の枠組を実行する国家の第一義的な義務を含むものである」[19]。その立法上または行政上の規制措置は，問題となった行為の個別的な特徴，特にリスクの度合いに適合していなければならない。欧州人権裁判所は，2004年11月30日付 *Öneryildiz v. Turkey* 事件において，適切な時期にトルコが廃棄物集積所にガス抜き装置を設置していれば，住民の生命を助けられたはずであるとする。このように国家が必要なあらゆる措置を講じなかった場合には，生命に対する権利(第2条)を侵害したことになり，その責任が追及される。

（2）手続的性質の積極的義務

　欧州人権裁判所の判決の中には，環境に対する権利が，有害な結果のリスク，潜在的な危険回避の問題として捉えられている例がある。しかし予防原則の承認に関しては，なお消極的である。1997 年 8 月 26 日付の *Balmer-Schafroth and others v. Swiss* 事件において，欧州人権裁判所は，申立人は「個人的に，重大であるのみならず，同時に明確であり，とりわけ切迫した危険にさらされていること」を論証しなければ，予防的措置は講じられないと判断している[20]。この事件は，原子力発電所の運営における放射能汚染のリスクに関連したものであった。Pettiti 裁判官ほか 7 人の裁判官の少数意見は，多数意見にしたがえば「地域住民は……訴えを提起する資格を得るには，まず放射能を浴びなければならなくなるではないか」と質し，予防原則の導入を求めている。

　他方で，欧州人権裁判所は，第 8 条が環境に対する権利の媒介として機能する場合に，同条が明示的に手続的な条件を含んでいないにもかかわらず，手続的性質の積極的義務を国家に対して課している。具体的には，環境アセスメントの実施と公聴手続，一般市民への情報提供の手続である。

　まず環境アセスメントの実施によってリスクが裏付けられる場合には，第 8 条の適用により環境に対する権利が保護されるという。2004 年 11 月 10 日付の *Taşkin and others v. Turkey* 事件では，金鉱の開拓に際し，金の抽出にシアン化ナトリウムを使用するリスクにつき，裁判所は，「環境アセスメント手続において，当該個人がさらされる可能性のある行為の危険な帰結が，条約第 8 条の目的における私的生活および家族生活との間に十分に密接な関係が確立できるような形で，明らかにされた場合にも」，「第 8 条は適用される」と判断している。そのように解釈するのでなければ，「第 8 条第 1 項に基づいて申立人の権利を保護するために合理的かつ適切な措置を講じる国家の積極的な義務は，無益となってしまう」という[21]。

　次に，公聴手続に関して，欧州人権裁判所は，環境問題については「介入措置を導入する政策決定手続は公平なものでなければならず」[22]，「環境を破壊し個人の権利を侵害する可能性のある行為の帰結を未然に予測し評価しうるよう，適切な調査や研究がまず実施されなければならない」とする[23]。また，より一

般的に「決定手続全体にわたって個人の視点が考慮される」よう要求している。欧州人権裁判所によれば，国家の保持するデータが「決定すべき事項に関し，それぞれすべての側面において包括的かつ予測可能」でなくとも，そうした手続を踏めば，国家は一定の措置の採択を決断できる[24]。

　最後に，手続的性質の積極的義務は，汚染の危険，あるいは深刻なリスクについて一般市民に情報を与える義務として捉えられている。一般市民への情報アクセス権の保障である。関係者は，その情報によって，自らが受けるリスクを評価することができる。この権利は，生命に対する権利，私的生活および家族生活を尊重される権利，財産権のいずれにおいても確保されなければならない。このうちの生命に対する権利につき，危険な活動がかかわる場合において，一般市民は「明確かつ網羅的な情報へのアクセス権が基本的人権として」保障される[25]。また財産権については，「すべての関連する適切な情報」が通知されなければならない[26]。

　以上に見られるように，欧州人権裁判所は，権利を通した（拡張的）応用をもって現状に適応しようとしているといえよう。

【注】

1）Aldo Leopold, *A Sand County Almanac — and Sketches Here and There*, New York, Oxford University Press, 1949, pp. 203-204.〔新島義昭訳（1997）『野生のうたが聞こえる』講談社学術文庫〕

2）Rachel Carson, *Silent Spring*, London, Penguin Books, 1962, p. 29.〔青樹築一訳（2001）『沈黙の春』新版，新潮社〕

3）Christopher D. Stone, Should Trees Have Standing? — Toward Legal Rights for Natural Objects, California, *California Law Review*, vol. 45, pp. 450-501, 1972. http://isites.harvard.edu/fs/docs/icb.topic498371.files/Stone.Trees_Standing.pdf.〔岡嵜修・山田敏雄訳（1990）「樹木の当事者適格——自然物の法的権利について」『現代思想　特集：木は法廷に立てるか』1990年11月号，青土社，58〜98頁〕

4）国際法上の取り組みとしては1966年の「経済的および社会的権利に関する国際人権規約」（社会権規約）第12条が，「すべての者が到達可能な最高水準の身体および

精神の健康を享受する権利」を認めつつ、その脈絡で「環境上のおよび産業上の衛生の改善」に言及している。

5) Stephen J. Turner, *A Global Environmental Right*, pp. 63-66.; D. R. Boyd, *The Environmental Rights Revolution－A Global Study of Constitutions, Human Rights, and the Environment*, UBC Press, Vancouver, 2012, pp. 53-57.

6) www.gov.za/sites/www.gov.za/files/images/a108-96.pdf からの翻訳（2016年7月閲覧）。

7) www.servat.unibe.ch/icl/no00000_.html からの翻訳（2016年7月閲覧）。

8) confinder.richmond.edu/admin/docs/Chile.pdf からの翻訳（2016年7月閲覧）。

9) 諸橋邦彦「ブータン王国新憲法草案の特徴及び概要」『レファレンス』2006年3月号、40～41頁（第1条の12、第5条第1節、同第2節（c）のみ、農業森林省「［案］ブータンのアクセス及び利益の配分に関する政策 2014」（環境省訳）（2014年5月）（www.env.go.jp/nature/biodic/abs/foreign_measures/Bhutan_ABS_Policy_2014_draft.pdf）（2016年7月閲覧）を参照した）。

10) https://www.kenyaembassy.com/pdfs/the%20constitution%20of%20kenya.pdf からの翻訳（2016年7月閲覧）。なお、同憲法第70条には、「健全で健康な環境に対する権利」が侵害され、またはその享受が脅かされている場合、もしくはその恐れがある場合に、個人が、賠償その他のあらゆる措置を求めて裁判所に訴える権利を認めている（第1項）。その場合、当該個人は、権利の侵害や損害に対する立証責任を負わない（第3項）ことが定められている。

11) Turner, pp. 64-65.

12) ECtHR, *Pine Valley Developments Ltd. and others v. Ireland*, 29 November 1991, Series A, no. 222, §57.（建築許可の取消に関する事例）

13) ECtHR, *Lazaridi v. Greece*, 13 July 2006, application no. 31282/04, §34.

14) ECtHR, *Hakansson and Sturesson v. Sweden*, 15 July 1987, application no. 11855/85.; ECtHR, *Fredin v. Sweden*, 18 February 1991, application no. 12033/86.; *Pine Valley Development Ltd. and others v. Ireland*, 29 November 1991, application no. 12742/87.; *Allan Jacobsson v. Sweden*, 15 October 1995, Series A, no. 163.; *Buckley v. U. K.*, 25 September 1996, application no. 20348/92.; *Matos e Silva v. Portugal*, 15 September 1996, 24 EHRR 573 96/3, §92.

15) ECtHR, *Z. A. N. T. E.－Marathonisi A. E. v. Greece*, 6 December 2007, application no. 14216/03, §54.

16) 本節における判例等については，EU法との関連で，拙稿「EU法における環境のための権利および責任について」（庄司克宏編著（2009）『EU環境法』慶應義塾大学出版会）にて論じておいた。なお，本稿における該当する記述は同拙稿に準じている。
17) López Ostra v. Spain, §51. 立松美也子「民間廃棄物処理施設からの汚染と私生活・家族生活を保護する国の積極的義務」戸波江二・北村泰三・建石真公子・小畑郁・江島晶子編（2008）『ヨーロッパ人権裁判所の判例』信山社，335頁（注33），中井伊都子「ヨーロッパ人権条約における国家の義務」『国際法外交雑誌』第99巻第3号，257頁参照。なお，欧州人権裁判所は，この国家の積極的人権保護義務を一般的に認めているわけではない。Hatton事件で，欧州人権裁判所は，次のように判断している。「環境に関する事例における国家の義務は，条約第8条に定められた権利に対する適切な尊重を確保しうるような方法での民間産業の規制を怠ったことからも生じうる」（§98，§119）。
18) *Hatton*, §97.
19) ECtHR, *Öneryildiz v. Turkey, Reports of Judgments and Decisions* 2004-XII, §71, §89.
20) ECtHR, *Balmer-Schafroth and others v. Suisse*, 26 August 1997, *Reports of Judgments and Decisions* 1997-IV, §40.
21) §113. なお，同事件判決で，欧州人権裁判所は，オーフス条約の条文および締約諸国に対して同条約が定める手続的な権利を保障するよう求めた2003年6月27日の議員会議の勧告を引用している（§99，§100）。
22) ECtHR, *Taşkin and others v. Turkey*, 10 November 2004, *Reports of Judgments and Decisions* 2004-X, §118.; *Hatton*, §104.
23) *Taşkin and others v. Turkey*, §119.; *Hatton*, §128.
24) *Taşkin and others v. Turkey*, §118.
25) *Öneryildiz v. Turkey*, §62.
26) *McGinley and Egan v. U.K*, 9 June 1998, *Reports of Judgments and Decisions* 1998-III, §101.

第12章 地球環境の保全と国際社会の法
― 日本に関連する事例を手がかりに ―

一之瀬高博

> **第12章の学習ポイント**
> ◎地球環境を保全するための仕組みとして国際法が果たす役割について，我が国に関連する事例を通して学習する。
> ◎地球温暖化のように不確実性の大きい環境問題に対応するために，十分な科学的根拠がなくとも対策を講じるべきとする予防原則が国際環境法に採り入れられつつあることを理解する。
> ◎南極のようにどの国家にも属さない地域（国際公域）の環境を保全するためには，汚染者に環境責任を負わせる仕組みを国際社会が構築していく必要があることを学ぶ。

1．はじめに

　本章では，地球環境を保全するための国際社会の法の仕組みを概観する。地球環境問題は，その規模の大きさからして実感がわきにくいが，日本との関連を意識しつつ考察を進めたい。以下では検討の対象として，1）越境大気汚染，2）気候変動（地球温暖化），3）タンカー油濁事故，4）南極の環境保全という4つの分野を取り上げてゆくことにする。

　地球環境を守るための国際社会の法を国際環境法と呼ぶことが多いが，それは一般に，国際法の新しい一分野であると理解されている。そのため，本章の議論も国際法を前提に進められる。そこでまず，国際法についてごく簡単に触

れておきたい。国際法は，主として国家と国家の間の権利・義務関係に関する法であるとまとめることができる。それでは，国際法とは具体的にはどのようなかたちで存在しているのだろうか。法律学では，法の存在形式のことを「法源」と呼ぶが，国際法の主要な法源は「条約」と「慣習法」である。条約とは，国家と国家の間の文書による約束である。したがって成文法であり，条約に合意した，つまり条約を締結した国家のみが拘束される。もう1つは慣習法（慣習国際法）である。これは，国際社会において諸国の一定の慣行が蓄積し，それが国際社会の法と認識されるに至ったものである。慣習国際法は不文法の性格を持ち，その拘束力はすべての国家に及ぶ。

2．越境大気汚染——明白な証拠による立証

2.1 トレイル溶鉱所事件

越境汚染とは，環境汚染が国境を越えて他国に及ぶことをいい，欧州や北米では20世紀前半から顕在化してきた。1930年代にアメリカとカナダの間で紛争となったトレイル溶鉱所事件は，越境大気汚染事件の先例として有名である。

カナダのブリティッシュコロンビア州の南端部，アメリカとの国境に程近いところにトレイルという町があり，そこでは亜鉛と鉛を精錬する民間の溶鉱所が操業していた。この溶鉱所から排出される煙は，コロンビア渓谷に沿って国境を越え，アメリカのワシントン州にまで達した。1935年にアメリカは，カナダを相手取り，越境大気汚染によって受けた被害の責任を追及する国際裁判を起こした。訴えが提起された仲裁裁判所は，1938年と1941年の2つの判決において，ワシントン州内に引き起こされた農作物と森林に対する損害についてのカナダの責任を認め，カナダに対し，アメリカに7万8,000ドルの賠償金を支払うよう命じた。

裁判所は，1941年の最終判決において，カナダの責任を肯定するに当たり，次のように判示した。すなわち，「国際法の原則によれば，事態が重大な結果を伴い，侵害が明白かつ説得的な証拠により立証される場合には」，いかなる国家も，他国の領域に煙により損害を発生させるような方法で，自国の領域を

使用したり，自国の領域を他人（民間企業）に使用させたりしてはならない，と。判決のこの部分は，トレイル・スメルター原則とも呼ばれ，今日，越境汚染を規律する重要な原則とされている。ここで判示された責任の構造は，今日，慣習国際法を形成していると一般に理解されている（「領域使用の管理責任」）。

2.2 領域使用の管理責任

　トレイル判決の特徴としてまず挙げられるのは，越境大気汚染を国家の領域間の関係として構成している点である。つまり，判決は，カナダはその領域を，自国の民間企業に他国の領域に害を与えるようなかたちで使わせてはならないとしている。カナダの国家や政府が越境損害を引き起こすのではなく，民間企業が引き起こす場合であっても，国家は自国の領域の使用を管理すべき責任が問われるのである。

　次に，判決の核心的な部分は，「事態が重大な結果を伴い，侵害が明白かつ説得的な証拠により立証される場合」と述べる，責任の発生要件にかかわる箇所である。責任を追及するためには，第一に，被害国は，重大な損害が発生したことを証明しなければならない。ただ，何をもって「重大」というのかは必ずしも明白ではない。少なくともトレイル判決は，人的な損害が発生していないにもかかわらず，農作物被害や森林被害を責任が発生する重大損害として捉えている。第二に，被害国は，損害が国境を越えて引き起こされたことを，明白な証拠によって立証する必要がある。加害行為と損害発生との間に，原因と結果の関係（因果関係）が存在することを，被害国が証明しなければならないのである。

2.3 PM2.5の問題状況

　PM2.5（微小粒子状物質）とは，PM（粒子状物質）のうち，粒子直径が $2.5\,\mu m$（1000分の $2.5\,mm$）よりも小さいものを指す。PM2.5は，物質の燃焼に伴って生成したり，大気中の大気汚染物質が太陽の光に当たり光化学反応を起こすなどして生成するといわれている。非常に小さい粒子は，呼吸とともに人間の体内に入りこむ。特に，$2\,\mu m$以下のPMは，肺の最も深い肺胞のところまで到

達し，そこに付着しやすく，ぜん息や肺炎などの呼吸器系の疾患の原因となりうるといわれ，さらには循環器系への影響も懸念されている。

2013年1月，中国の北京市を中心にPM2.5による大規模な大気汚染が発生したことが，大きく報道された。その原因は，自動車の排ガス，暖房用石炭の使用，工場の排煙などであると推測されている。当時，我が国でも西日本で一時的に環境基準を超える濃度のPM2.5が観測された。その原因としては，中国大陸からの越境影響の可能性も推測されたのであるが，我が国の専門家の認識は，「大陸からの越境汚染と都市汚染の影響が複合している可能性が高い」というものであった[1]。2014年にも中国では同時期に同様の大気汚染が発生し，2月下旬には，我が国の北陸や西日本を中心に一時的に環境基準を超える濃度のPM2.5が観測されている。

2.4　PM2.5と因果関係

日本では2009年にPM2.5の環境基準が設けられた。基準の内容は，年平均値が$15\,\mu g/m^3$，日平均値が$35\,\mu g/m^3$というものである。環境基準とは，人の健康を保護し，生活環境を保全するうえで維持することが望ましい基準とされている。また，2013年1月のPM2.5の濃度上昇を受け，2月に注意喚起のための暫定的指針が設けられ，環境基準の日平均値の2倍（$70\,\mu g/m^3$）を超える事態が生じた場合に，対策を講じてゆくこととされた。

大陸からのPM2.5の飛来が問題となる前の，2010年の時点での日本のPM2.5の環境基準の達成状況をみると，意外なことに，達成率は，一般大気測定局で32.4％，自動車排出ガス測定局で8.3％にとどまっている[2]。そもそも我が国国内でPM2.5の環境基準が十分達成されていた状況にはなかったのであり，国内にもPM2.5の発生原因が存在していた，ということが認められるのである。

そこで，2013年と14年の初頭に発生した環境基準を超えるPM2.5の濃度の上昇を，越境汚染の観点から捉え直してみると，次のようなことになろう。すなわち，トレイル判決によれば，国際責任の追及には明白な証拠による越境汚染の立証が必要とされるのであるが，そもそも環境基準の達成率が低い我が

国の状況の下で，環境基準の 1.5 倍ないし 2 倍程度の濃度の上昇が起きたとしても，この事態が越境汚染によるものであると立証することは，果たして可能であろうか。国内発生と越境流入の寄与率がどのような割合なのか，また，それらがどのように被害と結び付いているのかを明らかにすることは，容易とはいえない。

　このような複合的な原因を背景に持つ地理的にも広範囲な越境大気汚染の場合，発生した被害について原因国の責任を追及するという事後救済による解決には，大きな限界が横たわっていることが理解される。そうすると，広範囲な越境大気汚染は，原因国と被害国という責任の構図から離れて，複数の国々が国際的な地域協力体制を設け，汚染防止に向けた条約を整備し，その下で相互に原因物質を削減し，対策を講じてゆくことに，問題解決の実効性が期待されることになる。この点は，欧州における酸性雨対策が参考になるが，アジアでのそのような動きは，捗々しいものとはいえない。

3．地球温暖化（気候変動）の防止 ── 不確実性の世界の規律

3.1　地球温暖化（気候変動）と科学的不確実性

　石油・石炭・天然ガスなどの化石燃料を燃焼させると，二酸化炭素（CO_2）が発生する。温暖化現象とは，化石燃料の大量消費により大気中の CO_2 の濃度が上昇し，大気の熱が宇宙空間に放出されにくくなる温室効果が起こり，大気の温度が上昇することである，と理論的に説明されている。こうした温暖化のメカニズムの解明に今日大きな役割を果たしているのが，「気候変動に関する政府間パネル」（Intergovernmental Panel on Climate Change：IPCC）である[3]。2013 年から 14 年にかけて公表された IPCC 第 5 次評価報告書[4]では次のような分析と予測がなされている。第一に，気候システムの温暖化には疑う余地はなく，気候システムに対する人間の影響は明瞭であること。また，人為起源の温室効果ガスの排出が，20 世紀半ば以降に観測された温暖化の支配的原因であった可能性が極めて高いこと（IPCC は，この「可能性が極めて高い」という表現を「発生する可能性が 95〜100％」である，という意味で用いている）。第二に，将

来の温暖化については，2100年に世界平均地上気温が0.3〜4.8℃上昇することが予想されること。第三に，工業化以前と比べた温暖化を2℃未満に抑制するためには，CO_2などの長寿命温室効果ガスの排出を今後数十年間にわたり大幅に削減し，21世紀末までに排出をほぼゼロにすることを要するであろうこと[5]。

世界の平均気温および大気中のCO_2濃度が上昇傾向にあることが観測上認められる中で，IPCCは，人間活動に由来して温暖化が進行している「可能性が極めて高い」ことを指摘している。しかし，IPCCの精査・検討にもかかわらず，人為起源のCO_2排出量の増大が大気の温度の上昇を引き起こしていることについての因果関係は，必ずしも十分に証明されているとはいえない状況にある。温暖化に付きまとう科学的不確実性というのはこのようなものである。

3.2 未然防止原則と予防原則

今日までの社会において，損害発生の防止について認められてきた基本的な考え方は，「未然防止原則」(「予見可能性に基づく損害防止義務」) というものである。それによれば，活動の自由が尊重されるが，他者に害を及ぼす活動の自由までは認められず，そのような活動は制約される。そして，この制約が生じるのは，原因行為により損害が引き起こされること (因果関係の存在) がわかる (予見できる) 場合とされている。因果関係の存否を最も客観的に示すことができるのは，今日では「科学 (science)」であるとされている。それゆえ，行為と損害との因果関係が科学的に証明されるならば，そのような行為は社会的に許容されるべきではないことになる。しかしながら，地球温暖化のように，因果関係が必ずしも科学的に解明されていない状況の下では，温室効果ガスの排出を抑制する政策に対しては，根拠が不十分な自由に対する制約であるとの反論がなされ，そのことが積極的な対策の進展を阻む要因となっている。

このような問題状況の下で，近年，「予防原則 (precautionary principle)」あるいは「予防的アプローチ (precautionary approach)」と呼ばれる新しい考え方が登場してきた。これは，原因行為と損害発生の因果関係が科学的に十分証明されていなくても，甚大な悪影響を防止するために何らかの措置が講じられ

るべきである，とするものである。回復不能な損害の発生する可能性がある地球環境問題には，従来の未然防止原則は適切とはいえないであろう。深刻な温暖化が現実となった場合に，元に戻すことは不可能だからである。最近の国際社会においては，実際に予防的アプローチに言及する国際宣言や条約が存在している[6]。予防原則の適用に関して，リスクがゼロでなければ活動は許容されるべきではないと考えるならば，活動の自由が大きく制約される結果となり，社会の現実にそぐわない面がある。予防原則の重要な意義は，リスクの大きさに応じた合理的な措置をとることにより，リスクの効果的な低減を図る点にあるといえるであろう。

3.3　気候変動枠組条約

1992年に採択された気候変動枠組条約（1994年発効）は，人間の活動が気候系に危険な影響を及ぼさない水準に，大気中の温室効果ガスの濃度を安定化させることを究極の目的とする。そして，この安定化は，生態系，食糧生産および経済開発の持続可能性と両立すべきものとされている（2条）。したがって，条約の目標は，温室効果ガスの濃度の急速な低減でも，現在の濃度での即時凍結でもないことになる。また，この条約の性格は，いわゆる「枠組条約」であり，そこには一般的な目標が掲げられるにとどまり，具体的な対応策はその下に作成される「議定書」に委ねられている。

気候変動枠組条約の第3条3項は，締約国に対し，気候変動に対し予防措置をとることを求めるとともに，「深刻なまたは回復不可能な損害のおそれがある場合には，科学的な確実性が十分でないことをもって，このような予防措置をとることを延期する理由とすべきではない」と規定している。この条約の下にある京都議定書は，前文で，気候変動枠組条約第3条が指針となるべきことを述べ，締約国の具体的な温暖化防止のための措置を定めている。したがって，気候変動枠組条約と京都議定書からなる温暖化防止のレジームには，予防原則の要素が含まれているとみることができ，京都議定書は，不確実性の下で予防のための措置をとりうることを定めている，と理解することができる。

3.4 京都議定書

1997年のCOP3で採択された京都議定書（2005年発効）は，温室効果ガス排出削減の具体的方策を定めている。京都議定書の重要な意義は，途上締約国には削減義務を課さず，先進締約国および市場経済移行国（附属書I国）に温室効果ガスの具体的な削減を義務付けたことにある。附属書I国は，全体で2008年から2012年までの第1約束期間にこの5年間の平均値で，温室効果ガスの排出量を，1990年を基準として少なくとも5％削減することとされた（京都議定書第3条1項）。また，締約国の排出削減義務には差異化が認められ，国別の削減数値が設けられた。例えば，日本は－6％，アメリカは－7％，EUは－8％とされた（附属書B）。対象となる温室効果ガスは，CO_2やメタンをはじめ全部で6種類が指定された。

温室効果ガスの排出削減は，化石燃料の消費を削減することが最も効果的な方法である。しかし，京都議定書には，自国内の化石燃料の消費を削減せずに削減数値を達成する「柔軟性措置」と呼ばれる方法も盛り込まれた。その中でも，「共同実施」「クリーン開発メカニズム」「排出量取引」の3つを指して，「京都メカニズム」と呼ぶ[7]。柔軟性措置は，排出削減が厳しい締約国には利用価値が高い反面，その無制約な利用は，気候変動の積極的な防止という観点からは疑問が残る。

2001年のCOP7で採択された京都議定書運用ルール（マラケシュ合意）は，①途上国支援のための3つの基金の設立，②京都メカニズムの活用は国内対策に対して補完的になされること，共同実施とCDMの排出削減に原子力の利用は控えること，③既存の森林の管理による吸収量を認め，国ごとに上限を設けること（これにより，日本は3.86％分を獲得したのであるが，既存の森林の管理を吸収量と捉える科学的根拠は乏しい），④削減数値を達成できなかった場合には，超過排出量の1.3倍を次期期間の排出削減義務に上乗せすること，などが定められた。

第1約束期間の達成状況については，議定書全体でみると，削減義務を負う附属書I国全体の削減幅は22.6％にのぼり，目標の5％を大幅に上回る結果となっている[8]。日本についてみると，1990年の温室効果ガス排出量12億6,100

万トンに対し，2008年から2012年の年平均排出量は12億7,800万トンであり，90年比＋1.4％であった。しかし，柔軟性措置を通じて日本は，既存の森林管理などによる吸収量として90年排出量比3.9％分，また京都メカニズムのクレジット量として90年排出量比5.9％分を獲得した。その結果，実際の排出量（＋1.4％）－森林等吸収量（3.9％）－京都メカニズム・クレジット量（5.9％）＝議定書上の排出量（－8.4％）となるので，日本は第1約束期間につき90年比8.4％の削減を行ったことになり，6％削減の議定書の義務を達成したことになる。

　2012年以降の世界の温暖化防止の体制については，2011年のCOP17（南アフリカのダーバンで開催）での「ダーバン合意」，および2012年のCOP18（カタールのドーハで開催）での「ドーハ合意」を通じて，京都議定書の2020年までの延長（第2約束期間）と，2020年以降の京都議定書に代わる新たな法的枠組みの構築という方向が決定された。京都議定書についての日本の立場は，議定書にはとどまり，第1約束期間の義務は負うものの，第2約束期間についてはその拘束を受けず，その代わりに自主的に削減を行うというものである。第2約束期間での参加を表明している諸国の総排出量は世界の15％ほどにすぎず，そのため京都議定書の延長による温暖化防止の実効性は，かなり限定的なものにならざるを得ない[9]）。

　ポスト京都議定書への移行が支持を集めたのは，近年特に排出量が増大している中国やインドなどの途上国が京都議定書の下で削減義務を負っていないことや，排出量の多いアメリカが京都議定書に参加していないことが大きな要因と考えられる。

3.5　パリ協定

　2015年12月12日，パリで開催されたCOP21において，2020年以降の新たな法的枠組みを定める「パリ協定」が採択された。パリ協定は，世界の気温上昇についての長期目標を，産業革命以前と比べて2℃未満とし，1.5℃に抑える努力をすることとした。排出の削減には，すべての締約国が削減に参加できる仕組みとし，各国が自主的な削減目標を掲げて削減を行い，5年ごとに目

標の見直しをすることとされ，京都議定書とは異なり義務的な数値は設けられなかった。

これに先立ち，日本は，温室効果ガスの排出量を2030年度に2013年度比で−26.0%（2005年度比−25.4%）とする削減目標を掲げている（2015年7月）。また，EUは2030年までに1990年比40%削減，アメリカは2025年までに2005年比26〜28%削減，といった目標を掲げている。

パリ協定は，京都議定書のような厳格な拘束性は希薄であり，締約国にとって参加しやすい仕組みが用意されているといえるが，各国の自主目標の積み重ねとその改訂によって世界の長期目標を達成することが果たして可能であるのかは未知数といえる。

4．タンカー油濁事故による海洋汚染
――無過失賠償責任条約

4.1 油濁被害救済の限界

外国のタンカーが航行中に事故を起こし，沿岸に油濁被害を引き起こした場合，被害の救済はどのように考えられるのであろうか。まず思い浮かぶのは，被害を受けた国が，タンカーの本国（国籍国）を相手取り国際法上の責任を追及するという方法である。しかし，自国の国籍を持つ民間のタンカーなどの私人の行為により，他国内に損害がもたらされたとしても，タンカーの本国は，被害を受けた国に対して直ちに責任を負うものではない，と一般に解されている。すでにみた越境汚染の場合には，領域使用の管理責任に基づき，国家は，自国領域内の私人の行為につき，他国に対して責任を負うのであるが，タンカー事故のように，国籍のみを媒介として国家の責任を導くことは困難なのである。

もう1つの方法に，油濁の被害者が，事故を引き起こした船舶の所有者や運航者を相手取り，民事上の損害賠償請求をするという方法がありうる。この場合には被害者と加害者の本国が異なるので，いずれの国の民法が適用されるべきなのかが問題となりうる。私法上の国際的な紛争において，適用されるべき法（準拠法）を選択する法分野を国際私法というが，ここでは準拠法選択の議

論には立ち入らない。ただ、今日の国際社会の趨勢として大多数の国の民法は、「過失責任の原則」を採用しているため、どの国の民法が準拠法になるとしても、この原則が適用されることになる。過失責任とは、加害者が責任を負うためには、被害者が加害者側の過失の存在を立証しなければならないというものである。しかし、タンカーの側にどういう落ち度があって事故がもたらされたのか、どのように船の運転を誤ったのか、あるいは、船舶の所有者は船の危険を認識していたのかといった、いわば海の上の過失の存在を、陸上の被害者が証明するというのは困難であり、このようなかたちで損害賠償の請求を行っても、実効性はあまり期待されない。そこで、タンカー油濁被害の救済には、条約制度の構築による解決が求められることになる。

4.2　油濁賠償責任レジーム

　油濁被害の救済を目的とする2つの条約を柱とした油濁賠償責任レジームが存在する。それらは、1992年の「油濁民事責任条約」と「油濁補償基金条約」であり、補償基金条約が民事責任条約を補完するかたちで、両者は連携して機能するように作られている。

　油濁民事責任条約は、船舶の所有者が、油濁損害を被った被害者に対して無過失の民事賠償責任を負うことを定めている。被害者は、加害者側の過失を立証する必要はなく、加害行為と被害との因果関係を証明すれば、船舶の所有者に損害賠償責任が発生する。この条約は、無過失責任を採用する一方で、船舶の所有者の賠償額に一定の上限を設けているため、限度額まで支払いがなされればそれ以上の賠償責任は生じない。また、船舶の所有者は、自己の責任を担保するために保険に加入するなどしなければならない。

　油濁民事責任条約の賠償額の上限は、約9,000万SDR（約120億円）と設定されている。しかし、この賠償額では被害の救済に不足が生じるという場合に、油濁補償基金条約の基金が不足分を補償金として支払うという仕組みが設けられている。この基金、すなわち「国際油濁補償基金」は、タンカーによる油の海上輸送によって利益を得る者（受益者）、具体的には石油の輸入業者が出す拠出金によって形成されている。補償基金条約の補償額の上限は、総計で約2億

SDR（約270億円）と設定されている。なお，この金額の中には，民事責任条約の賠償額が含まれている[10]）。

これらの条約が賠償や補償の対象とする汚染損害は，第一に，油の流出によって船舶の外部に生じる損失または損害，第二に，汚染損害を防止または最小限にするための，事故発生後にとる相当な措置の費用やその措置による損失・損害，第三に，環境の悪化を回復するために実際にとられたまたはとられるべき合理的措置の費用，とされている。

4.3　ナホトカ号重油流出事故

この油濁賠償レジームが実際にどのようなかたちで機能するのかについて，1997年のナホトカ号事故を例に概観してみたい。これは，日本が経験した大規模なタンカー油濁事故である。ロシア船籍のタンカー「ナホトカ号」（約1万3,000トン）は，ロシアの会社が所有する船舶であり，C重油約1万9,000 klを積んで上海からカムチャッカ半島に向けて荒天の日本海を航行していたところ，1997年1月2日，午前2時40分頃，島根県の隠岐島北北東約100 kmの公海上で，船体の折損により遭難した。船体の後方部分は沈没し，船首部分は漂流した。32名の乗組員のうち31名は救助されたが，船長は死亡した。当時の気象状況は，風速22 m，波高約8 mという相当な大時化であったが，1万トンを超える船が冬の日本海のこの程度の荒天で遭難するというのは，通常はありえないことであった。

船体の折損により約6,200 klの重油が流出し，その一部が日本海側の1府8県（島根，鳥取，兵庫，京都，福井，石川，新潟，山形，秋田）の海岸に漂着した。また，船首部分も，約2,800 klの重油を残したまま福井県の海岸に漂着した。その結果，広範囲にわたる日本海沿岸に深刻な油汚染の被害がもたらされた。事故の原因については，荒天により特殊な巨大波が形成されたためとの見方もあったが，むしろ，船体の老朽化による強度の低下によって，通常では耐えることのできる波の圧力で船体が破断したのではないかと考えられている。

ナホトカ号の油濁事故においては，日本もロシアも民事責任条約および補償基金条約の締約国であったため，これらの条約が適用された。最終的には，

2002年8月に，船舶所有者・油濁補償基金と，日本の被害者との間で和解が成立し，補償額が確定した。船舶所有者と油濁補償基金の支払額は，総計約260億円にのぼった。その内訳は，国（海上保安庁，防衛庁，国土交通省）に約18億9,000万円，海上災害防止センターに124億5,000万円，漁業者に約17億7,000万円，観光業者に約13億4,000万円，地方自治体に約56億4,000万円，船主に約7億7,000万円，その他約22億7,000万円，とされている[11]。この事故では，油濁賠償レジームが機能し，それによる補償を通じて一定の実効性のある救済が図られたということができるであろう。

5．国際公域の環境保全
——誰のものでもない環境をどのようにして守るか

5.1 南極条約体制

「国際公域」とは，公海，公海上空，深海底，南極，宇宙空間など，どこの国の領域にも属さない場所を指す。国際公域においては，国家は自国の領域を根拠に権限を行使することはできない。そこでの人の活動は，その者の国籍国のみが規律できる（対人主権）。したがって，国際公域の環境に悪影響を与える行為についても，その行為者の本国が規律することになる。以下では，国際公域の環境保全の例として，南極を取り上げる。

南極大陸には，もともと領土権を主張する国家が存在していたが，現在，南極の国際公域としての性格を決定付けているのは，1959年の南極条約である。南極条約は，1）南極に対する領土権の主張を凍結すること，2）南極をすべての国が平和的に利用できる地域とすること，3）どこの国も南極で科学調査を行う自由を有すること，などを定めている。したがって，南極条約が存続する限り，南極は国際公域としての地位を保つことになる。

南極条約は，当初7カ国のクレイマント[12]（領土権主張国）および5カ国のノンクレイマント[13]が，原加盟国を構成した。南極条約の最高決定機関は「協議国会議」であり，この協議国会議は「共通の利害関係事項の措置を審議し勧告する」ことを任務としている。協議国会議の決定に投票権を持つ締約国

を「協議国」という。協議国は，12の原加盟国，および南極での科学研究活動に実績があると協議国会議により認められた国により構成され，2015年の時点では29の協議国が存在する。他方，南極条約の締約国ではあるが，南極での科学研究活動の実績のない国は「非協議国」と位置付けられ，協議国会議では投票権を持たない。南極条約の下では，南極と強い関係を持つ協議国が南極についての重要事項を決定する方法が採用されている。協議国会議は，これまでさまざまな勧告，措置，条約を採択してきたが，これらを総称して「南極条約体制」と呼ぶ。

5.2 南極の環境保全

南極の環境保全は，南極条約の下に作成された1991年の「南極環境保護議定書」によって規律されている。この議定書は，南極を平和および科学に貢献する自然保護地域と位置付け，南極の環境と生態系を包括的に保護することを目的としている。

議定書の下での環境保全の方法は対人主権に基づくものであり，南極における人の活動は，その者の本国が規律することになる。つまり，締約国は，南極の環境を害さないよう，議定書の規則に則り自国民の南極での活動を規律することとされている。

日本も南極環境保護議定書の締約国であり，議定書の国内実施法として1997年に「南極環境保護法」を制定している。この法律によれば，研究や探検旅行などで自ら南極を訪れる場合には，環境大臣による「確認」を受けなければならず，そのための確認申請手続きをとらなければならない。また，例えばチリやアルゼンチンなどの外国において，現地で組織された南極に上陸する観光ツアーに参加する場合にも，環境大臣に「届出」を提出しなければならない（同法第5条）[14]。日本から海外に行く場合に，渡航先の国の入国許可やビザが必要になることは通例であるが，出発国である日本に届出を行う義務があるということには，奇妙な感じがするかもしれない。しかし，ここには，対人主権に基づく自国民の管理を通じて，どこの国の領域にも属さない南極環境を保護しなければならない，という議定書の要請が存在しているのである。

2002年8月に，船舶所有者・油濁補償基金と，日本の被害者との間で和解が成立し，補償額が確定した。船舶所有者と油濁補償基金の支払額は，総計約260億円にのぼった。その内訳は，国（海上保安庁，防衛庁，国土交通省）に約18億9,000万円，海上災害防止センターに124億5,000万円，漁業者に約17億7,000万円，観光業者に約13億4,000万円，地方自治体に約56億4,000万円，船主に約7億7,000万円，その他約22億7,000万円，とされている[11]。この事故では，油濁賠償レジームが機能し，それによる補償を通じて一定の実効性のある救済が図られたということができるであろう。

5．国際公域の環境保全
——誰のものでもない環境をどのようにして守るか

5.1 南極条約体制

「国際公域」とは，公海，公海上空，深海底，南極，宇宙空間など，どこの国の領域にも属さない場所を指す。国際公域においては，国家は自国の領域を根拠に権限を行使することはできない。そこでの人の活動は，その者の国籍国のみが規律できる（対人主権）。したがって，国際公域の環境に悪影響を与える行為についても，その行為者の本国が規律することになる。以下では，国際公域の環境保全の例として，南極を取り上げる。

南極大陸には，もともと領土権を主張する国家が存在していたが，現在，南極の国際公域としての性格を決定付けているのは，1959年の南極条約である。南極条約は，1）南極に対する領土権の主張を凍結すること，2）南極をすべての国が平和的に利用できる地域とすること，3）どこの国も南極で科学調査を行う自由を有すること，などを定めている。したがって，南極条約が存続する限り，南極は国際公域としての地位を保つことになる。

南極条約は，当初7カ国のクレイマント[12]（領土権主張国）および5カ国のノンクレイマント[13]が，原加盟国を構成した。南極条約の最高決定機関は「協議国会議」であり，この協議国会議は「共通の利害関係事項の措置を審議し勧告する」ことを任務としている。協議国会議の決定に投票権を持つ締約国

を「協議国」という。協議国は，12の原加盟国，および南極での科学研究活動に実績があると協議国会議により認められた国により構成され，2015年の時点では29の協議国が存在する。他方，南極条約の締約国ではあるが，南極での科学研究活動の実績のない国は「非協議国」と位置付けられ，協議国会議では投票権を持たない。南極条約の下では，南極と強い関係を持つ協議国が南極についての重要事項を決定する方法が採用されている。協議国会議は，これまでさまざまな勧告，措置，条約を採択してきたが，これらを総称して「南極条約体制」と呼ぶ。

5.2 南極の環境保全

南極の環境保全は，南極条約の下に作成された1991年の「南極環境保護議定書」によって規律されている。この議定書は，南極を平和および科学に貢献する自然保護地域と位置付け，南極の環境と生態系を包括的に保護することを目的としている。

議定書の下での環境保全の方法は対人主権に基づくものであり，南極における人の活動は，その者の本国が規律することになる。つまり，締約国は，南極の環境を害さないよう，議定書の規則に則り自国民の南極での活動を規律することとされている。

日本も南極環境保護議定書の締約国であり，議定書の国内実施法として1997年に「南極環境保護法」を制定している。この法律によれば，研究や探検旅行などで自ら南極を訪れる場合には，環境大臣による「確認」を受けなければならず，そのための確認申請手続きをとらなければならない。また，例えばチリやアルゼンチンなどの外国において，現地で組織された南極に上陸する観光ツアーに参加する場合にも，環境大臣に「届出」を提出しなければならない（同法第5条）[14]。日本から海外に行く場合に，渡航先の国の入国許可やビザが必要になることは通例であるが，出発国である日本に届出を行う義務があるということには，奇妙な感じがするかもしれない。しかし，ここには，対人主権に基づく自国民の管理を通じて，どこの国の領域にも属さない南極環境を保護しなければならない，という議定書の要請が存在しているのである。

議定書における南極環境の保全の仕組みには，次のようなものがある。附属書Ⅰは，環境影響評価を定めている。締約国は，自国民の南極における活動計画について，南極環境への影響を最小限にするために，事前に環境影響評価を行うことが求められている。また，附属書Ⅱでは，南極の動植物の保護が定められている。締約国は，自国民による南極原産動植物の捕獲を禁止するとともに，科学的研究等に必要な場合には，許可証を発給して，その許可証の範囲内で捕獲を認めることとされている。

5.3　南極の環境保全と環境責任

最後に，南極の環境保全に関連して，「南極における環境責任」という新しい動きについて紹介しておきたい。たしかに，南極環境保護議定書を通じて，国籍国は自国民の南極での環境汚染行為を規律する立場にある。ところが，南極の自然環境を汚染するような事態が引き起こされてしまった場合，その行為者あるいはその行為者の本国は，南極には被害者も被害国も存在しないことから，誰からもその汚染についての法的責任を追及されることはない。例えば，燃料用の油のタンクが壊れて，雪原あるいは動植物の生息地に油が広がってしまった場合などを考えると，南極の自然環境の汚染被害に救済の道がないというのは，深刻な問題である。特に南極の自然環境は脆弱であり，極寒の世界の中で動植物が耐えつつ生存しているという特徴がある。そこに人為的な汚染が加わると，生態系はたちどころに危機にさらされることになるのであるが，誰もその責任を追及することができない。しかしながら，このような場合でも，汚染者は一定の責任を負うべきではないのか，という議論がなされるようになってきた。

南極環境保護議定書は，このような汚染者の責任を追及するための法的な仕組みとして，2005年に附属書Ⅵ「環境の緊急事態から生じる責任」を作成している。ただ，この附属書Ⅵは，斬新な内容であることから，各国の批准は進んでおらず，法的効力の発生までにはまだかなりの時間を要することが推測される。

附属書Ⅵは，南極における活動が，南極環境に重大かつ有害な影響をもたら

す事故的な出来事を引き起こすというような，環境上の緊急事態が生じた場合について規定している。そのような緊急事態が生じた場合には，第一に，締約国は，自国の事業者（活動者）に，自ら引き起こした緊急事態に迅速かつ効果的な対応をするように要求することとされている。すなわち，事業者は，本国から，汚染事故の影響の回避，汚染の最小化・浄化・回復などの措置をとるよう求められる。

　第二に，事業者が対応行動をとらない場合には，その事業者に賠償責任が発生する。これには，2つのパターンが用意されている。a）活動に許可を与えた締約国，および他の締約国は，この緊急事態につき，汚染の浄化等をはじめ必要な対応行動をとることができる。対応行動をとった締約国は，それにかかった費用をその事業者に対して請求する。事業者は，締約国にその費用を償還する義務を負う。b）いずれの締約国も対応行動をとらない場合には，事業者は，とられるべきであった対応行動にかかる費用相当額を基金に支払うこととされている。

　「環境損害」や「環境責任」という用語は，従来からも用いられてきたが，これには，現在2通りの意味がある。1つは，「環境そのものに対する損害・責任」である。これは，国際公域，自然，野生生物，生態系など，国家や人に属さない環境に対する損害の責任を指す場合である。前述の南極の環境責任はこれに属する。最近では，環境損害・責任をこの意味で用いることが多い。もう1つは，「他者に属する環境に対する損害・責任」である。つまり，いずれかの国や人が有している（領土・身体・財産にかかわる）環境に対する損害・責任であり，被害国や被害者に対する責任である。以前は，環境損害・責任はこの意味で用いられることが多かった。これらの2通りの意味は，区別して論じられる必要がある。

　南極の環境責任のような環境そのものに対する責任は，新しい環境保全の方法として近年注目を集めている。そこでは，どこの国のものでも誰のものでもない環境の汚染，いいかえるならば，被害者の存在しない自然環境の汚染に関する責任の問題を，汚染を回復した主体が，汚染者に対して回復に要した費用の償還を請求するというかたちに構成しなおすことによって，汚染者の環境損

害に対する賠償責任が，既存の法の仕組みの中に位置付けられているのである。もっとも，このような場合でも，どこの国も誰も汚染を回復する行動をとらないような場合には，汚染者には費用の償還請求はなされないため，責任が発生しないことになり，汚し得になりうる。この不均衡を是正するために，汚染者は，他者が汚染を回復しない場合には，とられるべき措置にかかる費用を負担するべきである。この理由から，南極環境保護議定書の附属書Ⅵは，誰も汚染を回復しない場合には，汚染者である事業者に，一定の金額を基金に支払うことを義務付けるのである。

6．おわりに

　国際社会の環境保全には，国家が重要な役割を果たしている。以上で検討してきたように，国家は，自国の領域に排他的に（他国の干渉を受けることなく）統治権を行使することができる。この権限のことを領域主権という。また，国家は，自国の国籍を持つ自然人，会社などの法人，さらに自国に登録してある船舶や航空機に対して，その本国としての権限を行使することができる（国籍主義，旗国主義）。これを，自国民に対する対人主権という。国家は，領域主権と対人主権という性質の異なる2種類の権限を行使して，自国の領域および自国民を管理し，国際的な環境保全を図ることになる。他方，保全されるべき環境に目を向けると，他国の環境といずれの国にも属さない環境（地球環境そのもの）とがある。

　1972年の国連人間環境会議で採択された「ストックホルム宣言」の「原則21」は，この点に関し，次のように規定している。すなわち，「各国は，国連憲章および国際法の原則に基づき，…自国の管轄下または管理下の活動が，他国の環境または国家の管轄外にある地域の環境を害することのないよう確保する責任を負う」と。ここでは「管轄」「管理」という文言が用いられているが，「管轄下の活動」は「領域内の活動」を，また「管理下の活動」は「自国民・自国籍の者の活動」を意味する。このことを踏まえて読みなおすと，原則21の趣旨は，「各国は，…自国の領域内の活動または自国民・自国籍を有する主

体の活動が，他国の領域の環境または国家の管轄外の（いずれの国の領域でもない）地域の環境を害さないよう確保する責任を負う」ということになる。ここには，前半と後半に「または」という文言が2回登場するため，2×2の4通りの類型が収められている。それらは，第一に「自国領域内の活動が，他国領域の環境に（越境汚染）」，第二に「自国領域内の活動が，国家領域外の環境に（地球温暖化）」，第三に「自国民の活動が，他国領域の環境に（タンカー油濁事故）」，第四に「自国民の活動が，国家領域外の環境に（南極環境の保全）」，害を及ぼさないよう確保すること，であり，本章で扱ってきた事例もこれに対応している。地球環境の保全を図るためには，地球環境問題の法的な構造に即した国際制度の構築が必要とされるのである。

【注】

1）環境省微小粒子状物質（PM2.5）に関する専門家会合（2013）。
2）同上。
3）IPCCは，1988年にWMO（世界気象機関）とUNEP（国連環境計画）により設立された組織であり，気候変動とその影響に関する知見の科学的評価を行うことを目的としている。IPCCは，すべての国連およびWMO加盟国に開かれた政府間組織であり，2016年6月の時点で195カ国が加盟している。
4）2013年9月に「第1作業部会報告書」（自然科学的根拠），2014年3月に「第2作業部会報告書」（影響・適応・脆弱性），また同年4月に「第3作業部会報告書」（気候変動の緩和）が公表されている。さらに，2014年10月27～31日にコペンハーゲンで開催されたIPCC第40回総会において，第5次評価報告書の「統合報告書」が採択されるとともに統合報告書の政策決定者向け要約（SPM）が承認・公表されている。
5）統合報告書政策決定者向け要約のSPM 3.4を参照。
6）例えば，1992年の国連環境開発会議（地球サミット）で採択された「リオ宣言」は，「深刻なまたは回復し難い損害のおそれが存在する場合には，完全な科学的確実性の欠如を，環境悪化を防止するうえで費用対効果の大きい措置を延期する理由として用いてはならない」と規定している（原則15）。また，条約にも，予防的アプローチの趣旨に一般的に言及するもの（気候変動枠組条約第3条3項，生物多様性条約前文）

や，より具体的に予防的アプローチに基づく措置に関する規定を置くもの（1996年ロンドン海洋投棄条約改正議定書第3条1項）が存在する。

7) ①複数の附属書Ⅰ締約国が，共同で排出削減事業を実施し，その結果生じた削減量を相手国との間で配分する方法を「共同実施」(JI)（第6条），②附属書Ⅰ締約国が途上締約国の排出削減を支援し，そこに生じた削減量を支援した締約国が利用する方法を「クリーン開発メカニズム (CDM)」（第12条），③排出削減義務を負う締約国（議定書附属書Ｂ国）が，相互の温室効果ガスの排出量を取引し，自国の削減未達成分を他国の余剰分から購入することができるとする方法を「排出量取引」（第17条）という。京都議定書は，共同実施と排出量取引は，国内行動に対して補完的になされることを要求している（第6条1項，第17条）。

8) 気候変動枠組条約事務局による報道発表（UNFCCC, Press Release/13. Feb, 2015. <http://newsroom.unfccc.int/unfccc-newsroom/kyoto-protocol-10th-anniversary-timely-reminder-climate-agreements-work/>）。

9) 第2約束期間への参加を表明しているのは，EU，オーストラリア，ノルウェーなどである。日本と同様の立場をとる国に，ロシア，ニュージーランドがある。また，そもそも京都議定書に参加しないというかたちで第2約束期間にも加わらないことを表明する国に，アメリカ，カナダがある。

10) 2010年の時点で，民事責任条約には122カ国，補償基金条約には104カ国が締約国となっている。92年補償基金条約をさらに補うものとして，2003年に追加基金議定書が作成されている。補償額の上限は，上記の金額を含めて総計7億5,000万SDR（約1,000億円）に引き上げられた。2010年時点のこの議定書の締約国数は26カ国である。日本は，民事責任条約，補償基金条約，追加基金議定書のすべてに加入している。

11) 国土交通省「ナホトカ号油流出事故における油濁損害賠償等請求事件に係る訴訟の和解について」。<http://www.mlit.go.jp/kisha/kisha02/10/100830_.html>

12) 7カ国のクレイマントは，イギリス，フランス，ノルウェー，オーストラリア，ニュージーランド，アルゼンチン，チリである。

13) 5カ国のノンクレイマントは，アメリカ，ソ連，日本，ベルギー，南アフリカである。

14) 外国のツアー業者が，現地の国で日本の「確認」手続きと同等の手続きをとっている場合には，ツアーに参加する日本人は「確認」は不要とされるが，「届出」をしなければならないとされている。

参考文献・資料

一之瀬高博（2008）『国際環境法における通報協議義務』国際書院。
西井正弘・臼杵知史編（2011）『テキスト国際環境法』有信堂。
松井芳郎（2010）『国際環境法の基本原則』東信堂。

Birnie, P. W., A. E. Boyle, and C. Redgwell（2009）*International Law and the Environment, Third Edition*, Oxford University Press.

外務省（2010）「京都議定書に関する日本の立場」。<http://www.mofa.go.jp/mofaj/gaiko/kankyo/kiko/kp_pos_1012.html>
外務省（2015）「パリ協定の概要（仮訳）」。<http://www.mofa.go.jp/mofaj/ic/ch/page23_001436.html>
環境省（2012）「南極地域の環境保護」。<http://www.env.go.jp/nature/nankyoku/kankyohogo/>
環境省（2013）「南極」。<http://www.env.go.jp/nature/nankyoku/kankyohogo/kankyou_hogo/pdf/pamphlet.pdf>
環境省（2014）「2012年度（平成24年度）の温室効果ガス排出量（確定値）＜概要＞」。<http://www.env.go.jp/press/files/jp/24374.pdf>
環境省微小粒子状物質（PM2.5）に関する専門家会合（2013）「最近の微小粒子状物質（PM2.5）による大気汚染への対応」。<http://www.env.go.jp/air/osen/pm/info/attach/rep_20130227-main.pdf>
気象庁訳（2014）「気候変動2013：自然科学的根拠 IPCC 第5次評価報告書 第1作業部会報告書 概要」。<http://www.data.jma.go.jp/cpdinfo/ipcc/ar5/>
気象庁訳（2015）「気候変動2013：自然科学的根拠 IPCC 第5次評価報告書 第1作業部会報告書 政策決定者向け要約」。URL同上。
文部科学省・経済産業省・気象庁・環境省（2014）「IPCC 第5次評価報告書 統合報告書 政策決定者向け要約」。URL同上。

International Oil Pollution Compensation Fund 1992, Claims Manual, October 2013 Edition. <http://www.iopcfunds.org/uploads/tx_iopcpublications/claims_manual_e.pdf>
IPCC, Fifth Assessment Report（AR 5）, "Climate Change 2013: The Physical

Science Basis", "Climate Change 2014 : Synthesis Report". <https://www.ipcc.ch/report/ar5/>

The Protocol on Environmental Protection to the Antarctic Treaty. <http://www.ats.aq/e/ep.htm>

UNFCCC COP21 Paris Agreement. <https://unfccc.int/resource/docs/2015/cop21/eng/l09r01.pdf>

第13章　経済学は環境問題をどう捉えるか

浜本光紹

> **第13章の学習ポイント**
> ◎環境と人間とのかかわりを経済学の視点から捉えるとともに，経済活動と環境問題の間にはどのような関係があるのかを学習する。
> ◎経済学の理論と地球温暖化対策をめぐる国際交渉の現実から，地球環境問題に対処するために国際協調体制を構築しようとする際の課題について理解を深める。
> ◎廃物の捨て場としての環境利用に価格付けをすることの意義について学んだうえで，環境共生社会の構築を実現するためには現行の社会・経済システムをどのように変革しなければならないかを考える。

1．はじめに

　環境問題の原因を明らかにし，どのように対応すべきかを究明するべく，さまざまな学問領域において研究が精力的に行われている。環境問題にかかわる学問としては，とかく自然科学系の領域が思い浮かべられがちであるかもしれないが，人文科学や社会科学においても環境問題は研究対象として重要な位置を占めている。環境問題は，社会・経済システムや政治システムのあり方，およびそうしたシステムの下での人間や組織の行動様式と深くかかわっており，環境保全の実現に向けた方策を見出すうえで人文・社会科学の学問領域が果たしうる役割は大きいといえる。

第13章 経済学は環境問題をどう捉えるか

社会科学の領域の1つである経済学では，財やサービスが取引される市場の機能に対してもっぱら関心が寄せられてきた。そうした中で，A.C.ピグーが「外部不経済」という概念を提示したことにより，環境問題を経済学的に分析する枠組みの礎が築かれることになった（Pigou, 1920)[1]。そして今日では，ピグーの業績を基礎としながら環境経済学という学問分野が確立されるに至っている[2]。

本章では，経済学が環境問題をどのように捉え，その解決に向けていかなる処方箋を提示しうるのかを解説しながら，環境と経済をめぐる課題を考察するための視座を示していきたい。

2．環境と経済はどうかかわっているのか

2.1 希少資源としての環境

環境は，空気や水を供給するなど，人間が生存していくために必要な生命維持システムとしての機能や，食糧や燃料，鉱物など，人間がさまざまな活動を行っていくうえで不可欠な資源を供給するという機能を持っている。また，人間の生活空間（アメニティ）を供給するという機能も有している。さらに環境は，人間の生産活動や消費活動に伴って生じる大気汚染物質や水質汚濁物質，ごみなどの廃物の捨て場としての機能を持っている。廃物の捨て場として環境を利用することが可能なのは，廃物を分解・浄化する能力を環境が有しているからである。

環境が廃物を分解・浄化してくれるとはいっても，その許容量には限界がある。これを環境容量という。人間の活動の規模がさほど大きくなかった時代には，環境中に捨てられる廃物の量・質ともに環境容量を超えない範囲にとどまっていた。しかし，経済の成長・発展とともに人間の活動の規模が拡大すると，廃物の量は急激に増加していき，プラスチックや化学物質など，環境にとって分解したり無害化したりするのが困難な廃物も増えていった。こうして，人間の活動の規模が環境容量を超えるようになり，大気汚染や水質汚濁，アメニティの劣化，生物多様性の喪失などといった形で環境破壊が顕在化するに至った

のである。このような状況は，廃物の量や質が環境容量の範囲内に収まっていた時代のように誰もが自由に環境を廃物の捨て場として利用することができなくなったことを意味する。つまり，環境は希少資源になったのである。

　かつてのように人間の活動の規模が環境容量を超えない状況にあるならば，環境資源は自由財，すなわち対価を支払うことなく好きなだけ利用できる財である，ということになる。経済学は，希少資源をどのように配分すれば社会全体の利益につながるのかを研究する学問であるから，環境資源が自由財であれば，経済学がこれを分析対象として取り扱うことはない。しかし，環境資源はもはや自由財ではなく希少資源であり，そうであればこれは経済学が分析すべき対象となる。こうして，環境資源の利用と管理のあり方にかかわる経済分析を行う学問分野として環境経済学が必要とされるようになったのである。

2.2　経済成長と環境問題

　日本は1950年代後半から1960年代にかけて経済が飛躍的に成長した。この高度経済成長の時代を経験した日本国民は，物質的に豊かな生活を送れるようになったが，その反面，大気汚染や水質汚濁などの深刻な産業公害に直面することにもなった。この時代に公害が深刻化した理由は，経済成長に伴い生産が拡大し，投入される資源やエネルギーの量が増えたため，それらを利用することで排出される大気汚染物質や水質汚濁物質，ごみなどの廃物の量も増加していったことにある。

　また，経済成長とともに消費者のライフスタイルが変化していったが，このことが家庭から出るごみに影響を及ぼすようになった。その1つの例が容器包装廃棄物の増加である。核家族化の進行や共働き世帯の増加により，調理済み食品や飲料などをスーパーマーケットやコンビニエンスストアで購入する消費者が増えていった。それに伴い，プラスチックトレーやペットボトルなどの容器包装材が廃棄物となって家庭から大量に排出されるようになったのである。こうした容器包装廃棄物をはじめとするごみの増加により，最終処分場の残余容量の逼迫という問題に対する懸念が広がっていくことになった。

　以上のように，日本は経済成長により財・サービスの生産・消費の拡大を実

現したが，同時に廃物の量が増大していった。かくして，我が国は「大量生産・大量消費・大量廃棄」の時代を迎えることになったのである。

　ここで，日本の環境がどのように変化してきたかについて，大気と水質に関するいくつかのデータを用いてみてみよう。大気に関しては，代表的な汚染物質である二酸化硫黄と浮遊粒子状物質を取り上げる。二酸化硫黄については，その大気中濃度が 1965 年度から測定されている。環境庁（1991）によれば，年平均値でみた二酸化硫黄濃度（一般環境大気測定局のデータ）は 1967 年度の 0.059 ppm をピークにその後減少を続け，1989 年度には 0.011 ppm にまで低下した。また，浮遊粒子状物質については，測定が始まった 1974 年度においては，濃度の年平均値（一般環境大気測定局のデータ）が 0.059 mg/m^3 であったが，その後減少傾向を示すようになり，1989 年度には 0.039 mg/m^3 になった（環境庁，1991）。2011 年度のデータでは，浮遊粒子状物質の濃度は 0.020 mg/m^3 にまで低下している（環境省，2013）。

　水質の状況については，環境基準の達成率でみてみよう。環境省（2013）によれば，河川の環境基準達成率は，1975 年度前後には 60％に満たない状況であったが，その後改善が進み，2011 年度には 93％の達成率を実現するに至っている。また，閉鎖性水域である湖沼の環境基準達成率は河川のそれよりも低く推移しているものの，近年になって改善傾向がみられ，2011 年度の達成率は 53.7％となっている（環境省，2013）。

　以上でみた指標の推移からは，高度経済成長期に悪化していった環境の状況は，近年には改善していることがうかがわれる。これは，経済成長と環境汚染との間に一定の関係があることを示唆しているようにも思われる。すなわち，環境汚染は経済成長の初期段階においては悪化していき，ある一定の所得水準に至ると改善の方向に転じるという関係である。経済成長と環境汚染の間にあるこのような関係をめぐる議論は「環境クズネッツ仮説」と呼ばれている。こうした経済成長と環境汚染の関係をグラフで表す場合，図 13-1 のような逆 U 字型の曲線で描かれる。これは環境クズネッツ曲線として知られている。

　しかしこのことは，経済が成長していけば何も対策をしなくても環境は改善されるということを意味しているわけではない。高度経済成長によって日本の

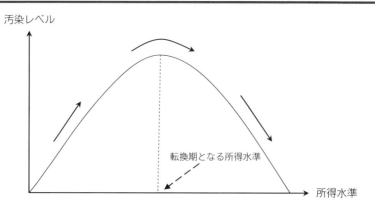

図13-1　環境クズネッツ曲線

国民は物質的な豊かさを得たが，その一方で，豊かになったがゆえに，環境が悪化していく事態を無視することができなくなっていったのである。当時は公害反対を唱える住民運動が盛んに行われ，公害問題への対応を求める世論も高まっていった。こうした状況の中，公害対策のための法制度が政府によって整備され，汚染削減に向けた活動が進められるようになっていったのである。このように，環境問題に対応するには，多くの場合，政府が民間の経済活動に対して何らかの介入を行うことが必要なのである。

2.3　地球環境はいまどうなっているのか

日本の国内においては，公害対策が進んだこともあって，大気汚染や水質汚濁は1970年代から今日に至るまでの間に一定程度改善されてきたといえるだろう。しかし近年，地球温暖化や森林破壊，砂漠化，生物多様性の喪失といった地球規模の環境問題が深刻化しつつあるといわれる。いま地球環境がこうした諸問題に直面しているのは，人間の活動の規模が拡大してきたからにほかならない。

現在の人間の活動はどれくらい地球環境に依存しているのだろうか。これをみるのに有用な指標として，エコロジカル・フットプリントがある。これは，生物生産力や廃物の吸収力といった自然環境が提供してくれるさまざまなサー

ビスを人間がどの程度必要としているかを土地や水域の面積によって測定したものである。この指標は，平均的な生物生産力や廃物吸収力を持つ土地1ヘクタールを意味するグローバルヘクタール（gha）という単位で表現される。このエコロジカル・フットプリントと実際にサービスを提供できる自然環境の面積（総生物生産力，あるいはバイオキャパシティと呼ばれる）とを比較することで，人間の社会・経済活動のレベルが環境容量を超えているか否かが判断できる。

WWF（2014）は，1961年から2010年の間に世界全体のエコロジカル・フットプリントと総生物生産力がどのように推移してきたかを報告している。それによれば，1961年における総生物生産力は99億gha，エコロジカル・フットプリントは76億ghaと計測されており，人間の活動レベルは環境容量の範囲に収まっていたという。しかし2010年には，総生物生産力が120億ghaに増加したにもかかわらず，エコロジカル・フットプリントはこれを大きく上回る181億ghaになった。技術進歩，肥料や農薬の投入，灌漑などにより農耕地での生産性が向上したこともあって，1961年から2010年の間に総生物生産

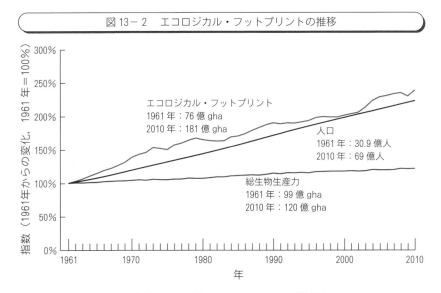

図13-2　エコロジカル・フットプリントの推移

出所：WWFジャパン『生きている地球レポート2014　要約版』。

力は増加したが，それを上回るペースでエコロジカル・フットプリントが増大したのである。図13－2は，1961年を基準とする指数で表現されたエコロジカル・フットプリントと総生物生産力の推移を示している。この図より，エコロジカル・フットプリントがいかに速いペースで増えてきたかをうかがい知ることができる。

3．地球温暖化問題をめぐる政治と経済

3.1 地球温暖化と国際協調

　WWF（2014）は，エコロジカル・フットプリントに関して，化石燃料の燃焼によって排出される二酸化炭素（CO_2）がその最大の要素であると指摘している。大気中のCO_2は森林や海洋によって吸収されるが，人間の社会・経済活動に起因するCO_2排出量は地球環境が吸収可能な量をすでに超えてしまっている。このことにより大気中のCO_2濃度が上昇し，地球温暖化が引き起こされる。温暖化によって気候システムに変化がもたらされ，将来的に地球規模で大きな損害が発生することが懸念されている。このような事態を回避するには一国の対策だけでは不十分であり，世界各国が協調しながら地球温暖化問題に取り組んでいく必要がある。

　一般に，大気などの地球環境は，グローバルに便益をもたらす国際公共財としての性質を持っている[3]。したがって，ある国が地球温暖化対策に取り組むことで発生する便益は国境を越えて他国にも及ぶので，そうした対策に取り組んでいない他の国も享受することができる。そのため，費用を負担せずに便益を得ようとする行動をとる国が出てくることは不可避であると考えられる。このように，公共財の費用負担を回避して便益のみを享受しようとする主体をフリーライダーと呼ぶ。各国がフリーライダーとして行動するならば，どの国も対策を行おうとしないため，地球温暖化を防止することが困難になってしまう。

　このような地球温暖化問題の特徴に関しては，しばしばゲーム理論の分析枠組みを用いて説明される。いま，温室効果ガスの排出削減を実施するかどうかについて国際社会が協議している状況を考えよう。ここでは議論を簡単にする

ために，A国とB国の2カ国だけしか存在しないものとする。A国・B国ともに対策実施に賛成し，それぞれが25億円の削減費用を負担して対策に取り組む場合，両国ともに40億円に相当する便益（＝回避される損害額）を得ることができるものと想定する（したがって得られる純便益は40億円－25億円＝15億円である）。対策を実施することに両国が反対すれば，A国とB国双方にとって費用負担が生じることはないが，便益を得ることもできない。また，対策実施にA国とB国のどちらか一方だけが賛成した場合には，賛成した国のみが25億円を投じて対策を行うことになるとする。ここでは，A国・B国のどちらか一方の対策だけでは地球温暖化を抑制する効果が半減してしまうと想定し，片方の国のみが対策を実施することでA国・B国のそれぞれが得る便益は20億円に減少するものとしよう。そうすると，対策を実施した国にとっての純便益は－5億円（＝20億円－25億円）であるのに対して，対策を実施しなかった国は費用を負担しないで済むので20億円の純便益を得ることになる。

表 13－1　地球温暖化防止をめぐる国際交渉のゲーム理論分析

A国＼B国	対策に賛成	対策に反対
対策に賛成	15,　15	－5,　20
対策に反対	20,　－5	0,　0

　以上をゲーム理論でいう戦略形ゲームで表現したものが表13－1に示されている。この表の各欄にある数値については，左側がA国の純便益，右側がB国の純便益を表している。この状況の下で，A国およびB国はどのような選択をするのが合理的であろうか。B国が対策に賛成した場合，A国が受け取る純便益は賛成すると15億円，反対すると20億円であるから，A国は反対した方が得られる利益が大きい。もしB国が反対するならば，A国は賛成すると5億円の損失を被るが，反対すれば損失は生じないので，A国は反対する方を選ぶだろう。つまり，B国が賛成・反対のどちらを選択したとしても，A国にとっては対策に反対することが合理的なのである。一方，B国にとっ

ても置かれている状況はA国と同じなので，A国の選択にかかわらず反対することが合理的である。かくして，A国・B国ともに対策に反対するので，温室効果ガスの排出削減は実施されないということになる。このように，各主体が自身にとって合理的な選択を行うことにより，結果として社会全体にとって非合理的な帰結がもたらされる状況を社会的ジレンマと呼ぶ。地球温暖化をめぐる国際交渉の状況は，社会的ジレンマの1つとして捉えることができるのである。

3.2 地球温暖化をめぐる国際交渉

　地球温暖化をめぐる国際交渉を社会的ジレンマとして捉えた場合の理論的帰結は悲観的なものである。では，実際の国際交渉はこれまでにどのような経緯を辿ってきたのであろうか。

　1992年，リオデジャネイロで開催された国連環境開発会議（地球サミット）において気候変動枠組条約が採択されたことで，地球温暖化問題への国際的な取り組みの第一歩が踏み出された。この条約は，「気候系に対して危険な人為的干渉を及ぼすこととならない水準において大気中の温室効果ガスの濃度を安定化させること」を究極的な目的としている。また，「共通だが差異ある責任」という原則の下で，気候変動を緩和するために先進国が率先して対策を行うことなどが定められている。しかし，気候変動枠組条約は各国が果たすべき具体的な義務を設定しておらず，地球温暖化防止の実効性という点で不十分な内容であった。そこで，先進国に対して削減の数値目標を課す議定書を策定することが，ベルリンで1995年に開催された気候変動枠組条約第1回締約国会議（COP1）において決定された。この決定の後，議定書策定をめぐる交渉が行われ，1997年12月に開催された気候変動枠組条約第3回締約国会議（COP3：京都会議）において京都議定書が採択された。

　地球温暖化防止の国際的枠組みをめぐっては，交渉の当初から各国・各地域の利害が鋭く対立した。中国やインドなどを中心とする途上国グループは，これまでに大量の化石燃料を使用してきた先進国に地球温暖化を招いた責任があるという立場をとり，途上国に対する削減の義務付けは経済成長を阻害するこ

とにつながるとして拒否してきた。一方，欧州には地球温暖化対策に積極的に取り組む国も多く，国際交渉を牽引する役割を欧州連合（EU）が担っていた。米国は，経済成長に伴って温室効果ガス排出量が増加することが予想される途上国も削減に取り組む必要があることを強調してきた。また，地球温暖化によって引き起こされる海面上昇などの影響を受けやすい小規模な島や沿岸部の低地で国土が構成される国々は，小島嶼国連合（Alliance of Small Island States）を設立して国際交渉の場において気候変動の緩和に向けた取り組みを強く要請してきた。

このような対立がある中で京都議定書の採択にこぎつけたものの，その後始まった議定書の運用細則をめぐる交渉は難航を極めることとなった。2000年のハーグ会議（COP6）では議論がまとまらず，翌年の再開会合まで合意は持ち越された。その間，ブッシュ政権の下で米国が京都議定書からの離脱を表明したことで交渉の行方が危ぶまれたが，再開会合でのボン合意を受け，2001年にマラケシュで開催されたCOP7において運用細則に関する正式な合意（マラケシュ合意）に至り，京都議定書は2005年になってようやく発効した。

3.3　京都議定書とは何か

京都議定書では，2008～12年における先進国（附属書Ⅰ国）の温室効果ガス排出量を1990年比で5％削減することが規定された。同時に議定書は先進各国に対して削減の数値目標を設定し，その達成を義務付けた。この数値目標の設定は，許容される排出総量を定めたことと同義であり，これはすなわち先進各国に排出権を割り当てたことを意味している。また，数値目標が設定された先進国は，その達成に際して，排出権取引，共同実施，クリーン開発メカニズム（Clean Development Mechanism：CDM）という排出権の国際的移転のための仕組みを活用することが認められている。先進国は，自国内での削減によって数値目標を達成することが困難である場合，京都メカニズムと総称されるこれら3つの仕組みを通じて獲得した排出権を遵守に利用することができる。

排出権取引は，自国内での削減による数値目標の達成が困難である先進国が，他の先進国で余剰となっている排出権を購入し，それを目標達成に利用するこ

とができる，という仕組みである。共同実施は，ある先進国が他の先進国において排出削減プロジェクトを実施し，それによる排出削減分を排出権として獲得するという制度である。CDM は，排出削減プロジェクトの実施を通じて先進国と削減義務を負っていない発展途上国（非附属書 I 国）との間で排出権の移転が行われる仕組みである。CDM の場合，先進国の数値目標達成を支援することのみならず，先進国からの技術や資金の流入を通じて途上国が持続可能な発展を実現することも目的とされている。

こうした排出権移転メカニズムを機能させるためには，規制対象となる先進国に排出権をあらかじめ配分しておく必要がある。京都議定書による削減の義務付けは，排出権の初期配分という意味を持っている。つまり，数値目標の設定は，先進各国にとっては単なる温室効果ガス排出量に対する制約ではなく，排出権という経済的価値を持つ資産の割り当てでもあったのである。巨額の資産価値を有することにもなりうる排出権の配分をめぐる国際交渉が難航するのは，至極当然のことといえる。

3.4 ポスト京都議定書をめぐって

京都議定書は，2013 年以降の国際的枠組み（いわゆるポスト京都議定書）をめぐる議論において，いわば雛型となっていた。ただし，京都議定書と同型の方式を基礎としてポスト京都議定書の国際的枠組みを構築するならば，数値目標設定の対象を中国やインドなどの新興国や発展途上国にも拡大していくことに関する議論は避けられない。

2009 年にコペンハーゲンで開催された COP15 では，ポスト京都議定書の国際的枠組みについて議論され，合意に至るのではないかという期待があった。しかし実際には，COP15 では 2013 年以降の法的拘束力のある国際的枠組みに関して踏み込んだ議論はなされず，新興国への削減の義務付けはおろか，先進国の削減義務についても合意することができなかった。この交渉結果は，京都議定書のように温室効果ガス排出削減に関する国別数値目標の設定を軸に国際的枠組みを構築していくことの難しさを改めて痛感させるものであった。

2011 年にダーバンで開催された COP17 では，温室効果ガス主要排出国すべ

てを対象にした新しい国際的枠組みを 2020 年に発効させ実施に移すことや，2013 年以降の枠組みについては京都議定書を延長することなどが合意された。この合意内容は，次期の国際的枠組みの議論をその後の交渉に委ね，2013 年以降に生じる国際的枠組みの空白期間を京都議定書の延長によって埋めるということを意味している。京都議定書延長に参加しているのは EU 加盟国やオーストラリアなど限られた先進国であり，日本などはこれに参加しなかった。

こうした状況は，世界全体として地球温暖化防止への取り組みが後退しつつあることを多くの人々に印象付けた。しかし，2010 年にカンクンで開催された COP16 では，産業革命以前の水準と比較した場合の世界の平均気温の上昇幅を 2℃以内に抑える必要があることが確認されている。これを実現するためには，世界全体で温室効果ガスの排出量を 2050 年までに半減させなければならないといわれる。これは極めて挑戦的な目標であるが，その達成に向けてまず求められるのは，米国や中国，インドなども含めた主要排出国がすべて参加して温室効果ガスの排出削減に取り組む体制を作り上げることである。

そして，2015 年にパリで開催された COP21 において，ようやく新しい国際的枠組みが採択されることとなった。パリ協定と呼ばれるこの枠組みは，途上国を含むすべての国が参加するものであり，各国が自主的に削減目標を設定してその達成に向けて行動することを求めているが，京都議定書とは異なり目標達成に法的拘束力はない。このような枠組みの下で，目標達成に向けた各国の努力をいかに引き出していくかが今後の大きな課題である。

4．環境税や排出権取引の機能とは

地球温暖化防止のための国際的枠組み構築の進展状況ははかばかしいものとはいえない。しかし，国内レベルや地域レベルでみると，欧米諸国を中心に環境税や排出権取引といった政策手段を活用した地球温暖化対策が進められてきた。欧州では，1990 年代にスウェーデンやデンマーク，オランダなどにおいて炭素税が導入された。また，EU は域内共通の地球温暖化対策として 2005 年に排出許可証取引制度（EU Emissions Trading Scheme：EU-ETS）を開始し

た。この EU-ETS の開始により，排出権取引は各国・各地域の地球温暖化対策をめぐる議論において中心的位置を占めるようになった。例えば，米国では排出権取引を含む政策措置の策定が連邦政府よりも早く州レベルで進んでおり，2005 年に北東部諸州は火力発電所からの CO_2 排出量の削減をめざして「地域温室効果ガス・イニシアティブ（Regional Greenhouse Gas Initiative：RGGI）」と呼ばれる共同プロジェクトに合意した。この RGGI では，削減目標を達成するための政策手段として排出権取引が導入されている。また，西部諸州も排出権取引を活用した気候政策の策定に動き出し，2007 年に「西部気候イニシアティブ（Western Climate Initiative）」を立ち上げた[4]。

　環境税や排出権取引を導入することにはどのような意義があるのだろうか。第 2.1 節で述べたように，現在は人間の活動の規模拡大に伴って廃物の量や質が環境容量を超えるようになった。そのため，いまでは環境は希少資源となっている。標準的な経済学は，希少資源を効率的に配分するには価格メカニズムが有効であると考える。これにしたがえば，環境問題の解決には，廃物の捨て場として環境を利用する際に対価を支払わせるような何らかの仕組みが必要だということになる。これが，環境税や排出権取引といった環境政策手段を導入することの理論的根拠である。

　環境税や排出権取引が導入されると，どのような効果が期待されるのであろうか。これについて，簡単な数値例を用いながら説明したい。まず，環境税の効果について考えよう。いま，政府がある汚染物質に対して排出量 1 トン当たり 5,000 円の税率を設定したと想定する。ここで，この汚染物質を 1 トン排出しており，これを削減すべきか否かの意思決定をしようとしている工場があるとする。削減費用が 3,000 円であるとすると，もしその 1 トン分の汚染物質を削減しなければ，この工場は 5,000 円の環境税を政府に支払う必要がある。しかし，3,000 円の費用を負担して自ら削減すれば，環境税を支払わずに済む。したがって，この工場にとっては，1 トン分の汚染物質を自ら削減するのが合理的である。しかし，削減費用が 6,000 円であった場合には，自ら削減してこの額の費用を負担するよりも，5,000 円の環境税を支払った方が合理的である。このように，環境税の下では，汚染源となっている主体の合理的な選択の結果

として，全体の排出量のうち1トン分の削減費用が税率よりも安い部分が削減されることになる。こうして，ある汚染物質の排出削減に要する費用が最小化されるのである。

続いて，排出権取引が導入された場合を考えよう。いま，政府は多くの工場が立地するある地域の環境を改善するため，この地域全体の汚染物質排出量の目標を定めた環境規制を策定したとする。この規制においては，目標を達成するための政策手段として，排出権取引が活用されることになっている。排出権取引の実施に際して，政府はこの地域の目標排出量に相当する排出権を発行し，汚染物質を排出する工場に対してこれを配分することになる。各工場は，規制を遵守するために自身の汚染物質排出量に相当する排出権を保有していなければならない。もしある工場の排出量が配分された排出権よりも多いのであれば，この工場は排出権が余っている工場から不足分を購入して規制を遵守することができる。

ここで，この地域に立地する工場のうち，汚染物質を1トンずつ排出している2つの工場（工場Aと工場B）を取り上げて考えてみよう。工場Aと工場Bの1トン分の削減費用は，それぞれ1,500円と2,800円であるとする。排出権は譲渡可能とされているので，これを売買する取引市場が成立し，排出権価格が形成される。ここでは1トン当たり2,000円の価格がついているとしよう。このとき，工場Aは，もし1トン分の排出権を配分されている場合には，自ら削減して1,500円の削減費用を負担するのが合理的である。なぜなら，削減することで余剰となった排出権1トン分を市場で売却することで2,000円の収入が得られ，削減費用を差し引いても正の純利益（500円）が生じるからである。もしこの工場が1トン分の排出権を持っていなければ，排出権を購入せずに自ら削減するのが合理的である。なぜなら，削減費用の方が排出権価格よりも安いからである。

一方，工場Bについては，1トン分の排出権を持っていればそれを保有して削減を回避するのが合理的である。この工場の削減費用（2,800円）の方が排出権を売却して得られる収入（2,000円）よりも大きいことがその理由である。また，1トン分の排出権を持っていないのであれば，排出権価格よりも高くつ

く削減費用を負担せずに済むように，排出権を1トン分購入するのが合理的である。

次に，工場A，Bのみを取り上げ，2つの工場から排出される2トンの汚染物質を1トンに抑制するという目標が設定された状況を考えよう。政府は，排出権の初期配分として，1トン分の排出権を工場Aに配分したとする。このとき，1,500円以上で排出権を売ることができるのであれば，工場Aは自ら削減して排出権を売却するのが合理的である。一方，工場Bは，2,800円以下で排出権を買うことができるのであれば，1トン分の排出権を購入するのが合理的である。つまり，工場Aと工場Bは，互いに排出権を売買するインセンティブを持つのである。この売買が行われた場合，1トン分の削減は，政府から排出権を配分されなかった工場Bではなく工場Aが実施することになり，削減費用は工場Bが削減した場合の2,800円から工場Aの削減費用である1,500円に低下する。このようにして，排出権取引を通じてより安価な工場で削減が実施されることになる。これにより，汚染物質排出量の目標が最小費用で達成されるのである。

環境税と排出権取引は，どちらも廃物の捨て場として環境を利用する際の対価を支払わせるための仕組みを経済システムの中に組み込もうとする方策として捉えることができる。しかし，実際の環境政策の策定においては，こうした政策手段の導入は政治的障害に直面する場合が多い。その理由は次のとおりである。環境税や排出権取引を通じた価格付けにより，廃物を排出する主体には経済的負担が生じる。生産工程で大気汚染物質や温室効果ガス，産業廃棄物などが大量に生じる産業界にとって，このような価格付けは非常に大きな負担を伴うことになる。したがって，環境政策をめぐる政治プロセスでは，産業界からの抵抗を受けて，政策手段を通じた価格付けが不十分なものになったり，政策の導入そのものが頓挫したりすることも少なくないのである。日本の地球温暖化対策をめぐるこれまでの経緯は，環境税や排出権取引を導入しようとする試みが直面する政治的困難を如実に示している[5]。

5．おわりに──環境共生社会の実現に向けて

　21世紀の今日，人間が構築してきた社会・経済システムを環境と共生しうるものに変革していくことが求められている。そうした社会・経済システムの実現にとって重要なのは，経済学の観点からいえば，廃物の捨て場としての環境利用に価格付けをすることである。そのための政策手段である環境税や排出権取引の導入は，欧米諸国などを中心に試みられつつある。また，京都議定書に排出権取引の規定が盛り込まれたことは，温室効果ガス排出に対する価格付けのための仕組みを導入する試みが国際的な規模で展開していくことへの期待を抱かせた。このように，現在，我々は環境共生社会に向けた変革の過渡期にある。しかし，その変革の進展状況は順調なものとはいいがたい。

　ただし，廃物の捨て場としての環境利用に対する価格付けが依然として不十分なままだとしても，それ以外の方策で環境に配慮した行動をとるように人間や組織を誘導することは可能である。企業の環境対策を資金面で支援する助成措置は，以前から採用されてきた方策の1つである。また，地球温暖化対策においては，再生可能エネルギーによる電力の固定価格買取制度に関心が寄せられている。これは，再生可能エネルギー起源の電力を一定の価格で買い取ることを電力会社に義務付けるという制度であり，ドイツなどの欧州諸国では再生可能エネルギーの普及促進において目覚ましい成果を挙げている。日本でも再生可能エネルギーによる電力の固定価格買取制度が2012年より始められている。このほか，リサイクルされた材料を使用して生産された商品であることや，省エネルギー性能に優れた家電製品であることなどの情報提供の仕組みを強化することで，消費者の購買行動をより環境に配慮したものへと変化させることができるかもしれない。

　このように，人間や組織の行動を環境と共生しうるものに誘導していくための手段はいくつも存在する。環境経済学の研究領域では，そうした手段を導入することが環境と経済の両立という点でどのような成果を実現しうるのかを理論・実証の双方から検討する作業が進められている。この作業を通じて，環境

共生社会の実現に向けた政策措置や制度のあり方を議論するうえで有用な知見が蓄積されていくものと期待される。

【注】

1) 外部不経済とは，ある経済主体の行動が市場を経由せずに他の経済主体の利益（効用や利潤）を損なっている現象をさす。環境問題は，ある主体が汚染物質や廃棄物などをそのまま環境中に排出し，健康被害や自然破壊などの形で他の主体に対して直接的に悪影響を及ぼすことで発生する。したがって環境問題はまさしく外部不経済である。
2) 環境経済学という学問分野の全体像については，拙著（2014）を参照されたい。
3) 一般に，環境資源は公共財としての特徴を持っている。例えば，大気や河川，湖沼，海浜などは，対価を支払わずに利用しようとする主体を排除することが困難である。この性質を非排除性と呼ぶ。またこれらは，ある主体が利用しながら他の多くの主体も同時に利用することができるという面も持っている。この性質は非競合性と呼ばれる。経済学において，公共財は非排除性や非競合性という性質を有する財として定義される。
4) 米国では，酸性雨対策として二酸化硫黄排出許可証取引制度が1995年から実施されている。この制度の詳細については拙著（2008）を参照されたい。また日本では，東京都がCO_2排出削減を目的として2010年度より大規模発生源を対象とする排出権取引制度を開始している。
5) 日本における地球温暖化対策と排出権取引制度の導入をめぐる議論や動向については，例えば諸富・浅岡（2010）を参照。

参考文献

環境省（2013）『平成25年版環境白書－循環型社会白書／生物多様性白書』日経印刷。
環境庁（1991）『平成3年版環境白書』大蔵省印刷局。
浜本光紹（2008）『排出権取引制度の政治経済学』有斐閣。
浜本光紹（2014）『環境経済学入門講義』創成社。
諸富　徹・浅岡美恵（2010）『低炭素経済への道』岩波書店。
Pigou, A.C.（1920）*The Economics of Welfare*, Macmillan.（気賀健三等共訳

『厚生経済学』I～IV，東洋経済新報社，1953～55 年）

World Wide Fund for Nature (WWF) (2014) *Living Planet Report 2014 : Species and Spaces, People and Places.* [McLellan, R., L. Iyengar, B. Jeffries, and N. Oerlemans (Eds)]. WWF, Gland, Switzerland. <http://wwf.panda.org/about_our_earth/all_publications/living_planet_report/>

第14章　環境と貿易

米山昌幸

> **第14章の学習ポイント**
> ◎経済学で使用される標準的な分析道具である需要と供給のモデルについて学習し、これを用いて分析することの意義を理解する。
> ◎閉鎖経済および自由貿易という状況下での市場分析を通して、環境問題の存在がどのような経済的帰結をもたらすかを学ぶ。
> ◎生産活動に伴って環境汚染が発生する状況で貿易を自由化することによる影響について学んだうえで、各国が環境問題に対処するために適切な政策を実施することが、自由貿易を推進する際の前提条件であるということを理解する。

1．はじめに

　貿易と環境の問題が注目されるようになったのは、1991年のキハダマグロ事件が発端であるといわれている[1]。この事件は、米国がイルカを保護することを目的とした国内法「1972年海洋哺乳動物保護法」に基づいて、イルカの混獲率が高い漁法で漁獲しているメキシコ等からのキハダマグロおよびその加工品に対する輸入を一方的に禁止した事件である。これに対して、メキシコがGATT（関税と貿易に関する一般協定）に提訴し、1991年、GATTにパネルが設置され、本措置がGATT違反である旨のパネル報告が提出された。本措置について米国は、「人、動物又は植物の生命又は健康の保護のために必要な措置」および「有限天然資源の保存に関する措置」（GATT第20条　一般的例外の（b）と（g））であり、数量規制の一般的禁止規定の例外として認められると主張し

た。メキシコは米国との二国間の話し合いにより解決を図ったため，理事会でのパネル報告の採択には至らなかった[2]。これに対して環境保護団体が強く反発し，貿易と環境の問題が政治問題となった。結局，米国は「国際イルカ保存計画法」を制定し，後にメキシコ，エクアドル，エルサルバドル，スペインからの輸出を承認したことで終結をみた。

その後，GATT ウルグアイ・ラウンド（1986～94 年）において採択されたWTO（世界貿易機関）設立の前文に「環境の保護・保全および持続可能な開発」が明記され，1994 年マラケシュ閣僚会議において，「貿易と環境に関する委員会（CTE）」設置が決定されるなど，環境と貿易の関係が WTO において重要な論点として認識されるようになった。

貿易されている財が，輸入国あるいは輸出国で環境問題を引き起こしていることから，「貿易が環境問題を悪化させているのではないか」「環境問題も考慮した場合には貿易自由化を促進すべきではないのではないか」と主張されることがある。日本の輸入が輸入相手国において環境被害をもたらした事例としては，木材，エビ，キャットフード，パーム油などがあり，また日本の輸出が輸出相手国において環境破壊をもたらした事例としては，廃カー・バッテリー，廃家電などの廃棄物や日本国内で利用が禁止されている農薬の輸出などがある。貿易相手国の環境行政が十分に機能しない場合には，グローバリゼーションの進展に伴う貿易の拡大が環境破壊を悪化させることにつながることがよく知られている。

環境破壊は，以前はローカルな国内問題に留まっていたが，近年ではオゾン層の破壊，地球温暖化，酸性雨，熱帯雨林の減少，砂漠化，海洋汚染，野生生物種の減少，有害廃棄物の越境汚染など，地球環境問題が議論になっている。環境に影響を与える貿易に関連した活動は，①生産，②輸送，③消費，④廃棄の各段階に分けて考える必要があり，貿易によって各国あるいは世界全体の環境がどのような影響を受けるかについて一概に断定することは難しい。

そこで，本章では生産活動に伴って発生する環境汚染について焦点を当て，貿易が環境汚染に及ぼす影響について考察する[3]。ここでは，経済学の観点から，環境被害を考慮したときに自由貿易は制限すべきかどうかという議論を考

える。この議論に入る前に、まず第2節において議論に必要な経済学のツールである需要・供給曲線を使った余剰分析について簡単に解説しておこう。そのうえで第3節では、自由貿易によって国内生産が増加する輸出産業を想定して、貿易による環境汚染の拡大を根拠に自由貿易を否定できるのかを経済モデルによる分析で検証し、第4節で本章の主張をまとめる。

2．経済学のツールの準備

　本節では、次節で必要となる経済学のツールを説明しておきたい。経済学において、「望ましい」あるいは「望ましくない」と評価する場合に、余剰分析という概念を使う[4]。経済主体は消費者、生産者、政府の3つであるので、それぞれの経済主体の利益を測る指標である消費者余剰、生産者余剰、政府余剰という概念について解説する。なお、ここでは完全競争的なクロスバイクの市場を想定しており、クロスバイクは同質財であり、それを供給する生産者、購入する消費者は多数存在し、情報は完全であると仮定している。

2.1　需要曲線と消費者余剰
□消費者余剰

　まず、消費者の利益を表す消費者余剰について説明する。消費者余剰は消費者が消費しないときよりも消費したときにどれだけよくなるかを表したものであり、消費者が市場に参加することから得られる利益のことである。図14−1は、消費者をクロスバイクの評価額（限界消費便益）の大きい順に並べたものである。限界消費便益とは、追加的にもう1単位消費することから得られる便益のことである。これは消費者がそのクロスバイクをいくらで評価しているかを表しているので、消費者はこの金額以下であればクロスバイクに支払ってもよいと考えている。このように、クロスバイクに消費者が支払ってもよいと思う金額（このことを支払意思額という）の高い順に消費者を並べたものを需要曲線と呼ぶ。消費者余剰は、支払ってもよいと思う金額（支払意思額）から実際に支払った金額を差し引いて算出される。

図 14−1　消費者のクロスバイクの評価額

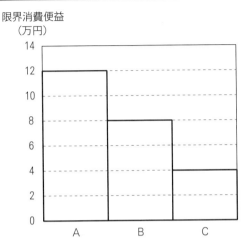

　いま，クロスバイクの市場価格が 10 万円であったとしよう。そのときには，10 万円を支払ってこのクロスバイクを購入してもよいと考えている消費者は A だけであり，A が支払ってもよいと思う 12 万円から実際に支払った 10 万円を差し引いた金額，すなわち 2 万円が A の消費者余剰ということになる。また，もしクロスバイクの市場価格が 6 万円であれば，A と B の支払意思額が市場価格を上回っているので，A，B の 2 人がクロスバイクを購入する。そのとき，A の消費者余剰は 12 万円から 6 万円を引いて 6 万円，B の消費者余剰は 8 万円から 6 万円を引いて 2 万円となり，市場全体の消費者余剰は 6 万円と 2 万円を足し合わせて 8 万円となる。

　図 14−1 には 3 人の消費者しか描かれていないが，実際の市場には多数の消費者が存在する。すべての消費者を支払意思額の大きい順に並べると，階段状の部分が非常に小さくなるので，図 14−2 のような滑らかな右下がりの曲線となり，これが一般的な需要曲線となる。

　いま，市場価格が Op_1 であるとすると，消費量は OQ_1 となり，支払意思額の合計額が消費量までの需要曲線の高さ，すなわち DKQ_1O となる。実際の支払額は市場価格 Op_1 ×消費量 OQ_1 であるので，p_1KQ_1O となる。したがって，

図14-2 需要曲線と消費者余剰

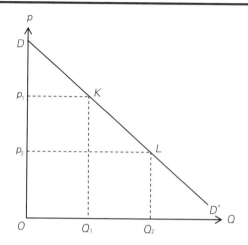

消費者余剰は支払ってもよいと思っている金額 DKQ_1O から実際に支払った金額 p_1KQ_1O を差し引いて DKp_1 となる。なお，価格が Op_2 に下がれば，消費者余剰は DLp_2 に増えることになる。

2.2 供給曲線と生産者余剰

□**生産者余剰**

次に生産者の利益を表す生産者余剰について説明する。生産者余剰とは，生産者が生産しないときよりも，生産したときにどれだけよくなるかを表したものであり，生産者が市場に参加することから得られる利益のことである。図14-3は，生産者をクロスバイクの生産費用（限界生産費用）の小さい順（すなわち，生産の効率性の高い順）に並べたものである。限界生産費用とは，生産者が追加的にもう1単位生産するために最低必要な費用のことである。生産者はこの限界生産費用以上の価格であればそれを販売してもよいと考えている。このように，生産者がクロスバイクを販売してもよいと思う金額の低い順に生産者を並べたものを供給曲線と呼ぶ。生産者余剰は，実際に販売した金額から，その生産にかかった費用を差し引いて算出される。

図14−3 生産者のクロスバイクの生産費用

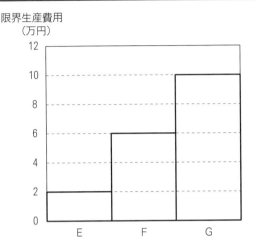

　いま，クロスバイクの市場価格が4万円であったとしよう。このときには，4万円で販売して利益が出る生産者Eだけしかクロスバイクを生産しない。販売してもよいと考える生産者はEだけであり，Eが実際に受け取る販売収入4万円からEの生産費用2万円を差し引いた金額，すなわち2万円がEの生産者余剰ということになる。また，もしクロスバイクの市場価格が8万円であれば，生産費用が市場価格を下回っているEとFの2社には利益が出るので，クロスバイクを生産して販売する。そのとき，Eの生産者余剰は市場価格8万円から生産費用2万円を引いて6万円，Fの生産者余剰は8万円から6万円を引いて2万円となり，市場全体の生産者余剰は6万円と2万円を足し合わせて8万円となる。

　図14−3には3社の生産者しか描かれていないが，実際の市場には多数の生産者が存在する。すべての生産者を生産費用の小さい順に並べると，階段状の部分が非常に小さくなるので，図14−4のような滑らかな右上がりの曲線となり，これが一般的な供給曲線となる。

　いま，市場価格が Op_1 であるとすると，生産量は OQ_1 となり，この生産に最低必要な費用は生産量までの供給曲線の高さ，すなわち SMQ_1O となる。実

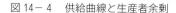

図 14−4　供給曲線と生産者余剰

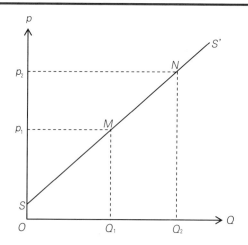

際の販売収入額は市場価格 Op_1 × 生産量 OQ_1 であるので，p_1MQ_1O となる。したがって，生産者余剰は販売収入 p_1MQ_1O からその生産に最低必要な費用 SMQ_1O を差し引いて p_1MS となる。なお，価格が Op_2 に上がれば，生産者余剰は p_2NS に増えることになる。

　図 14−2 の需要曲線と図 14−4 の供給曲線を 1 つの図に重ねて描いたものが図 14−5 である。この図において，市場均衡は需要曲線 DD' と供給曲線 SS' の交点 E で得られ，市場均衡価格は Op^*，均衡数量は OQ^* に決まる。完全競争市場均衡において，消費者余剰は DEp^*，生産者余剰は p^*ES となり，社会全体の総余剰（社会的余剰）は消費者余剰と生産者余剰を合計して DES と求められる。完全競争市場均衡のときに社会的余剰が最大になることから，次節で取り上げる環境被害のような外部不経済が存在しない場合には，自由市場が最も望ましいことが知られている。完全競争市場では，政府の介入は必ず社会的余剰の減少をもたらすことになる。

　ところで，政府が関税収入や補助金を供与する場合には，政府の余剰も計算に加えなければいけないので，ここで政府余剰について説明しておこう。

図14-5 市場均衡と総余剰

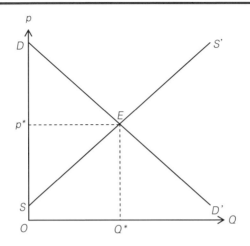

□政府余剰

　政府余剰は，消費者余剰や生産者余剰とは少し異なる概念である。消費者余剰や生産者余剰は消費や生産をしないときよりもしたときに，どれだけよくなったかということを表している。しかし，政府余剰は財政収支で表され，それが黒字であれば，その黒字分はいずれ国民に一括して分配され，道路や公共施設の整備などに使われるので，その金額も一国の便益として捉えられる。また逆に，財政赤字があれば，その赤字分はいずれ税金などの形で民間から徴収されるので，一国の損失と考えることができる。すなわち，政府余剰は財政黒字であればプラスで計上され，財政赤字であればマイナスで計上される。したがって，社会的余剰は，以下のように消費者余剰，生産者余剰，政府余剰を足し合わせて計算される。

　　社会的余剰＝消費者余剰＋生産者余剰＋政府余剰

　これで，第3節での議論に必要な経済学のツールの準備はできたので，いよいよ環境汚染がある場合に自由貿易は制限すべきかどうかについてみていくことにしたい。

3. 環境保全と貿易政策
――自由貿易は環境汚染を悪化させるか

貿易されている財が，輸入国あるいは輸出国で環境問題を引き起こすことがある。そのような場合，「貿易が環境問題を悪化させるのではないか」という疑念や，「環境問題も考慮した場合に，貿易自由化を促進するべきか否か」という議論がしばしばなされる。

本節では，輸出国の貿易利益とは何かを説明したうえで，環境面を考慮すると貿易を制限するのが望ましい場合があることを示す。ただしこの場合の貿易制限はあくまでも次善の策（セカンド・ベスト）である。適切な環境政策を実施したうえで貿易自由化をすることによって最善（ファースト・ベスト）の状態を達成できることを述べたい。以下では，部分均衡分析の小国モデルを用い，「汚染財」と呼ばれる生産工程が環境を汚染する原因となっている財の市場のみを扱って議論を進める。

3.1 輸出国の貿易利益

ここでは，ベンチマークとして，部分均衡モデルを用いて通常の輸出国の貿易利益についてみてみる。図14－6には，ある財についての国内需要曲線 DD'，国内供給曲線 SS' が描かれている。閉鎖経済においては，国内需要曲線 DD' と国内供給曲線 SS' の交点 A で市場均衡が達成されるので，均衡価格は Op_A，国内生産量（＝国内消費量）は OQ_A に決まる。すると，消費者余剰 DAp_A，生産者余剰 p_AAS となり，閉鎖経済均衡での社会的余剰は（1）式のとおり，DAS となる。

[閉鎖経済均衡]

$$\text{社会的余剰} = \text{消費者余剰} + \text{生産者余剰}$$
$$= DAp_A + p_AAS$$
$$= DAS \tag{1}$$

図14−6　貿易利益（輸出国のケース）

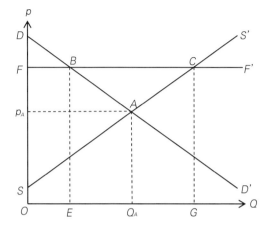

DD'：国内需要曲線
SS'：国内供給曲線
FF'：外国の輸入需要曲線

　次に，この国が貿易を開始したときの貿易利益についてみてみる。ここでは，閉鎖経済下の均衡価格が国際価格 Op_A よりも低く，貿易を開始するとこの国は当該財の輸出国となるケースを設定する。簡単化のため，ここでは「小国の仮定」を置くことにする。これは，この国の輸出量が世界全体の貿易に占めるシェアが低いために，この国が国際市場で輸出を始めてもその財の国際価格に影響を与えないというものである[5]。

　小国の仮定により，この国の輸出財に対する外国の輸入需要曲線 FF' は水平となり，当該財の国際価格は OF で一定になる。自由貿易下では，国内需要と外国の輸入需要を合わせた総需要曲線は DBF' となる。よって，自由貿易均衡では，総需要曲線 DBF' と国内供給曲線 SS' の交点 C で市場均衡が達成されるので，均衡価格は OF，国内生産量は OG，国内消費量は OE，輸出量は EG に決まる。$OG>OQ_A$ であることからわかるように，貿易を行うことによって国内での生産量は閉鎖経済の場合よりも増加する。このとき，消費者余剰は DBF，生産者余剰は FCS となり，自由貿易均衡での社会的余剰は（2）式のとおり，DBCS となる。貿易を開始したことによって，社会的余剰が閉鎖経済の場合の DAS から DBCS に増加したので，貿易利益が BCA だけ発生していることがわかる（表14−1参照）。

表 14-1 貿易利益（輸出国）のまとめ

	閉鎖経済	自由貿易	変　化
市場価格	Op_A	OF	↑
国内生産量	OQ_A	OG	↑
国内消費量	OQ_A	OE	↓
輸 出 量	ゼロ	EG	↑
消費者余剰	DAp_A	DBF	$-FBAp_A$
生産者余剰	p_AAS	FCS	$+FCAp_A$
財政収支	ゼロ	ゼロ	
社会的余剰	**DAS**	**DBCS**	**+BCA**

[自由貿易均衡]

社会的余剰＝消費者余剰＋生産者余剰

$$= DBF + FCS$$
$$= DBCS \qquad (2)$$

3.2 外部不経済と貿易利益

　さて，次に外部不経済を導入してみよう。国内市場に外部経済や外部不経済など[6]，何らかの不完全性（これを「市場の失敗」という）がある場合には，貿易を行うことで社会的余剰が小さくなることがある。そのような場合には，貿易政策による介入が有効となる可能性がある。ここでは，生産面に外部不経済が生じるケースを考える。外部不経済とは，私的コスト計算では考慮されない費用が発生している状況を指す。そうした費用は市場取引では考慮されずに，市場の外で他の経済主体に不利益をもたらしているという意味で「外部不経済」という。生産に伴って河川汚濁や大気汚染などの公害が発生する，生産活動で森林を伐採することで洪水などの被害が発生する，鉱物資源の採掘に伴い鉱害が発生するなど，ここでは生産活動に伴う環境被害を外部不経済として想定する。

3.2.1 外部不経済が内部化されていないケース

この国の輸出財の生産に伴って環境汚染が発生すると、先の考察はどう変更されるだろうか。図14−7には、国内生産1単位当たり HS 分だけ（SS' と HH' の垂直距離に当たる部分）の外部不経済が発生している状況が描かれている。国内私的供給曲線 SS' に単位当たり外部不経済を加えた HH' がこの財を供給するための社会全体の費用を表す曲線となり、これを社会的費用（供給）曲線と呼ぶ。

まず、環境汚染による外部不経済が内部化されていない場合の閉鎖経済での社会的余剰からみていく。外部不経済が内部化されていないときには、国内需要曲線 DD' と国内私的供給曲線 SS' の交点 A で市場均衡が達成されるので、均衡価格は Op_A、国内生産量（＝国内消費量）は OQ_A に決まる。すると、消費者余剰は DAp_A、生産者余剰は p_AAS となるが、国内生産量 OQ_A に関して1単位当たり HS 分だけの外部不経済が発生しているので、消費者余剰と生産者余剰の合計から外部不経済 $HKAS$ を差し引かなければならない。よって、閉鎖経済均衡での社会的余剰は（3）式のとおり、$DIH-IKA$ となる。

図14−7 外部不経済が内部化されていないケース

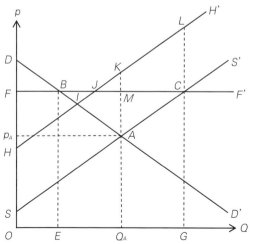

DD'：国内需要曲線
SS'：国内私的供給曲線
HH'：社会的費用（供給）曲線
FF'：外国の輸入需要曲線

[外部不経済が内部化されていないときの閉鎖経済均衡]

$$
\begin{aligned}
社会的余剰 &= 消費者余剰 + 生産者余剰 - 外部不経済 \\
&= DAp_A + p_AAS - HKAS \\
&= \boldsymbol{DIH - IKA} \quad\quad\quad\quad\quad\quad\quad\quad (3)
\end{aligned}
$$

次に、この国が貿易を開始したときの社会的余剰をみてみる。いま、外国の輸入需要曲線が FF' で与えられると、国内需要と外国の輸入需要を合わせた総需要曲線は DBF' となる。よって、自由貿易均衡では総需要曲線 DBF' と国内供給曲線 SS' の交点 C で市場均衡が達成されるので、均衡価格は OF、国内生産量は OG、国内消費量は OE、輸出量は EG に決まる。このとき、消費者余剰は DBF、生産者余剰は FCS となるが、国内生産量 OG に関して1単位当たり HS 分だけの外部不経済が発生しているので、消費者余剰と生産者余剰の合計から外部不経済 $HLCS$ を差し引かなければならない。よって、自由貿易均衡での社会的余剰は（4）式のとおり、$DBJH - JLC$ となる。

[外部不経済が内部化されていないときの自由貿易均衡]

$$
\begin{aligned}
社会的余剰 &= 消費者余剰 + 生産者余剰 - 外部不経済 \\
&= DBF + FCS - HLCS \\
&= \boldsymbol{DBJH - JLC} \quad\quad\quad\quad\quad\quad\quad (4)
\end{aligned}
$$

貿易を開始したことによって、閉鎖経済下の社会的余剰 $DIH - IKA$ から自由貿易下の社会的余剰 $DBJH - JLC$ に変化しているので、$BMA > KLCM$ であれば社会的余剰は自由貿易の方が大きくなるが、$BMA < KLCM$ であれば閉鎖経済の方が大きくなる。これは、外部不経済が内部化されていない状況で自由貿易が経済学的に正当化されるのは、貿易によって生産量が拡大することで得られる生産者余剰の増加分と比較して生産拡大に伴う環境被害の増加分が小さい場合に限られる、ということを意味している。このように、外部不経済が内部化されないような場合には、貿易の自由化によって必ずしも社会的余剰が大きくなるとはいえないのである。したがって、$BMA < KLCM$ のケースでは、

表 14-2 貿易利益（外部不経済が内部化されていないとき）

	閉鎖経済	自由貿易	変　化
市場価格	Op_A	OF	↑
国内生産量	OQ_A	OG	↑
国内消費量	OQ_A	OE	↓
輸出量	ゼロ	EG	↑
消費者余剰	DAp_A	DBF	$-FBAp_A$
生産者余剰	p_AAS	FCS	$+FCAp_A$
財政収支	ゼロ	ゼロ	
外部経済	$-HKAS$	$-HLCS$	$-KLCA$
社会的余剰	**$DIH-IKA$**	**$DBJH-JLC$**	**$+BMA-KLCM$**

次善の策（セカンド・ベスト）として経済厚生上，貿易を禁止することが正当化できる（表14-2参照）。

3.2.2 外部不経済が内部化されたケース

では次に，外部不経済が発生しているときにそれが内部化されていたとしたら，貿易自由化が与える影響はどう変わるかをみていこう。まず，閉鎖経済において外部不経済が内部化されたケースを考える。

図14-8に示すように，閉鎖経済において外部不経済を内部化するための政策として，国内需要曲線DD'と社会的費用曲線HH'との交点Iで生産されるように，生産1単位当たりINの従量生産税を課すことを想定する。このような政策が行われると，限界収入（市場価格）OV＝私的限界費用NT＋生産税額INとなるので，国内生産量はOTとなる。なおこの場合，社会的限界便益と社会的限界費用はともに市場価格OVと等しくなっている。また，生産1単位当たりINを課す従量生産税は，汚染の限界被害と等しい税率になっている。これはピグー税と呼ばれるものである[7]。市場価格がOVであるので，国内消費量もOTとなる。このケースでは，消費者余剰はDIV，生産者余剰はWNSとなり，生産税による税収$VINW$が政府余剰として発生する。しかし，国内生産量OTに関して1単位当たりHS分だけの外部不経済が発生して

284　第Ⅳ部　法と経済から環境問題を考える

図 14-8　外部不経済が内部化されたケース

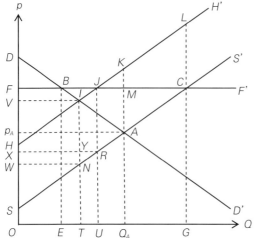

DD'：国内需要曲線
SS'：国内私的供給曲線
HH'：社会的費用（供給）曲線
FF'：外国の輸入需要曲線

いるので，消費者余剰，生産者余剰，政府余剰の合計から外部不経済 $HINS$ を差し引かなければならない。よって，閉鎖経済均衡での社会的余剰は（5）式のとおり，DIH となる。これを（3）式と比べると，外部不経済が内部化されない場合よりも，内部化された場合の方が IKA だけ社会的余剰が改善していることがわかる。

［外部不経済が内部化されているときの閉鎖経済均衡］

$$
\begin{aligned}
\text{社会的余剰} &= \text{消費者余剰} + \text{生産者余剰} + \text{政府余剰（生産税による税収）} \\
&\quad - \text{外部不経済} \\
&= DIV + WNS + VINW - HINS \\
&= \mathbf{DIH} \quad\quad\quad\quad\quad\quad\quad\quad\quad\quad\quad\quad (5)
\end{aligned}
$$

次に，外部不経済の内部化を行いながらこの国が貿易を開始したときの社会的余剰をみてみる。国内需要と外国の輸入需要を合わせた総需要曲線は DBF' なので，外部不経済を内部化するための政策は，総需要曲線 DBF' と社会的費

用曲線 HH' との交点 J で生産されるように，生産1単位当たり JR の従量生産税を課すことである。このような生産税を課すと，国内生産量は，限界収入（市場価格）OF＝私的限界費用 RU＋生産税額 JR となる OU に決定される。この場合，社会的限界便益と社会的限界費用はともに市場価格 OF と等しくなっている。市場価格が OF であるので，国内消費量は OE となり，輸出量は EU に決まる。このとき，消費者余剰は DBF，生産者余剰は XRS となるが，生産税による税収 $FJRX$ が発生する。しかし，国内生産量 OU に関して1単位当たり HS 分だけの外部不経済が発生しているので，消費者余剰，生産者余剰，政府余剰の合計から外部不経済 $HJRS$ を差し引かなければならない。よって，自由貿易均衡での社会的余剰は（6）式のとおり，$DBJH$ となる。

[外部不経済が内部化されているときの自由貿易均衡]

　　社会的余剰＝消費者余剰＋生産者余剰＋政府余剰（生産税による税収）
　　　　　　　－外部不経済
　　　　　　＝$DBF+XRS+FJRX-HJRS$
　　　　　　＝$DBJH$ 　　　　　　　　　　　　　　　　　　　　　　　（6）

　自由貿易均衡での社会的余剰 $DBJH$ を（4）式と比べると，外部不経済を内部化せずに貿易を自由化するよりも，内部化したうえで貿易を自由化した方が JLC だけ社会的余剰が改善されることがわかる。外部不経済の内部化を行ったときの貿易利益をみると，閉鎖経済均衡での社会的余剰は DIH，自由貿易均衡での社会的余剰は $DBJH$ であるので，貿易利益は BJI となる（表14－3参照）。

　このように，外部不経済が内部化されていれば，貿易自由化は必ず貿易利益をもたらす。また，外部不経済が内部化されたうえで貿易が自由化されるならば，社会的余剰は最大になる。このような解が最善（ファースト・ベスト）である。以上のことから，外部不経済が発生していることを理由に貿易自由化を拒む合理的な理由はなく，外部不経済を内部化するための適切な環境政策を実施したうえで貿易自由化を行うことが望ましいと結論づけることができる[8]。

表 14-3　貿易利益（外部不経済が内部化されているとき）

	閉鎖経済	自由貿易	変　化
市場価格	OV	OF	↑
国内生産量	OT	OU	↑
国内消費量	OT	OE	↓
輸出量	ゼロ	EU	↑
消費者余剰	DIV	DBF	−FBIV
生産者余剰	WNS	XRS	+XRNW
財政収支	VINW	FJRX	+FJRYIV−XYNW
外部経済	−HINS	−HJRS	−IJRN
社会的余剰	**DIH**	**DBJH**	**+BJI**

4．まとめ

　本章では，環境汚染が発生していても，それが内部化されていれば貿易自由化が必ず貿易利益をもたらすことをみてきた。環境被害が内部化されたうえで貿易が自由化されるならば，社会的余剰は最大となる。汚染物質を排出して生産される財が国際的に取引されることに関して，ただちに「環境の視点からは，自由貿易は望ましくない」といってしまいがちであるが，それは経済学的な視点で考えていないことによる誤解である。余剰分析と呼ばれる経済学のツールを用いて考えると，環境汚染を伴う方法で生産される財を輸出する場合であっても，その環境汚染を発生させる生産に課税することで外部不経済の内部化が実施されていれば，貿易自由化は必ず社会的余剰を増加させることがわかる。これは，各国が適切な環境政策を実施することが，自由貿易の利益を享受するための重要な前提条件になる，ということを示唆している。

　環境汚染が発生していることを理由に貿易自由化を否定する合理的な理由はなく，環境被害が内部化されていれば，貿易自由化を進める方が経済学的にはむしろ望ましいといえる，ということが本章の結論である。このように経済学のツールを使って議論を正確に考察すると，「環境被害をもたらすような方法

で生産される財は，貿易を制限した方がよい」というような，何となく正しそうな主張が実は正しくないということがわかるのである。

【注】

1) 松下他編（2000）には，パネルが結果的にイルカという天然資源を保護しようとする米国の措置をガット違反と認定した論拠が示されている（231～235頁を参照）。
2) 1992年には，EUおよびオランダ（オランダ領アンティル諸島を代表）の要請に基づき，再度パネルが設置され，1994年に本措置がGATT違反であるとの報告が提出された。しかし，この報告もまた米国の反対によって採択されていない。経済産業省「第II部 WTO協定と主要ケース 第3章 数量制限」『2015年版不公正貿易報告書』を参照（http://www.meti.go.jp/committee/summary/0004532/pdf/2015_02_03.pdf）。
3) 柳瀬（2012）には，貿易自由化が環境に与える影響をはじめ，国際的な視点から環境経済の諸トピックが扱われており，研究テーマの整理に有用である。
4) 余剰分析については，標準的なミクロ経済学の教科書を参照されたい。伊藤（2015），清野（2006）などがわかりやすい。
5) もしこの国の輸出量が国際市場の取引量に占めるシェアが大きければ，この国が貿易を開始して財を輸出すると，国際市場において輸出供給量が多くなるため，国際価格が低下するという交易条件効果が発生する。
6) 生産活動・消費活動が市場を媒介せずに他の生産者・消費者や社会全体にプラスの効果をもたらす場合を外部経済，マイナスの効果をもたらす場合を外部不経済という。
7) ピグー税の効率性や実施可能性については，植田他編著（1997），第1章を参照。
8) Corden（1997）の第2章 "The Theory of Domestic Divergence" は，国内において外部経済などにより私的評価と社会的評価に限界乖離が生じるような場合の最適政策について詳しく検討している。それによれば，限界乖離にできるだけ近いところでその乖離を是正することが最善の政策（ファースト・ベスト）となる。また，ファースト・ベスト以外にも多くの政策が考えられ，その政策に伴う副産物の歪みの大きさによって，セカンド・ベスト，サード・ベスト，フォース・ベスト，…というように政策階層として並べられることが説明されている。

参考文献

伊藤元重（2015）『入門経済学 第4版』日本評論社。

植田和弘・岡　敏弘・新澤秀則編著（1997）『環境政策の経済学――理論と現実』日本評論社。

清野一治（2006）『ミクロ経済学入門』日本評論社。

松下満雄・清水章雄・中川淳司編（2000）『ケースブック　ガット・WTO法』有斐閣。

柳瀬明彦（2012）「環境と国際経済」細田衛士編『環境経済学』慶應義塾大学出版会、255〜280頁。

Corden, W. M. (1997) *Trade Policy and Economic Welfare, 2nd Edition*. Clarendon Press.

第Ⅴ部
環境をめぐる今日的課題

とよた ecoful town（愛知県豊田市）に展示されているスマートハウス。暮らしの中でいかにして低炭素化を進めていくかが，地球温暖化対策における大きな課題の1つである。

第15章 環境政策と次世代自動車
—CO_2削減の観点から—

黒川文子

第15章の学習ポイント

◎地球温暖化を引き起こす原因となる自動車排ガスを低減させるために、日本をはじめとする先進諸国がどのような対策をとってきたかを学習する。
◎政府による燃費規制や地球温暖化対策の社会的要請を受けて、自動車メーカーが経営上の重要課題として次世代自動車の開発・普及に取り組んでいる状況を理解する。
◎低炭素社会の構築という目標を実現するうえで、次世代自動車に期待される機能とはどのようなものか、またその目標に向けて政府が果たすべき役割は何かを学ぶ。

---

1. はじめに──京都議定書からCOP21へ

　世界では大気汚染が深刻化してきており、肺などを中心に健康被害が多く出ている国もある。また、二酸化炭素（CO_2）の濃度が増加したため、太陽によって温められた熱が宇宙へ放射する量を減少させており、大気がこれまで以上に加熱されるようになってきた。このように地球温暖化が起こることによって海面が上昇し、国土消失の危機にある小さな島もある。さらには干ばつによる農作物への被害が、食糧危機を引き起こしている。日本でも、地球温暖化がさらに進めば、これまでより暑い夏が長く続き、四季が失われる可能性も出てくるであろう。また、日本の亜熱帯化が進むことにより、デング熱、西ナイル熱、

マラリアなどを引き起こす蚊も生息するようになる。また，りんご生産の適地が，これまでよりも日本の北方へと移動していくため，従来のりんご生産農家が高温のため生産できなくなる可能性もある。一方，大気中のCO_2を吸収することによって海水の酸性化が進めば，それに適応できない魚や貝の成長が阻害されて，漁獲量が減少することにもなりかねない。このような脅威を考慮すると，我々は，環境へのダメージを最小化するために，これまでのライフスタイルを改めざるを得ない。

　環境対策として，火力発電などのCO_2を多く排出するエネルギーの比率を低下させ，エネルギーミックスに占める再生可能エネルギーの比率を高めることが重要であろう。個人的には，各自の住宅に太陽光パネルを設置し，余った電気を蓄電池に貯めておき，夜間電力をそれでまかなうというライフスタイルも考慮の余地があると考えている。植林活動を促進し大気のCO_2を固定化させることも重要な活動であろう。自動車の排気ガスを少なくするために，公共交通インフラを充実させ，それらを日常的に利用することも推奨されよう。

　世界的な温室効果ガスの削減活動としては，1997年に採択された京都議定書により先進国のみが数値目標を設定されて削減義務を負うことになった。しかし，2010年の温室効果ガスの排出量で見ると，京都議定書参加国（第2約束期間までの参加国[1]）の排出量は世界のわずか13.4％をカバーするにすぎない[2]。こうした状況の背景には，米国を筆頭に主要排出国が議定書から離脱したという経緯がある。また，中国やインドなどの新興国の温室効果ガスの排出量が増大してきたため，先進国だけに削減義務を負わせることは，もはや世界的な温室効果ガスの削減にそれほど寄与しなくなってきた。

　そこで，気候変動に対する新たな枠組みをまとめたのが，2015年11～12月にパリで開催されたCOP21（気候変動枠組条約第21回締約国会議）である。ここで採択された枠組みが「パリ協定」であり，これに参加する国の排出量は世界のほぼ100％をカバーすることになる。「パリ協定」は法的拘束力を持ち，加盟する196カ国・地域すべてが以下の5点に関して努力するという，史上初めての枠組みを設定した[3]。

　①産業革命前からの世界の気温上昇を2℃未満にする。努力目標は1.5℃以

第15章 環境政策と次世代自動車
－CO_2削減の観点から－

黒川文子

> **第15章の学習ポイント**
> ◎地球温暖化を引き起こす原因となる自動車排ガスを低減させるために，日本をはじめとする先進諸国がどのような対策をとってきたかを学習する。
> ◎政府による燃費規制や地球温暖化対策の社会的要請を受けて，自動車メーカーが経営上の重要課題として次世代自動車の開発・普及に取り組んでいる状況を理解する。
> ◎低炭素社会の構築という目標を実現するうえで，次世代自動車に期待される機能とはどのようなものか，またその目標に向けて政府が果たすべき役割は何かを学ぶ。

1．はじめに──京都議定書からCOP21へ

　世界では大気汚染が深刻化してきており，肺などを中心に健康被害が多く出ている国もある。また，二酸化炭素（CO_2）の濃度が増加したため，太陽によって温められた熱が宇宙へ放射する量を減少させており，大気がこれまで以上に加熱されるようになってきた。このように地球温暖化が起こることによって海面が上昇し，国土消失の危機にある小さな島もある。さらには干ばつによる農作物への被害が，食糧危機を引き起こしている。日本でも，地球温暖化がさらに進めば，これまでより暑い夏が長く続き，四季が失われる可能性も出てくるであろう。また，日本の亜熱帯化が進むことにより，デング熱，西ナイル熱，

マラリアなどを引き起こす蚊も生息するようになる。また，りんご生産の適地が，これまでよりも日本の北方へと移動していくため，従来のりんご生産農家が高温のため生産できなくなる可能性もある。一方，大気中のCO_2を吸収することによって海水の酸性化が進めば，それに適応できない魚や貝の成長が阻害されて，漁獲量が減少することにもなりかねない。このような脅威を考慮すると，我々は，環境へのダメージを最小化するために，これまでのライフスタイルを改めざるを得ない。

環境対策として，火力発電などのCO_2を多く排出するエネルギーの比率を低下させ，エネルギーミックスに占める再生可能エネルギーの比率を高めることが重要であろう。個人的には，各自の住宅に太陽光パネルを設置し，余った電気を蓄電池に貯めておき，夜間電力をそれでまかなうというライフスタイルも考慮の余地があると考えている。植林活動を促進し大気のCO_2を固定化させることも重要な活動であろう。自動車の排気ガスを少なくするために，公共交通インフラを充実させ，それらを日常的に利用することも推奨されよう。

世界的な温室効果ガスの削減活動としては，1997年に採択された京都議定書により先進国のみが数値目標を設定されて削減義務を負うことになった。しかし，2010年の温室効果ガスの排出量で見ると，京都議定書参加国（第2約束期間までの参加国[1]）の排出量は世界のわずか13.4％をカバーするにすぎない[2]。こうした状況の背景には，米国を筆頭に主要排出国が議定書から離脱したという経緯がある。また，中国やインドなどの新興国の温室効果ガスの排出量が増大してきたため，先進国だけに削減義務を負わせることは，もはや世界的な温室効果ガスの削減にそれほど寄与しなくなってきた。

そこで，気候変動に対する新たな枠組みをまとめたのが，2015年11〜12月にパリで開催されたCOP21（気候変動枠組条約第21回締約国会議）である。ここで採択された枠組みが「パリ協定」であり，これに参加する国の排出量は世界のほぼ100％をカバーすることになる。「パリ協定」は法的拘束力を持ち，加盟する196カ国・地域すべてが以下の5点に関して努力するという，史上初めての枠組みを設定した[3]。

①産業革命前からの世界の気温上昇を2℃未満にする。努力目標は1.5℃以

内とする。

② 21世紀後半に人間活動による温室効果ガス排出量を，森林などの吸収量とバランスさせる。

③ すべての国・地域は温室効果ガス削減目標を作成し，国連へ提出することを義務とする。さらに，2023年以降5年おきに世界全体での削減状況の検証が行われ，これを踏まえて各国・各地域の目標が5年ごとに更新される。

④ 温暖化に伴う被害を軽減するために，世界全体の目標を設定する。

⑤ 先進国による途上国への資金の拠出を義務付ける。新興国も自主的に資金を拠出することを推奨する。

こうした新しい国際ルールは，温暖化防止に対する各国の義務を伴うものであり，評価できる内容である。

図15－1　日本におけるCO_2総排出量内訳（2012年度）

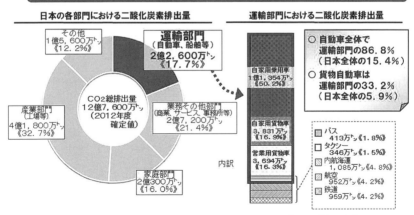

出所：国土交通省ホームページ。<http://www.mlit.go.jp/sogoseisaku/environment/sosei_environment_tk_000007.html>

COP21で日本が掲げた2030年のCO_2排出削減目標は，2013年比で26%削減するというものである。もし，日本の経済成長が想定以上に高かった場合，産業部門への負担は多大なものがある[4]。日本ではCO_2総排出量のうち，図15-1で示されるように，2012年度に運輸部門からの排出量が17.7%を占め，そのうちの86.8%を自動車（日本全体の15.4%）が占め，自家用乗用車に限ると運輸部門の50.2%を占めている。本章では，日本のCO_2総排出量の15.4%を占める自動車を中心に，CO_2削減の観点から日本の環境政策を考察していく。

2．次世代自動車の必要性

我々は，日常生活で次世代自動車の必要性をさほど感じていないというのが実情であろう。なぜならば，低価格で燃費の良いガソリンエンジンの自動車で満足しているからである。日本ではハイブリッド車が普及しているが，世界ではそれほど存在感はない。欧州ではハイブリッド車よりもディーゼル車や排気量が小さくそれを過給機で補ったガソリンエンジンの車が販売台数を伸ばしている。フランスやスペインではディーゼル車が新車販売台数の6割以上を占めている。米国ではガソリンが低価格ということもあり，いまだSUVなどの排気量の大きい車に人気がある。

しかし，日本，EU，米国などの先進国では燃費規制が次第に厳しくなってきており，自動車メーカーはCO_2ゼロまたは低燃費の車を販売する必要性に迫られている。米国のカリフォルニア州では，販売台数の一定比率をCO_2ゼロの車にするように大規模自動車メーカーに義務付けているため，電気自動車や燃料電池車などの次世代自動車の開発・販売をせざるを得ない。こうして自動車メーカーが次世代自動車を販売することで，我々はその存在と効用を認めるようになっているのである。そして，環境意識の高い消費者の中には，高価格の次世代自動車を買う者も出てきている。

つまり，自動車産業が引き起こす地球温暖化という外部不経済を解決するためには，次世代自動車の普及が必要であり，それを推進するためには政府の介入や規制が必要とされているのである。このような政府の介入・規制がなけれ

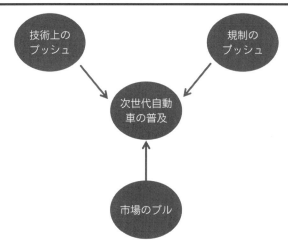

図 15-2　次世代自動車普及のための 3 つの要因

ば，自動車メーカーは利益を，消費者は低価格車の購入を優先してしまい，結果的に環境汚染を引き起こしかねない。

図 15-2 に示されるように，次世代自動車の普及には 3 つの要因が重要であろう。すなわち，①次世代自動車を開発するための技術上のプッシュ，②政府による介入・規制のプッシュ，③我々の次世代自動車購入というプルである。

3．日本，米国，EU の自動車燃費規制と自動車産業の未来図

3.1　日本の自動車燃費規制

日本においては，2015 年度目標として各自動車メーカーは車両の重量に応じて 16 段階で燃費規制を満たし，かつ，総販売台数の平均で 16.8 km/l の燃費基準を満たす必要があるとされている。電気自動車やハイブリッド車は規制の対象外であるが，もちろんこれらの車は燃費規制をクリアできている。

2020 年度目標として設定された燃費規制では，平均 20.3 km/l の燃費基準をクリアしなければならず，一段と厳しくなった。ただ，この基準の導入に際

しては変更点もあり，各自動車メーカーは販売台数に応じた加重平均で基準を満たせば良いとされるようになった．また，ハイブリッド車も規制の対象に含まれることになった．もし 20.3 km/l をクリアできない大排気量の高級車が含まれていても，売れ筋の燃費の良い車を持っていれば，自動車メーカーは新制度の燃費規制を満たすことができるようになる．したがって自動車メーカーは，スポーツカーなどの市場導入もためらうことなくできるようになるであろう．新制度によって，消費者の多様なニーズを満たすことができるため，若者の車離れを防ぐこともできよう．

車の購入者に対しては，2017 年 4 月より，自動車取得税に代わって燃費に応じて支払う新しい税金を導入しようとしている．現行の自動車取得税にもエコカー減税があるが，非課税対象車の割合は 3 割程度である．今度の新税では非課税対象車は新車販売台数の 5 割以上になる見込みである．新税は普通車の場合，燃費に応じて購入額の 0〜3％となり，軽自動車では 0〜2％となる．これにより，消費者はより燃費の良い非課税対象車を購入するインセンティブを持つようになるであろう．

3.2　次世代自動車の市場導入状況

我が国の自動車メーカーは規制のクリアだけではなく，企業イメージやユーザーの環境意識の高まりを背景に，電気自動車や燃料電池車等の次世代自動車を開発し，市場に導入している．しかし，電気自動車は市販されて数年が経つが，なかなか市場に浸透していないのが現状である．その理由の第一に，販売価格が高いことが挙げられよう．使用時の電気代はガソリンに比べて低価格であるが，購入価格の差を取り戻すには，長い期間がかかる．10 万 km を電気で走る場合，電気代は夜間電力だと 20 万円で済むが，ガソリンならば約 5 倍の 100 万円かかる．年間平均で 1 万 2,000 km 走るとしたならば，10 万 km 走行するのに約 8 年かかる．ガソリン自動車より 80 万円高い電気自動車を買うユーザーは，8 年以上電気自動車を保有しないと，そのメリットを享受できないことになる．しかも，ガソリン自動車の車種によって，電気自動車の方が 80 万円以上高いことも多い．

米国のテスラモーターズのスポーツカーのように，高級電気自動車というニッチ市場をターゲットとしている車は，価格が高ければ高いほどプレステージが上がり，販売増につながることもある。

　電気自動車が普及しない第二の理由として，充電スタンドが少ないことが挙げられよう。これは燃料電池車にもいえる。急速充電器の設置数は，2015年10月に6,015基であり，普通充電器は9,571基であった。1基設置するための費用は，約1,000万円（変圧設備が400万円，充電器が300万円，工事費等が300万円）である。第三の電気自動車普及の制約条件として，急速充電でも少なくとも30分かかるという時間的制約を挙げることができる。第四は，航続距離がガソリンエンジン車に比べて短いことである。日産リーフの航続距離は228 km，2015年末のマイナーチェンジ・モデルで280 kmであるが，エアコンなどの使用環境によって短くなる。したがって，電気自動車は長距離移動には不向きである。表15－1は我が国の電気自動車等の保有台数統計（推定値）である。

　我が国政府は2020年に電気自動車保有70万台（プラグインハイブリッド車を

表15－1　電気自動車等保有台数統計（推定値）

年度		2009年	2010年	2011年	2012年	2013年
電気自動車	乗用車	140	4,636	13,266	24,983	38,794
	貨物車	6	7	11	25	31
	乗合車	11	11	15	22	28
	特種車	11	16	30	31	34
	軽自動車	1,773	4,360	8,940	13,646	15,870
PHV	乗用車	165	379	4,132	17,281	30,171
電気自動車等合計		2,106	9,409	26,394	55,988	84,928
ハイブリッド自動車	乗用車	971,090	1,404,137	2,012,559	2,833,443	3,792,886
	貨物車	8,857	9,717	11,118	12,204	13,200
	乗合車	583	677	738	857	969
	特種車	2,871	3,464	4,243	5,313	6,144
	軽自動車	430	405	351	288	188
ハイブリッド自動車合計		983,831	1,418,400	2,029,009	2,852,105	3,813,387
電気自動車等／ハイブリッド自動車保有合計		985,937	1,427,809	2,055,403	2,908,093	3,898,315

出所：経済産業省　広報誌。

含む），さらに 2030 年には電気自動車普及率 30％をめざしているが，2013 年の時点で電気自動車保有台数 8 万台強という状況では，目標達成は難しいと思われる。ちなみに，各国の電気自動車の普及目標は以下の通りである。

　　米　　国：100 万台（2015 年）
　　中　　国：500 万台（2020 年。プラグインハイブリッド，燃料電池車を含む）
　　ド イ ツ：600 万台（2030 年）
　　フランス：200 万台（2020 年）
　　オランダ： 22 万台（2020 年）

　航続距離が短いという電気自動車のデメリットは，近距離用に用途を特定することによって解決できる。その場合，外出先での充電が不要となるため，家庭での普通充電だけで済む。将来，リチウムイオン電池の性能向上やコスト低減が実現し，さらにはポストリチウムイオン電池の開発によって航続距離が伸びるならば，電気自動車の普及が進むであろう。各国政府は電気自動車の購入支援策として補助金を出しているが，ノルウェーでは，電気自動車購入時の自動車関係諸税が免除され，さらには駐車料金が無料になり，渋滞時にはバス専用レーンが走行可能になる，といったさまざまな電気自動車購入インセンティブを用意している。

3.3　米国および EU の自動車燃費規制

　米国では，2015 年 9 月にフォルクスワーゲングループのディーゼル車の排ガス不正が報道された。フォルクスワーゲンは，燃費，排ガス，価格，走行性能の各要素でユーザーを満足させ，規制をクリアしないと販売台数が伸びないと感じていた。しかし，燃費，排ガス規制をクリアすると自動車の販売価格が高くなってしまう傾向があり，このトレードオフを解決しようとしたが，それができなかったため，今回のディーゼル車の排ガス不正につながったと思われる[5]。自動車の排ガスや燃費に対して米国には厳しい規制があるが，実は米国の燃費規制には欠陥がある。それは，消費者には燃費の良い車を購入する義務がないことである。米国の法制度には，日本の自動車税に相当する，排気量に

直接かかる税金が存在しない。そのため，ユーザーはより排気量の大きいSUVなどの車を買う傾向がある。

しかし，自動車メーカーに対しては，米国では企業別平均燃費規制（CAFE規制：Corporate Average Fuel Economy 規制）が導入された。乗用車のCAFE基準値は，1990年以降27.5 mile/gal（約11.7 km/l）に据え置かれている。近年，米国も燃費規制の強化に乗り出しており，2020年までに乗用車の基準値を35 mile/gal（約14.9 km/l）に引き上げる規制が定められた。さらに，オバマ政権が2025年式の乗用車の燃費基準を54.5 mile/gal（23 km/l）に最終決定した。

カリフォルニア州では，特別にフリート平均CO_2基準値が採用されており，2015年には17.6 km/l，2016年以降は18.3 km/lという最も厳しい州の基準を定めている。また，カリフォルニア州のZEV（Zero Emission Vehicle）規制では，排ガスを出さない電気自動車などを一定比率以上販売する義務を自動車メーカーに課している。なお，ZEV規制の対象自動車メーカーおよびゼロエミッション車の定義も流動的に変化しつつある。

EUは自動車のCO_2排出に関して自主規制を導入している。自主規制の対象車両は，乗車定員9人以下の乗用車である。2012年からは，メーカーごとに販売した新車の総平均CO_2排出量を130 g/km以下に削減する規制が導入されており，これは17.8 km/lの燃費に相当する。次のEUの規制強化案は，2020年に95 g/km（24.3 km/l）という案があり，これは非常に厳しい規制値といえよう。図15－3は日米欧の乗用車燃費規制値を比較したものであるが，EUが最も燃費基準が厳しい地域であることがわかる。

図15－4は，EU 27カ国の乗用車平均CO_2排出量推移と規制値（2000～2012年実績，2015/2021年規制値）を表したものである。EUの2012年CO_2排出量規制値と罰金の関係については，乗用車のCO_2排出量が規制値を上回った場合，超過分CO_2 1 gにつき95ユーロの罰金を支払わなければならないとされる。したがって，EUで販売を行っている各自動車メーカーは，（平均実質CO_2排出量－規制値）×95ユーロ×販売台数で算出される額の罰金を支払うことになる。その結果，毎年数千億円の罰金を課されることもあるため，各自動

300 第Ⅴ部 環境をめぐる今日的課題

図 15-3 日米欧の乗用車燃費規制値の比較

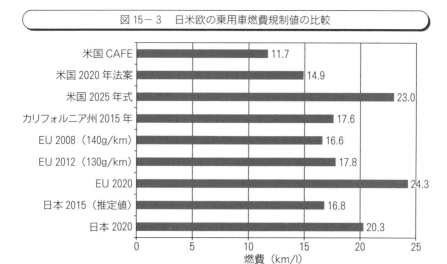

出所:環境省「【参考2】諸外国と我が国の自動車環境政策取組状況」より作成。
<http://www.env.go.jp/air/report/h21-01/ref3-1.pdf>

図 15-4 EU 27 カ国の乗用車平均 CO_2 排出量推移と規制値
(2000～2012 年実績,2015/2021 年規制値)

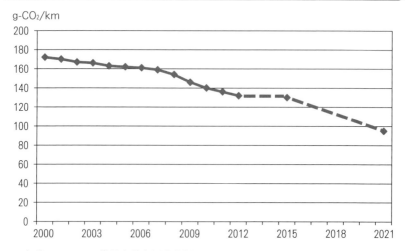

出所:FOURIN 世界自動車調査月報 No.344,2014 年 4 月,40 頁より作成。

車メーカーは赤字に転落する可能性も出てくる。

　実質的に平均CO_2排出量が規制値を大きく超えるような自動車メーカーは，低燃費小型車や電気自動車の販売比率を高めることによって，平均CO_2排出量を下げようとしている。今後，日米欧では燃費基準が厳しくなる一方であり，通常の内燃機関の燃費改善では基準をクリアすることが困難になってくるであろう。したがって，次世代自動車の開発および販売が各自動車メーカーにとって重要な課題となりつつある。

3.4　自動車産業の未来図

　自動車の排ガスによる環境汚染や地球温暖化を防ぐ手段として，各国・各地域の厳しい燃費規制やCO_2排出規制が非常に貢献している。現在，日本の有望な次世代自動車はハイブリッド車であり，将来の「国民車」となる可能性もある。すでにトヨタはハイブリッド車を累積330万台販売しており，グローバル累計販売台数は，2015年7月末までに800万台を突破した。さらにトヨタは2020年までに全車種をハイブリッド化する計画を立てている。フォルクスワーゲンのディーゼル車の排ガス不正が発覚したことにより，将来，クリーンディーゼル車よりもハイブリッド車に追い風が吹いているといえよう。日本の自動車メーカーにとって，今や国内だけでなくグローバルにハイブリッド車を販売する好機である。ハイブリッド車が日本で普及したのは，エコロジー（環境）でありながら，エコノミー（経済）であったからであり，電気自動車や燃料電池車と比較して価格優位性がある。しかし，ハイブリッド車やプラグインハイブリッド車はガソリンを使うため，汚染物質を排出するという欠点がある。したがって長期的に見ると，ハイブリッド車は電気自動車や燃料電池車が普及するまでの過渡期の車という位置付けにあると思われる。

　第三のエコカーと呼ばれる低燃費低価格小型ガソリン車もハイブリッド車同様の燃費性能を誇っており，日本はもとより新興国市場を中心に堅実に販売が見込まれる。ガソリン車は，いまだガソリンの持つエネルギーの約15％しか使用しておらず，残りを熱として捨てている。したがって，エンジン効率の向上，駆動系の改良，空気抵抗の低減，車両の軽量化，ころがり抵抗の低減など

を通して，今後さらなる燃費向上が見込まれよう。このような低燃費低価格小型ガソリン車も，まだ長く自動車販売の主要の座を占めるであろう。

　航続距離が短く，ユーザーが頻繁に充電を行う必要がある電気自動車の普及に関しては，自動車メーカーにとって長期戦と捉えた方が良いであろう。電気自動車を先行販売した企業は，社会インフラである「充電設備」の構築を率先して行わなければならない。後発企業は社会インフラ構築の面で，ある程度の「ただのり」ができる。したがって，電気自動車をいつ発売するかという意思決定は，各社の戦略と技術にかかわってくるといえよう。

　次世代自動車への転換戦略として，トヨタ自動車は2015年10月に2050年に向けた「トヨタ環境チャレンジ2050」を発表した。その宣言では，2050年にトヨタが世界で販売する新車のCO_2平均排出量を2010年比で9割削減するために，ハイブリッド車，プラグインハイブリッド車，燃料電池車，電気自動車を中心に展開するという目標を設定している[6]。自動車メーカーがいかに現在，環境対応へのプレッシャーが大きく，CO_2排出削減を迫られているかを，我々はこの宣言によってうかがい知ることができる。

　次世代自動車が必要となる理由は，①低燃費のガソリン自動車では実現できない排出ガスゼロ（電気自動車と燃料電池車の場合）という環境上の優位性，②ZEV規制などの燃費基準への対応，③スマートハウスでの蓄電池としての役割の3点を挙げることができる。次節では3点目の理由に関して考察していく。

4．スマートグリッドと次世代自動車

4.1　スマートグリッドにおける次世代自動車の役割

　スマートグリッドとは，電力網と通信網を融合させた次世代のエネルギー供給システムである。これによって，電力の需要と供給のバランスを監視・制御することで，再生可能エネルギーの有効利用と電力の安定供給を図ることができる。環境保護の観点から望ましいスマートグリッドとは，天候によって発電量が変わる太陽光や風力発電などの再生可能エネルギーを，蓄電池や電気自動車と組み合わせて安定的に使う新しい送電網システムであろう。つまり電気自

動車は輸送手段であるだけでなく，余った再生可能エネルギーを蓄電するツールとなりえるのである。

スマートグリッドは，もともと電力事情が悪い米国で，その解決策として浮かび上がった構想であった。日本でも東日本大震災を機に注目されるようになった。図15－5は，従来の電力システムと東日本大震災直後の状況，およびスマートグリッドの導入を表したものである。2011年の福島第一原子力発電所の事故により，電力の供給が不足したため，計画停電によって需要を抑えた時期があった。真っ暗な夜を経験し，生活の質が著しく阻害された人も多くいたであろう。将来はスマートグリッドの導入によって，災害などの非常時においても需要と供給をうまくバランスさせることができるようになると期待される。

図15－5 従来の電力システム vs. 東日本大震災（2011年3月11日）直後と将来のスマートグリッド

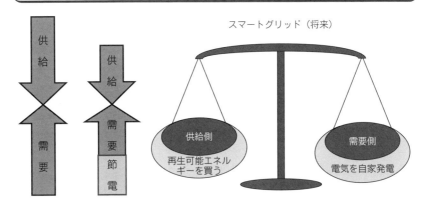

表15－2は既存エネルギーと再生可能エネルギーの特徴を表したものである。原子力発電は，CO_2の排出量が少なく，かつ電力の安定供給が可能なため，理想的なエネルギー源である。発電コストも相対的に低いが，いったん放射能漏れなどの事故が起きると，その対処費用は膨大なものになる。そして，福島第一原子力発電所の事故によって，世論は一気に原子力発電に対して否定的になり，2014年は原子力発電がゼロとなった。それを補うものとして石炭火力

表 15-2　各エネルギー源の特徴

エネルギー源	CO_2排出	発電コスト	安定性
原子力	○	○	○
石炭火力	×	○	○
LNG火力	△	○	△
石油火力	×	×	△
水　力*	○	○	○
地　熱*	○	△	○
太陽光*	○	×	×
風　力*	○	×	×

（注）・*は再生可能エネルギーであることを示す。
　　　・CO_2排出…○＝排出ゼロ，△＝排出量が少ない，×＝排出量が多い
　　　・発電コスト…○＝15円/kWh未満，△＝15円/kWh以上～20円/kWh未満，×＝20円/kWh以上
　　　・安定性…○＝出力が安定的，△＝出力が安定。燃料調達の地政学リスクあり，×＝出力が不安定
出所：週刊ダイヤモンド，2015年12月5日，53頁より作成。

発電が稼働率を高め，エネルギーミックスに占める比率が2014年に31%まで上昇し，その結果CO_2排出量も増加してしまった[7]。

　経済産業省のロードマップによると，エネルギーミックスに占める再生可能エネルギーの比率を，2030年に向けて10%程度から22～24%へ倍増させ，原子力発電の割合を20～22%に抑制する計画である。政府は太陽光から得られる再生可能エネルギーの比率を拡大しようとして，表15-3のように固定価格買取制度を導入した。2012年には10 kW未満の場合42円で10年間買い取るという好条件であったため，国内の多くの場所に太陽光パネルが設置された。これは環境上，非常に望ましいことではあったが，その高い買取価格の原資を消費者の電気料金から回収するため，我々の光熱費が跳ね上がってしまった。

　太陽光発電の買取価格は，契約年度によって異なっており，価格は下落する傾向にある。しかし，発電コスト以下の買取価格はありえないため，買取価格

表 15-3　太陽光発電の買取価格と買取期間

年　度	10 kW 未満 単独設置	10 kW 未満 自家発電設備等併設	10 kW 以上
2012 年	42.00 円/10 年	34.00 円/10 年	43.20 円/20 年
2013 年	38.00 円/10 年	31.00 円/10 年	38.88 円/20 年
2014 年	37.00 円/10 年	30.00 円/10 年	34.56 円/20 年

（注）2012 年度は，再生可能エネルギー特別措置法が施行された 2012 年 7 月 1 日から 2013 年 3 月 31 日までの期間の買取価格と買取期間を掲載している。
出所：資源エネルギー庁ホームページより作成。<http://www.enecho.meti.go.jp/category/saving_and_new/saiene/kaitori/kakaku.html>

の下限は存在する。問題は，一般家庭によく設置される 10 kW 未満の太陽光発電の場合，現行の電力買取制度では対象が電力の余剰分のみであり，蓄電池に貯めた電力は買い取ってもらえないことである。さらに，太陽光や風力から得られる再生可能エネルギーは，自然を相手にするため安定的な供給能力に欠ける。だが，その不安定さを補うものがスマートグリッドなのである。従来，消費者は電気を「使う」だけであったが，太陽光パネルで電気を「作り」，それを家庭用蓄電池や電気自動車に「貯めて」，省エネ家電などで電気を「使い」，余った電気をスマートグリッドで必要とする所に「送る」ことができる。我々の住居がスマートハウス化することによって，スマートコミュニティ，さらにはスマートグリッドの中に組み込まれ，双方向で電気を融通することができるのである。

　しかし，電気を「作り」，「貯める」ためには費用が生じる。それは太陽光パネルを設置する費用，家庭用蓄電池や電気自動車を購入する費用である。蓄電池はエネルギー網のハブとなる。電気自動車を蓄電池として利用する場合は，インフラとの連携を可能にするような，充放電可能な電気自動車技術の開発が必要となろう。また，双方向で電気を融通するには，地域の個々の電池状況の「見える化」が鍵となる。

　スマートグリッドに対するアプローチを見ると，海外では供給サイドからの

開発に重点を置いており，日本は電気自動車，高性能なバッテリー，夜間電力で充電するタイマーセットなどに見られるように，需要家サイドの技術開発に重点が置かれている。例えば，電気自動車の日産リーフは 24 kWh の容量を持つバッテリーを搭載している。家庭では 1 日に 3～15 kWh の電力を消費するので，このバッテリーは一般家庭の 1～2 日分の電力を供給することができ，また主要な家電製品を一度に使用することも可能である。このように，日産リーフは蓄電池としての使用に耐えうるのである。

電池は，電力網のどこに置くかによって，必要とする容量が変わってくる。例えば，発電機の近くでは 100 MWh が必要であり，送電網の途中に置く需給変動調整用の場合は 30 MWh が適切である。

4.2 各国のスマートグリッド事情

各国のスマートグリッド事情を日本と比較してみよう。米国には「デマンド・レスポンス」というものがあり，これによって，電力使用量のピーク時に電力会社がスマートメーターなどを通じて利用者側の電力消費量を制御できる。これを可能にしているのが，電力供給者と需要者の間の「中間業者」であり，電力会社の要望によって利用者の節電を促して電力を「集める」というビジネスを行っている。

日本の「中間業者」にはエナリスという企業があり，独自の需要予測の下に調達計画を立てて，電力を制御している。その際，「スマートメーター」によって家庭の電気使用情報を自動的に収集・発信できる。また，ピーク時の電気代を通常時の数倍に上げたり，逼迫時の節電に協力する条件で電気代を安くするような料金メニューを考え出し，省エネや電力の平準化に役立てている。

EU では，2020 年までに全世帯・企業の 8 割にスマートメーターを設置する計画がある。しかし，スマートメーターの普及は長くゆっくりとしたプロセスをとる傾向にある。補助金などの政府の政策や規制は，スマートメーター普及に非常に効果的である。イタリアとスウェーデンでは，すでにほぼ全戸に設置済みである。

逆に最も非効率的なスマートメーターの導入例として，イギリスが挙げられ

る。イギリスでは，2007 年に電気供給会社がスマートメーターを無償で設置することになった。政府から補助金が出なかったため，消費者が設置を希望すると，電気供給会社が費用を負担して設置しなければならなかった。電気供給会社は費用を最小化するために，無償で設置することをマスメディアに流さなかった。その結果，消費者はスマートメーターに関心を持たなかったという経緯がある。

スマートメーターを導入するためのオプションとして，以下の 3 つが考えられよう。

1．自由競争。最終的な判断は，消費者，電力供給会社，市場にまかせる。
2．電力供給会社にスマートメーターの設置を義務付ける（スウェーデン方式）。
3．スマートメーターを設置する独占企業を創設する（イタリア方式：エネル社が盗電防止目的で独占企業として設置を請け負った）。

日本はこれからスマートメーターの普及をめざそうとしている。スマートメーターの普及は，最終的にはスマートグリッドの構築へとつながっていくので，非常に重要である。スマートグリッド関連技術で競争力を持つ日本企業[8]は多い。スマートハウスのイメージは，図 15－6 のように示される。この図にあるように，スマートハウスでは家庭内の電気機器や発電機器を一元管理するシステム（Home Energy Management System：HEMS）が必要となる。

日本では，スマートハウスを含むスマートコミュニティの実証実験が，2010 年度から 2014 年度の 5 ヵ年計画で，福岡県北九州市，愛知県豊田市，神奈川県横浜市，京都市けいはんな学研都市の 4 地域において行われた。このうち，特に豊田市東山町と高橋町の実証実験で，次世代自動車が大きな役割を果たした。トヨタホームの建売住宅で，プラグインハイブリッド車版プリウス（充電 4 kW 可能）が無償貸与され，太陽光電池，燃料電池，家庭用蓄電池（5 kWh の鉛蓄電池），HEMS が使用された。そして，この実験では①車への充電をいかに効率よく行うか？（電力消費の平準化を見る）②どの程度，車を使い充電するか？（蓄電池の活用を見る）の 2 点が確認された。

スマートハウス，さらにはスマートコミュニティでは，電気自動車と電力系統が双方向にやり取りを行うことが重要となる。自動車自体が知能を持ち，人

図15-6　スマートハウスのイメージ

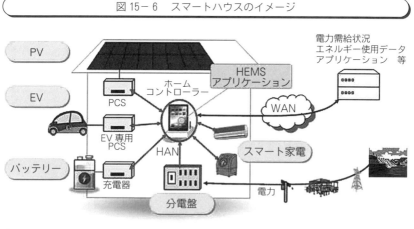

(注)　PV（Photovoltaic）　　　　　　　　　：太陽光発電
　　　PCS（Power Conditioning System）　：直流の電気を交流に変換する機器
　　　EV（Electric Vehicle）　　　　　　 ：電気自動車
　　　EV専用PCS　　　　　　　　　　　　　：EVへの電気を変換する機器
　　　HAN（Home Area Network）　　　　　 ：宅内の通信ネットワーク
　　　WAN（Wide Area Network）　　　　　 ：外部の通信ネットワーク
　　　スマート家電　　　　　　　　　　　　：従来の省エネ機能に加え，創エネ・蓄エネ機能を有した機器
　　　　　　　　　　　　　　　　　　　　　　がネットワークを介して繋がり，最適制御されるもの

出所：NEC資料より。<http://www.nec.co.jp/press/ja/1107/images/1203-01-01.pdf>

間の指図なしに蓄電したり送電したりすることができれば便利になるであろう。そうなると，車に組み込むソフトウェア開発が課題になってくる。それが機能するようになると，「車単体」から「スマートグリッドシステム」での輸出産業へと育てることができる。その場合，電池，安全性能評価手法，充電コネクタ・システム等で国際標準化戦略が必要となってくるため，業界や政府の総括的な対応が求められよう。

5．おわりに──将来の環境政策・エネルギー政策

　先端的な環境技術を組み込んだ商品の導入や政府の環境政策も重要であるが，まず我々消費者が環境保護に対して積極的に参加することが求められる。再生

すると，多大な先行投資が必要となる。その整備や，他メーカーによる燃料電池車の市場導入を促進するために，トヨタは特許公開という手段をとったのである。さらに，トヨタは次世代自動車の覇権を電気自動車とも争っている。すなわち，最初は他メーカーと協力して燃料電池車を普及させ，その後，燃料電池車の販売で競争していくというのがトヨタの戦略である。こう見ていくと，カリフォルニア州のZEV規制は，各自動車メーカーに次世代自動車の開発を促進させて環境対応を強化させるうえで，非常に影響力があるといえよう。

　我が国は，水素社会に向けて水素の価格を下げることが重要であろう。現在はおもに都市ガスやLPガスから水素を製造しているが，将来は海外の低コストの再生エネルギー由来の電気を長距離輸送することが考えられる。それには貯蔵に優れた液化水素という形で輸送するのが適切である。すでに各家庭のエネファーム（家庭用燃料電池）の累計販売台数が約11万台にのぼっており，政府は2030年までに530万台導入することを目標としている。また，太陽光発電の電気から水素を作り，貯蔵，利用できる自立型エネルギー供給システムを開発している企業もある。

　政府は水素社会をめざしているが，その実現には強い産業政策が不可欠である。産業政策で網羅されていないところは，逆に産業界から政府へ強い圧力をかける必要があろう。例えば，水素社会実現のための社会インフラ投資の促進が挙げられる。水素エネルギーを燃料とする発電用タービンや大型燃料電池は，水素大量供給インフラ構築の核となるが，民間企業は政府のバックアップなくしては，大型投資に踏み切れない面もある。水素社会をめざし，それに参加しようとする企業は，事業として採算ラインに乗せるまでにまだ長い期間を必要とするであろう。しかし，「環境」に優しく「エネルギー」として優れた水素を，日本の「経済発展」を支える企業が新エネルギーとして活用して，日本企業の競争優位に転換できるならば，「環境保護」と「経済発展」の両立が実現できる。そして，最も重要なのは，我々が水素のメリットをよく理解し，それを次世代のエネルギー源として受け入れる準備を整えることであろう。

車のライフサイクル・アセスメントを比較した場合，図15－7からもわかるように，CO_2排出量に大差はなく，8割程度に低減するだけである。驚くことに，燃料電池車よりも，むしろハイブリッド車の方がCO_2排出量が少ない。燃料電池車のCO_2排出量を低減するためには，水素を再生可能エネルギーから作るように転換する必要がある。燃料電池車の第二の課題は，車体本体と水素製造のコストを低下させることであり，また水素インフラの整備も必要である。

政府は「水素・燃料電池戦略ロードマップ」を策定し，燃料電池車投入と水素ステーション100カ所整備に補助金を出している。自動車メーカーも，2025年までに燃料電池車を200万円程度にし，2030年には200万台普及させることを目標としている。

稼働している水素ステーションに関しては，JX日鉱日石エネルギー，ホンダ／岩谷産業が整備しようとしているが，現在，水素ステーションの整備には4～5億円必要とされる。補助金は2.8億円である。ちなみにガソリン・スタンドの整備コストは1億円である。水素ステーションが多く設置されないと，燃料電池車の普及も進まないのである。燃料電池車普及のため，トヨタは表15－4のように，燃料電池や水素ステーション関連の特許を無償で提供するという思い切った決断をした。水素ステーション関連の特許に限っては無期限に提供され，それ以外は2020年までの期間に限定されている。この背景にあるのは，カリフォルニア州のZEV規制への対応である。トヨタは同州で燃料電池車を2017年末までに3,000台販売する戦略であるが，そのためには水素ステーションのインフラが必要である。そのインフラ整備をトヨタだけで行うと

表15－4　トヨタの特許無償供与の概要（約5,680件）

燃料電池システム制御関連	約3,350件	2020年まで
燃料電池の中核部品スタック関連	約1,970件	2020年まで
水素供給・製造など水素ステーション関連	約70件	無期限

出所：DRIVE ME CRAZY ウェブサイト。<http://carlife.biz/archives/1583/>

> 図15-7 ガソリン車，新型プリウス，FCHVのCO_2排出量の
> ライフサイクル・アセスメント

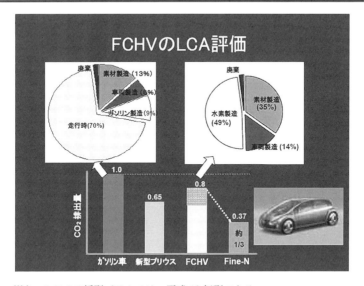

(注)・ここでの新型プリウスは，平成12年型である。
・FCHV (Fuel Cell Hybrid Vehicle)…トヨタが生産する燃料電池電気自動車。燃料電池と2次電池のハイブリッドシステム。減速時にモーターに発生する電力を貯めておき，それを動力用に回す。
・Fine-N…新コンセプトの燃料電池ハイブリッド車。
出所：益田清「車両開発プロセスでのLCA活用　Eco-VAS導入」
　　　<http://lca-forum.org/seminar/pdf/63.pdf>

　燃料電池車は2015年現在，トヨタから市販車が出ているが，補助金を使用しても約500万円と高価格である。しかし今後，自動車メーカーのコスト低減活動によって，多くのユーザーの手の届く価格になっていくであろう。燃料電池車は水素をエネルギー源にクルマの中で発電しながら走る。排出するのは水だけであり，排ガスはいっさい出さない。しかし，水素を製造する段階で汚染物質を大量に出すのが欠点であるため，水素をどのように製造するかが第一の課題である。
　もし，水素を化石燃料から作るとすると，燃料電池車とガソリンエンジンの

可能エネルギーを自宅で作り，利用することで大気汚染や地球温暖化につながる排出物を出さないで済む。我々が従来のライフスタイルを環境志向型に変えることによって，スマートハウスが実現し，その延長線上にスマートシティ，さらにはスマートグリッドの構築が見えてくる。

　日本はエネルギー源として，その4割を石油に頼っているが[9]，石油の埋蔵量には限界があり，かつ石油の輸入に多額の費用がかかる。この状態を変え，かつエネルギーで他国に優位に立つためには，石油に代わるエネルギー源を見定め，そのエネルギーの活用を可能にする社会インフラを構築する必要があろう。将来，石油の代替エネルギーの1つとして，水素が最も有望であるという意見が多い[10]。また，資源の少ない日本にとって，水素は無限にあるため，世界初の低炭素な水素社会を日本が最終目標とするのは，賢い選択であると思われる。水素社会の構築に参加できる日本企業も多く，経済波及効果は高いだろう。

　しかしながら，水素には欠点もある。それは，水素が1次エネルギーではないことである。例えば，水を電気分解して水素を取り出すときに，電気というエネルギーを使用するため，その時点で地球温暖化を引き起こしてしまう。また，水素を輸送に適した液化水素にするにもエネルギーが必要であり，CO_2を発生させてしまう[11]。

　途上国を含めた世界全体でみると，2050年の時点でもハイブリッド車を含めれば従来型内燃機関の自動車が約半分を占めると予想されている[12]。地球温暖化防止のためには，エンジンの低燃費化技術が求められている。しかしながら，石油に代わるエネルギーを使用する車として，徐々に電気自動車と燃料電池車の割合が増大していくであろう。電気自動車と燃料電池車を比較した場合，両車とも走行時にCO_2を排出しないが，航続距離は電気自動車よりも燃料電池車の方が約3倍長い。さらに燃料供給時間は電気自動車の急速充電が20～30分を要するのに対し，燃料電池車の水素充填時間は5分以内と，ガソリン車並みの時間で済む。以上から，将来的に有望な次世代自動車は電気自動車よりも燃料電池車であると考えられる。また，水素を安全に扱う技術もすでに確立されている。

【注】

1) 京都議定書の第1約束期間（2008〜2012年）では日本，EU，ロシア，オーストラリア等は参加したが，米国が不参加。第2約束期間（2013〜2020年）ではEU，オーストラリア等は参加したが，日本，ロシア等は不参加。
2) 週刊ダイヤモンド，2015年12月5日，36頁。
3) 日本経済新聞，夕刊，2015年12月14日。
4) 週刊ダイヤモンド，2015年12月5日，38頁。
5) NHK，クローズアップ現代，2015年10月20日放送より。
6) 東洋経済オンラインより。<http://toyokeizai.net/articles/-/88621>
7) 週刊ダイヤモンド，2015年12月5日，52頁。
8) スマートグリッド関連の各種技術で競争力を持つ日本企業はそれぞれ次の通りである。消費者用蓄電池…GSユアサ，東芝，ソニー，エリーパワー。太陽電池…シャープ，京セラ，ソーラーフロンティア，三菱電機，カネカ，ホンダソルテック（日本のシェア14％）。電力会社用蓄電池…日本ガイシ（日本のシェア100％）。スマートメーター…東芝，大崎電気工業，三菱電機，富士電機，エネゲート（日本のシェア36％）。省エネ家電…パナソニック，東芝，日立，シャープ。EV，PHEV，燃料電池車…日産，三菱自動車，トヨタ，ホンダ。
9) 資源エネルギー庁ホームページ。<http://www.enecho.meti.go.jp/about/whitepaper/2014html/2-1-1.html>
10) 経済産業省水素・燃料電池戦略協議会（2014）「水素・燃料電池戦略ロードマップ〜水素社会の実現に向けた取組の加速〜」。
11) 中西（2015），69頁。
12) 中西（2015），53頁。

参考文献・関連図書

大久保隆弘（2009）『エンジンのないクルマが変える世界』日本経済新聞出版社。

小林俊治・齊藤毅憲（2008）『CSR経営革新』中央経済社。

佐久間健（2006）『トヨタのCSR戦略』生産性出版。

中西孝樹（2015）『2020年の「勝ち組」自動車メーカー』日本経済新聞出版社。

藤本隆宏・新宅純二郎・青島矢一編著（2015）『日本のものづくりの底力』東洋経済新報社。

桃田健史（2009）『エコカー世界大戦争の勝者は誰だ？』ダイヤモンド社。

第16章 環境会計と環境情報

大坪史治

> **第16章の学習ポイント**
> ◎今日,企業が社会的責任を意識しつつ利害関係者(ステイクホルダー)と双方向の意思疎通を図ることが不可欠になっているという経営環境を背景に,企業による非財務情報の公表に対して関心が高まっていることを理解する。
> ◎環境報告書をはじめとする非財務報告書の発行がこれまでにどのような展開をみせてきたか,またその内容に関してどのような論点が提示されてきたかを学習する。
> ◎財務情報と非財務情報を結び付ける試みである統合報告書の目的や期待される役割は何か,またその内容をめぐってどのような議論がなされているかを学び,企業による情報開示が今後どうあるべきかについて考える。

1. はじめに

　環境会計(Environmental Accounting)は,企業の経済活動が環境にどのようなインパクトを与え,そして企業が環境問題にどのように対応しているかを会計学のアプローチから捉える会計領域の1つである。環境会計の捉え方や考え方,あるいは測定方法は,国や地域,個別企業,研究者によりさまざまである。例えば,アングロサクソン圏諸国で研究・実践される環境会計は,会計学にウェイトを置く貨幣計算を中心とした体系であるのに対し,ドイツ語圏諸国では,物量計算をベースとする体系を展開する。さらには,貨幣計算と物量計

算の両者を組み合わせる環境会計の体系がある[1]。

　また，環境会計は，利害関係者の情報利用の目的から，企業外部の利害関係者に向けられた外部開示目的と企業内部の利害関係者に向けられた内部管理目的に区分する捉え方もある。内部管理目的を志向する環境会計は，各層の経営管理者の意思決定や管理業務に有用な情報を提供し，環境負荷および環境コストの削減をめざすことを狙いとする。外部開示目的を志向する環境会計は，企業外部の幅広い利害関係者の意思決定に有用な情報を提供し，広く社会との利害調整を図る狙いがある。本章では，特に外部開示目的を志向する環境会計の体系について触れ，企業の環境情報の開示状況について示していく。

2．企業情報

　企業実態を十分に把握するうえで，会計システムによって得られる貨幣的測定値（財務情報）だけでは，もはや不十分であるという認識が定着しつつある。このことは，株主，投資家といった財務的持分関係にある利害関係者においても非財務情報（社会情報や環境情報などの非貨幣的情報）に対する情報ニーズが高まっていることからも明らかである。

　また，企業の成功や持続可能な企業経営を実現するためには，伝統的利害関係者（財務的持分関係者）に限定されるのではなく，広く利害関係者と友好関係を築くことが重要である。

　2001 年の EU 指令では，財務的影響を与えうる環境情報（環境リスクおよび環境負債等）の重要性を示唆し，アニュアルレポートでの情報開示を勧告している（European Union, 2001）。さらに，2003 年に採択された EU 指令では，「企業の発展，パフォーマンス，およびポジションを理解するうえで企業情報は財務的側面に制限されるべきではなく，環境・社会的側面に拡張されるべきである」[2] として，企業のアニュアルレポートにおいて，非財務情報の認識，測定，開示を勧告している（European Union, 2003）。

　新たな動向として，財務情報と非財務情報の統合（integrate）についての議論が国際的に歩みはじめている。これを牽引する国際統合報告委員会

(International Integrated Reporting Committee：IIRC) は，2020年までに，ビジネスモデルを中核に財務情報と非財務情報を統合した報告書へ移行するビジョンを提唱している。

このような非財務情報をめぐる議論の背景には，企業の社会的性格がより一層深まり，企業と社会との間に介在する問題がより顕著に現れるようになったことがある。こうして企業の社会的責任（Corporate Social Responsibility：CSR）が再考されるようになり，非財務情報は，利害関係者が経済的かつ合理的な意思決定を行ううえでも，企業が社会的責任を遂行するうえでも必要不可欠な情報となっている。

さて，膨大にある企業情報は，財務情報と非財務情報に大きく区分することができるが，企業情報を区分するもう1つの視点として，情報開示が義務化されているマンダトリー情報と任意に開示されるボランタリー情報に区分することができる（表16-1）。

表16-1　企業情報の体系

	Mandatory	Voluntary
Financial	有価証券報告書など関連法令で求められる報告書	事業報告書，年次報告書（アニュアルレポート）
Non-financial	内部統制報告書，PRTR等各種届出	知的財産報告書，経営理念と経営ビジョン，中期経営計画，環境報告書，RC報告書，社会環境報告書，持続可能性報告書，CSR報告書，統合報告書など

本章では，特に非財務（Non-financial）かつ任意（Voluntary）で公表される報告書について触れ，その発展経緯と今後について示していく。なお，環境配慮促進法（環境情報の提供の促進等による特定事業者等の環境に配慮した事業活動の促進に関する法律，平成16年法律第77号）により国立大学，独立行政法人，およびその他特定事業者は，環境情報の公表が義務化されており，表16-1の左下にある"Non-financial-Mandatory"の報告書の類型となっている。

3．非財務報告書の変遷

3.1　環境報告書の登場

　我が国では，非財務報告書が作成・公表されるようになり，およそ20年が経過する。非財務報告のはじまりとなる環境報告書[3]は，組織体（営利企業，非営利組織，学校法人，地方自治体，生活協同組合等）にかかわる環境情報（理念，方針，環境マネジメント体制，目標と実績，環境負荷状況，製品情報等）をとりまとめ，あらゆる利害関係者に対して定期的に公表する報告書である。環境報告書は，企業の利害関係者との双方向コミュニケーションを実行する１つの手段として重要な役割を担う。

　当初から公表している代表的な企業を挙げれば，旭化成（1992年〜），東京電力（1992年〜），関西電力（1993年〜），IBM（1993年〜），中部電力（1994年〜），東京ガス（1994年〜），北陸電力（1994年〜），大成建設（1994年〜），キヤノン（1994年〜），キリンビール（1994年〜），ソニー（1994年〜），ローソン（1994年〜），大阪ガス（1994年〜），などである。以降，地球環境問題に対する国際的関心の高まりや環境マネジメントシステムに関する国際標準規格ISO14000シリーズの普及に伴って，製造業を中心に環境報告書を公表するようになった。現在では，製造業ばかりではなく，銀行，金融やサービス業においても公表するようになり，さらには，地方自治体，学校法人[4]，生活協同組合といった営利企業以外の組織体においても，環境報告書を作成し，公表する事例が増加しつつある。

　当初の環境報告書の特徴は，記述による定性的な情報が多く，質的にも量的にも情報が乏しく，企業の環境保全への取り組みを紹介する程度のものであった。1990年中葉から後半にかけて環境報告書を発行する企業が急速に増加していく中で，レスポンシブル・ケア報告書[5]（1998年〜），グループ環境報告書，サイト環境報告書，子供向け報告書，ダイジェスト版，外国語版といったユニークな形態の報告書が登場した。さらにこの時期の環境報告書には，環境省主導による環境会計が広く普及する以前にもかかわらず，一部の先進企業に

おいて高度な質を備えた環境会計情報が掲載され，個別企業のオリジナリティが随所にみられる。例えば，エコバランス，マテリアルフロー表，エコ効率性情報，LCA（Life Cycle Assessment），ライフサイクルフロー表，資本投資，費用およびその経済的効果分析等の情報が公表されていた。

3.2 「環境報告書」から「持続可能性報告書」「社会・環境報告書」「CSR報告書」への展開

2000年を境に，環境報告書は新たな発展を遂げる。環境報告書（ないしレスポンシブル・ケア報告書）は，「環境・社会報告書」（2001年〜），「持続可能性報告書（サスティナビリティレポート）」（2000年〜），さらには「CSR（企業の社会的責任）報告書」（2003年〜）へと名称が変化していくとともに，質的にも量的にも充実した報告書へと進化していく（表16−2）。

情報の内容についても，環境情報を中心に取りまとめていた「環境報告書」から，社会情報（従業員情報や社会貢献活動に関する情報など）を含む「環境・社会報告書」へ，企業情報全般および財務情報を加えた経済・環境・社会の3つの側面を包括する「持続可能性報告書」へ，さらに企業倫理，コンプライアンス，コーポレートガバナンス，リスクマネジメント，ステイクホルダーエンゲージメント，安全・衛生，製品責任，人権などの項目が強調される「CSR報告書」へと展開していった。現在では，CSR報告書と環境報告書が主流であるものの，IIRCの提唱する統合報告を意識する企業が増えはじめ，アニュアルレポートへの組み入れ，ないし一元化が徐々に進行している（図16−1）。

2000年以降，こうした非財務報告書を公表する組織の件数は，飛躍的に増加しているが，要因の1つとして，非財務報告書に関するガイドライン・ガイダンスが公表されたことがある。我が国企業の多くは，ボランタリーに報告書が作成・公表されているとはいえ，環境省，経済産業省およびGRI（Global Reporting Initiative）ガイドラインのいずれか，あるいは複数のガイドラインを組み合わせて作成されている（表16−3）。

第 16 章 環境会計と環境情報　319

表 16-2　非財務報告書の類型

グループ	代表名称	事例
G1	環境報告書 Environmental Report	環境レポート，環境経営報告書，環境行動レポート，エコレポート，環境実践レポート，環境活動報告書，環境活動レポート，エコキャンパス白書，eco-challenge report，環境マネジメントレポート，地球環境保全活動報告書，グリーンレポート，環境報告書データブック，環境取組実績報告書，経営環境報告書，緑字企業報告書など
G2	RC 報告書 Responsible Care Report	レスポンシブル・ケア報告書，レスポンシブル・ケアレポート，レスポンシブル・ケア活動報告書，環境・安全報告書，環境安全・社会報告書など
G3	環境・社会報告書 Environment and Social Report	社会・環境報告書，環境・社会報告書，社会・環境レポート，環境・社会レポート，社会と環境に関するレポート，経営報告書（社会・環境編），環境保全・社会活動レポート，環境・社会貢献報告書，社会貢献・環境報告書など
G4	持続可能性報告書 Sustainability Report	サステナビリティレポート，サスティナビリティレポート，持続可能性報告書，環境・社会・経営レポート，経済・環境・社会活動報告書など
G5	CSR 報告書 Corporate Social Responsibility Report	CSR 報告書，CSR レポート，企業の社会的責任報告書，社会的責任報告書，社会的責任レポート，CSR コミュニケーションレポート，企業市民レポート，「良き企業市民」としての取り組み，社会的責任コミュニケーションレポート，CSR 会社案内，CSR・環境レポートなど
G6	年次報告書 Annual Report 統合報告書 Integrated Report	アニュアルレポート，コーポレートレポート，○○レポート，「財務」・「環境・社会」年次報告書，経営年次報告書，ANNUAL & CSR・コンプライアンス REPORT，CORPORATION REPORTING，統合報告書，Integrated Report など

出所：我が国組織が公表する非財務報告書 1 万 566 冊（総組織数 1,428 組織）から筆者作成。

320 第Ⅴ部 環境をめぐる今日的課題

図16-1 非財務報告書の形態別推移

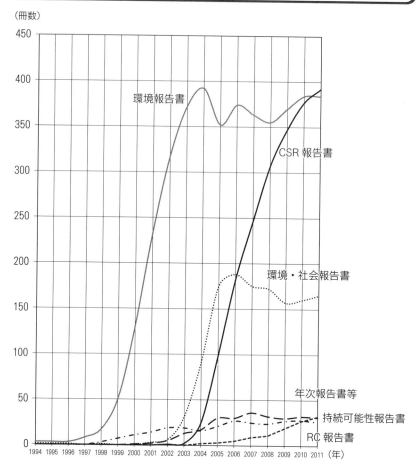

出所：我が国組織が公表する非財務報告書8,284冊（総組織数：1,418組織，期間：1994年～2011年）から筆者作成。

表16-3 環境報告書ガイドライン一覧

環境省	『環境報告書ガイドライン』2000年，2003年 『環境報告ガイドライン』2007年，2012年 『事業者の環境パフォーマンス指標』2000年 『環境会計ガイドライン』1999年〜2005年 『環境保全コスト分類の手引き』2003年 『事業者からの温室効果ガス排出量算定方法ガイドライン』 『環境配慮促進法──環境報告書の記載事項等』 『エコアクション21』2004年，2009年
経済産業省	『ステークホルダー重視による環境レポーティングガイドライン2001』
GRI	『サスティナビリティ・リポーティング・ガイドライン』2000年，2002年，2006年，2013年
その他	経済同友会『企業白書』 環境報告書ネットワーク『持続可能性報告書のあり方（CSRの観点から）』 NTT-X『環境報告書サーチ』 業界別環境会計ガイドライン

出所：1,428組織における非財務報告書の調査を基に作成。

4．非財務報告書の普及

4.1　国際的動向

　国際的に事業展開するグローバルカンパニーの非財務情報の開示状況は，トリプルボトムライン（Triple Bottom Line）[6]をベースに構築されたGRIガイドラインを参考に作成されているケースが多い。その影響もあり，報告書タイトルは，"Sustainability"を使用したものが多くみられる。

　KPMGのグローバルサーベイ（KPMG, 2011）によれば，世界の上位250社（2010年グローバル・フォーチュン500から選出）の95％が非財務報告を行っており（図16-2）[7]，売上高500億米ドル以上の大企業では，92％が非財務報告を行っている。つまり企業の活動量，活動範囲，規模が大きいほど，非財務報告を積極的に行っているのである。国別にみると，イギリスと日本が非財務報

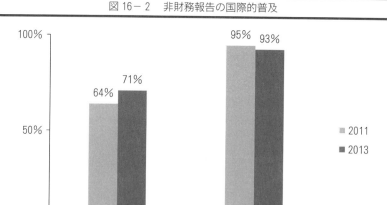

図16-2　非財務報告の国際的普及

（注）2011年調査は，N100：34カ国3,400社，2013年調査は，N100：41カ国4,100社の調査。
出所：KPMG（2011）*International Survey of Corporate Responsibility Report 2011*, KPMG（2013）*International Survey of Corporate Responsibility Report 2013*. を基に作成。

告の割合が高く，また，中国とロシアにおける非財務報告の割合が急速に増加している[8]。

　KPMGはグローバルサーベイ（KPMG, 2013）の中で，4,100社（41カ国における各国の売上高上位100社）のうち71％（2011年度調査では64％）の企業が非財務報告をしており（図16-2），非財務報告を行うことが国際的スタンダードとなっていると主張する[9]。また，もう1つの動向として，非財務情報をアニュアルレポートに含める傾向があることを指摘している。非財務報告を行う企業の51％（2011年調査は20％，2008年調査は8％）が，非財務情報をアニュアルレポートに含めているのである[10]。KPMGは，この動向を非財務報告とアニュアルレポートを結合（combined）するものと解釈するが，これは統合報告（integrated）を意識した企業の1つの反応であり，IIRCの取り組みが国際的に影響を及ぼしていることの現れである。

4.2　我が国の動向

　図 16-1 に示した形態別推移からリストアップした組織をみると，「環境報告書」をタイトルに採用する組織は，中小企業，工場や研究所などの事業所単位，大学法人，地方自治体，独立行政法人，財団法人などの組織が多く，比較的規模の小さい組織であること，想定する利害関係者の範囲が比較的狭いこと，活動拠点が国内に限定されること，報告書の作成経験が少ないこと，環境省が推進する「エコアクション 21」および「環境配慮促進法」による影響が大きいことなどが共通点に挙げられる。しかし「環境報告書」の中には，企業価値，CSR，持続可能性など充実した内容を備えている報告書も存在することもあり，報告書の形態だけでは厳密に分類することは難しいのが現状である。

　一方，「持続可能性報告書」や「CSR 報告書」をタイトルに採用する組織および統合報告を意識する組織は，KPMG のグローバルサーベイでも示されるように，事業規模が大きく活動拠点がグローバルに及び，ある程度の発行経験のある企業である。環境省の報告書調査では，売上高 1,000 億円超の企業の 8 割以上が非財務報告書を作成・発行しており，売上高 1,000 億円未満の企業になると作成・発行割合が大きく減少することが示されている（環境省，2012）。また，売上高 1,000 億円超の企業の公表する非財務報告書の大部分が，「持続可能性報告書」や「CSR 報告書」などのタイトルを採用している。

　報告書のボリュームについては，全体的に増加傾向にある。非財務報告書 1 万 566 冊（期間：1994 年～2015 年）の 1 冊当たりの平均容量は，およそ 5.48 MB である。2007 年度に発行された非財務報告書の平均容量は 5.56 MB となり，全体の平均容量である 5.48 MB を上回るようになり，2013 年度に発行された非財務報告書の平均容量は 7.79 MB にまで増加している。その要因については，通常，容量はボリューム，画像，および画素数に左右されるが，経験的にいえば報告書のボリューム自体が増加しているためである。これは，環境報告書，レスポンシブル・ケア報告書から，環境・社会報告書，持続可能性報告書，CSR 報告書，さらにはアニュアルレポートへと情報領域の拡大により情報の肥大化が進行しているためである。2014 年以降，報告書の容量は，情報集約を進める企業も散見されるようになり，緩やかに減少している。

5．統合報告に向けた国際的動向

　IIRCのめざす統合報告書は，単に1つの報告書に財務情報と非財務情報が混在する報告書ではなく，財務情報と非財務情報を有機的に結び付けて企業のビジネスパフォーマンスを表現する報告書である。戦略，各系の情報の関連性，将来志向，ステイクホルダーへの対応，簡潔性・信頼性・重要性を基本原則にその実績と展望を示すものである[11]。具体的な構成要素として，組織概要とビジネスモデル，リスク・機会を含む事業状況，戦略，ガバナンスと報酬，パフォーマンス，および将来展望が挙げられている[12]。また，統合報告書の大きな特徴は，6つの資本（財務的資本，製造資本，人的資本，知的資本，自然資本，社会資本）とビジネスモデルの関係を示し，それがどのように中長期的な価値創造に結び付くかを明らかにしようと試みる点にある（図16-3）[13]。

　統合報告書の狙いは，投資家を主たる情報利用者として想定しており，メインストリームの投資家の意思決定にこれまで影響を与えてこなかった重要度の

図16-3　ビジネスモデル，6つの資本，および価値創造

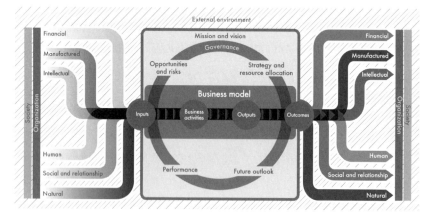

出所：International Integrated Reporting Committee (IIRC) (2013) *Consultation Draft of the International <IR> Framework*, IIRC Paper., p. 11.

高い非財務情報（ないしESG情報[14]）を財務情報に連動させていくことを企図している。しかし統合報告書が主流となり，CSR報告書ないし持続可能性報告書が後退するならば，それは情報開示の後退といわざるを得ない。我が国でも，これまでに公表してきた非財務報告書を取りやめ，アニュアルレポートに集約していく動向が進んでいくと予想され，すでに50社程度を確認している。

6．おわりに

　企業にとって環境情報を含む非財務情報を公表することは，ビジネス社会において定着しており，説明責任の解除（Accountability），意思決定上の有用性（Decision-Usefulness），組織の正統性の表明（Legitimacy）を根拠に情報開示の重要性がますます高まっていくと思われる。

　現在，非財務報告書は，情報領域の拡張と結合，重要度の高い情報への集約，そして財務情報と統合していく方向へと国際的に進路を示している。しかしながら今後は，組織の特性，事業規模，活動範囲や業種によって報告書の形態，情報の内容や公表の仕方がそれぞれ異なる方向に進むことが予想される。非財務報告書の形態別推移で示したように，我が国ではCSR報告書や環境報告書が主流になっているが，一方で，統合報告を意識した報告書が進展していること，依然としてその他の形態の報告書が存在していることを確認することができる。

　非財務報告書は，幅広い利害関係者との双方向コミュニケーションツールの1つとして位置付けられながらも，残念ながらあまり利用されていない現状にある。報告書を作成する側は，多様な利害関係者の異なるニーズを理解し有用性のある情報を提供すること，そして情報を利用しやすい環境を整えるための一層の工夫が必要である。情報利用者側においても，長期的かつ広い視野に立った考え方を備える必要があり，組織が公表する情報を幅広く活用しようとする意識が求められる。

【注】

1) 国連の "Environmental Management Accounting: Procedures and Principles"（UN DSD, 2001）の公表により国際的に広く普及する。
2) European Union (2003), p. 2, (9)。
3) 欧米における非財務報告書のはじまりは，1970年代にドイツやフランスなどで研究・実践されていた社会関連報告に遡る。
4) 環境報告書の作成・公表が義務化されている国立大学および任意で作成・公表している一部の私立大学。獨協大学も作成・公表している（獨協大学環境共生研究所，2015）。
5) レスポンシブル・ケアとは，化学物質を製造・使用する事業者（主に化学会社）が化学物質の全ライフサイクルにわたって安全・健康・環境面に配慮して適正に管理していく自主的取り組みのことである。我が国では日本化学工業協会が中心となり推進している。
6) トリプルボトムラインとは，経済性，環境性，ならびに社会性の3つの側面から企業経営の持続可能性を評価する考え方であり，Elkingtonによって提唱された概念である。
7) KPMG (2011), p. 7。
8) 同上書，p. 10。
9) KPMG (2013), p. 11。
10) 同上書，p. 11。
11) IIRC (2011), pp. 12-13。
12) 同上書，pp. 14-15。
13) IIRC (2013), p. 10。
14) ESG（Environmental, Social and Governance）情報は，2006年に国連が提唱したイニシアチブである「責任投資原則（PRI）」を契機に国際的に進展しており，金融市場における新たな企業価値評価の要素として投資意思決定プロセスに影響を与えつつある。企業は，こうした投資マインドの変化を意識して，アニュアルレポート等でESG情報の開示を進めている。

参考文献

環境省 (2012)『環境にやさしい企業行動調査』。

獨協大学環境共生研究所 (2015)『獨協大学環境報告書 2015』。

European Union (2001) *Commission Recommendation on the recognition, measurement and disclosure of environmental issues in the annual accounts and annual reports of companies, Official Journal of the European Communities.*

European Union (2003) Directive 2003/51/EC of the European Parliament and of the Council, *Official Journal of the European Union.*

International Integrated Reporting Committee (IIRC) (2011) *Towards Integrated Reporting—Communicating Value in the 21st Century*, IIRC Paper.

International Integrated Reporting Committee (IIRC) (2013) *Consultation Draft of the International <IR> Framework*, IIRC Paper.

KPMG (2011) *International Survey of Corporate Responsibility Report 2011.*

KPMG (2013) *International Survey of Corporate Responsibility Report 2013.*

United Nations Division for Sustainable Development (UN DSD) (2001) *Environmental Management Accounting: Procedures and Principles.*

その他,組織の非財務報告書を参考とした。

第17章　ドイツのエネルギー政策

岡村りら

> **第17章の学習ポイント**
> ◎ドイツでは，これまで政府がエネルギー政策の中で原子力発電をどのように扱ってきたか，また国民がそれに対していかなる反応を示してきたかを学習する。
> ◎日本で発生した福島第一原子力発電所の事故が，ドイツにおいて原発廃止と再生可能エネルギー普及を加速化させる重要な契機になったことを理解する。
> ◎ドイツにおいて再生可能エネルギーの普及促進のためにどのような政策措置が実施されているか，またそれが環境のみならず経済に対していかなる影響を及ぼしうるかを学んだうえで，日本にとってドイツの経験はどのような教訓を示唆しているかを考える。

1．はじめに

　ドイツはヨーロッパの中心に位置し，ヨーロッパの中ではロシアに次いで人口が多く，ユーロ圏を牽引する経済大国でもある。しかしドイツは日本と同様，石油や天然ガスなどの資源には恵まれておらず，エネルギー源の多くを輸入に頼っている。日本に次ぎ世界第4位の経済大国であるドイツは工業国であり，自動車や電気機器などの輸出が国の経済を支えている（表17－1）。そのためエネルギーを安全かつ安定的に供給することは，エネルギー問題だけではなく，ドイツの経済活動を支えるためにも重要な意味を持つ。

表17-1　日独基本情報（2014年）

	日　本	ドイツ
面　積	約38万平方キロメートル	約36万平方キロメートル
人　口	約1億2,600万人	約8,200万人
国民総所得	世界第3位	世界第4位
主要産業	機械・自動車・精密機器等	機械・自動車・医薬品等

出所：データブック・オブ・ザーワールド2015を基に筆者作成。

　このように日本とドイツは類似点が多く、ドイツの政策を知ることは、日本の政策を考えるうえでも参考になる部分が多い。
　この章では、まずエネルギー政策の重要性について述べる。そしてドイツの原子力政策を概観し、脱原子力に至るまでの経緯をたどる。その後、原子力の代わりとなるエネルギー源として期待される「再生可能エネルギー」について述べる。

2．エネルギー政策の重要性

　先進国に住む私たちの生活にはエネルギーは必要不可欠なものである。冷暖房によって室内を快適な温度に保ち、コンピューターや携帯電話などさまざまな電気機器を使用し、車や電車で移動するといった便利な生活を当たり前のように送っている。しかしこのような快適な生活を送るには多くのエネルギーが必要となる。また日本やドイツのように、物を製造し輸出することによって経済活動を活発化させている工業国にとっては、安定したエネルギー供給が重要な課題となる。
　では、私たちはどのようにしてエネルギーを手に入れているのか？
　エネルギー源は大きく分けると、石油・石炭などの化石エネルギー、そして原子力や再生可能エネルギーなどの非化石エネルギーの2つがある。世界でも8割を、日本では2012年度のエネルギー消費の9割以上を化石燃料から得て

330 第Ⅴ部 環境をめぐる今日的課題

いる[1]）。このように私たちの生活は化石燃料にかなり依存しているが，化石燃料の利用にはいくつかの問題点が指摘される。

　まず1点目は環境面での問題である。化石燃料を燃やすことによって，大気汚染の原因となる硫黄酸化物や窒素酸化物が排出される。また，現在深刻化している気候変動問題の原因となる二酸化炭素（CO_2）も大量に発生する。さらに，化石燃料は限りある資源であり，このまま使用し続ければいつかは枯渇してしまう。

　2点目は経済活動にかかわる問題である。日本やドイツのように資源の乏しい国は，化石燃料の多くを輸入に頼っている。日本においてエネルギー自給率は5％ほどに留まっており，石油に関してはほぼ100％輸入している。要するに，お金を払ってエネルギー源を輸入し，国内で使用する電力などのエネルギーを賄っていることになる。現在，世界では化石燃料の需要は急激に増加しており，それに伴い化石燃料の獲得競争は激しくなり，将来的に価格がさらに上昇していくことは容易に推測できる。また，エネルギー源を輸入に頼るということは，輸入に要するコストの問題のみならず，産油国などの資源の輸入先との外交関係にかかわる問題も不可避となる。

　このように，環境面だけではなく，経済・産業面から見ても，エネルギーを安定的に供給するために，化石燃料の代わりとなるエネルギー源を確保することが重要な課題となっている。

3．ドイツにおける原子力発電の議論

3.1　石油・石炭の代替エネルギーとしての原子力発電

　ドイツも日本と同様，第二次世界大戦で敗れ多くの物を失った。しかし西ドイツ（当時）は，日本と同じように「奇跡の経済復興」を遂げる。旧西ドイツは基本的に石炭と石油によりエネルギー生産を支えてきたが，1950年代の急激な経済成長によりエネルギー不足が懸念されるようになる。国の経済成長を支えるためには安定したエネルギー供給が必要であり，石油や石炭の代替エネルギーに関する議論が行われるようになる。1960年代に入り，石油と石炭の

代替エネルギーとして候補に挙がったのが,原子力発電と再生可能エネルギーである。自然を利用した再生可能エネルギーの使用については,議論はなされたものの,当時の技術では急激な経済発展を遂げている旧西ドイツの経済活動を支えるエネルギー源としては現実的ではないとされた[2]。そのため,すでに研究も進んでいた原子力発電が注目されるようになる。

1960年代後半から原子力発電所の建設が始まり,70年代のオイルショックもあって次々と原子力発電所が建設されていく。70年代に旧西ドイツで稼働を始めた原子力発電所は11ヵ所で,80年代には新たに13ヵ所で発電が開始されている。しかし,このように原子力の利用が増えるのと並行して,旧西ドイツでは「反原発」の動きも強まっていった。

1968年にはヴュルガッセン原発建設反対運動が起こり,原発が法廷での争点となる。1972年には連邦行政裁判所(最高裁)が,安全性を優先した「ヴュルガッセン判決」を下す[3]。その後も各地で反対運動が強まり,1975年にはヴィール原発の建設予定地を原発反対派が占拠したため,警察部隊が反対派の強制排除を行う。しかしこの警察の強硬姿勢がメディア報道されたことにより,ヴィール原発の反対運動が全国的に注目を浴びるようになる。原発反対派を支持する世論が強まり,1977年にフライブルク行政裁判所は,原子力発電所の建設許可条件として,原子炉圧力容器の破砕防護を要請する。これは原発の安全性に不安を抱く国民に配慮したものであり,安全性を強化することにつながる。しかし安全性を確保するために原発建設費のコストを引き上げることになるため,結局,電力会社は建設を断念することになった。

このヴィールでの勝利により,旧西ドイツの各地で反原発運動は活発化していくが,そのような運動を支えたグループが,その他の市民活動や反体制運動と緩やかなつながりを持ち,互いに協力するようになって後に緑の党が形成されていく。

3.2 チェルノブイリ事故による影響

ドイツの反原発運動に大きな影響を与えたのが,1986年に起きたチェルノブイリの原発事故である。旧ソ連(現ウクライナ)で起こった事故であったが,

事故後の風向きによってドイツにも放射線の影響が出た。この事故を重く受け，旧西ドイツでは原子力の安全と環境政策を統括した連邦環境・自然保護・原子炉安全省（連邦環境省）が設置される[4]。

この事故をきっかけに，反原発の機運が高まり，原発の代わりとなるエネルギーとして再生可能エネルギーの議論が再び活発化する。1960年代は，まだその技術は未熟であったが，80年代後半〜90年代に入ると風力や太陽光をはじめとした再生可能エネルギーの技術は十分に発達し，ドイツ経済を支える現実的なエネルギー源として考えられるようになる。そして，技術だけではなく政策面からも再生可能エネルギーを支えるべく電力供給法が1990年に導入される。

3.3 緑の党

ドイツで脱原発の議論が本格化したのが，1998年から緑の党がSPD（ドイツ社会民主党）と連立政権を担ったときである。先にも述べた通り，緑の党は反原発運動やその他の市民運動を支えたグループが発展して生まれた政党である。

SPDと緑の党の連立政権は2002年に原子力法を改正し，「原発からの段階的撤退」を法制化した。その内容とは，1基の原子炉の運転期間を，その運転開始から計算して最長32年に限定する，すなわち稼働中の原子力発電所に「寿命」を設けるというものである[5]。例えば1980年に稼働を開始した原子炉は，基本的には32年後の2012年までしか稼働できないということになる。また改正法には原子力発電所や再処理工場の新設を禁止することなども明記された。これにより当時稼働中であった19基の原子力発電所は段階的に廃止され，おおよそ2020年代にはドイツにあるすべての原子力発電所が閉鎖されることになる（表17-2参照）。この頃から，原子力発電の代替エネルギーとして，再生可能エネルギーの導入が本格的に進んでいく。

3.4 メルケル首相[6]と福島第一原発事故

ドイツでは2005年から，SPDと緑の党の連立政権に代わり，CDU（キリス

表 17-2　ドイツにおける原子力発電所の稼働年数

州	原子力発電所	稼働開始年	赤緑政権	CDU/FDP	福島以降
バーデン・ヴュッテンベルク	ネッカーヴェストハイム I	1976	2011	2019	―
	ネッカーヴェストハイム II	1986	2022	2036	2022
	フィリップスブルク I	1980	2012	2020	―
	フィリップスブルク II	1985	2018	2032	2019
バイエルン	イザール I	1979	2011	2019	―
	イザール II	1988	2020	2034	2022
	グラーフェンハインフェルト	1982	2014	2028	2016
	グンドレミンゲン B	1984	2015	2030	2017
	グンドレミンゲン C	1985	2016	2030	2021
ヘッセン	ビブリス A	1975	2011	2020	―
	ビブリス B	1977	2012	2020	―
ニーダーザクセン	ウンターヴェザー，エーゼンスハイム	1979	2012	2020	―
	グローンデ	1985	2018	2032	2021
	エムスラント，リンゲン	1988	2020	2034	2022
シュレースヴィヒ・ホルシュタイン	ブルンスヴュッテル	1976	2012	2020	―
	クリュンメル，ゲーストハフト	1984	2019	2033	―
	ブロックドルフ	1986	2019	2033	2021

（注）すべて旧西ドイツ地域で稼働している原子力発電所。旧東ドイツでも原子力発電を行っていたが，東西統一に伴い東側の原子力発電所はすべて閉鎖されたため，この表には含めていない。
出所：連邦環境省の資料を基に筆者作成。

ト教民主同盟）と SPD が政権を担い，それに伴い CDU のメルケルが首相となる[7]。2009 年には SPD も政権を離れ，CDU と FDP（自由民主党）の保守中道連立政権が誕生する[8]。CDU，FDP 両政党とも，原子力推進とまではいかないが，どちらかといえば原子力擁護派である。そのためメルケル首相は政権内の支持もあり，2010 年 9 月に原子力を再生可能エネルギー確立までの「橋渡し」技術と位置付けたうえで，ドイツの原子力発電所の稼働期間の延長を決断する。稼働期間の延長とは，SPD／緑の党のときに定められた 32 年という稼働期間に加えて，1980 年以前に稼働した原発 7 基に関しては，さらに 8 年，

それ以降に稼働した 10 基については 14 年の稼働延長を認めるものである（表17－2 参照）。しかし新しい原子力発電所の建設は変わらず認めなかったため，当初はおおよそ 2020 年代までにドイツではすべての原子力発電所が閉鎖する予定だったのが，最長で 2030 年代の半ばまで原子力を使用することとなった。原子力発電の使用期間は伸びたものの，ドイツからいずれ原子力発電所が消えることは変わっていない。

　この判断は，もちろん経済面から考えた効率性が第一の理由である。しかしメルケル首相は，政治家としての能力も高いが，物理学で博士号を取得しており，原子力発電についての知識もあった。そのため「ドイツの技術力があれば，もう少し長い間原子力発電所を安全に使用できる」という「科学者」としての判断も含まれていたと考えられる[9]。

　しかし，この稼働延長が発表された 2010 年 9 月の半年後に，福島第一原発の事故が発生する。先に述べたように，チェルノブイリの事故がドイツの脱原発への決断に大きな影響を及ぼした。しかしドイツから遠く離れているにもかかわらず，福島での事故はチェルノブイリ以上にドイツに大きな衝撃を与えた。

　チェルノブイリも福島第一原発も，原子力事故の国際的評価尺度でレベル 7 に該当し，今まで起きた原子力関係の事故の中では最大の被害にランクされている。しかし，チェルノブイリと福島では 1 点大きく異なることがあった。チェルノブイリは，当時のソ連政権下で社会主義国の未熟な技術の下で起こった事故であるのに対し，福島の事故は世界でもトップクラスの技術を誇る日本で起こった事故である。これは，ドイツそして世界に「どんなに高い技術を持っていても，原子力発電に 100％の安全はない」ということを示したことになり，チェルノブイリで起きた事故よりも，さらに深刻に受け止められることになったのである。

　科学者としてドイツの原子力発電所の安全性を信頼していたメルケル首相も，福島の事故により「技術だけに頼る安全性」を否定せざるを得なくなった。福島の事故が起こった直後の 3 月 15 日に，わずか半年前に決定した原発稼働期間の延長を 3 カ月間凍結し，古い型の原子力発電所を，すでに停止していたものと合わせて 8 基停止させた。

そしてメルケル首相は，2つの委員会に今後のドイツのエネルギー政策を考えるための助言を求めた。1つは「原子炉安全委員会」，もう1つは「安全なエネルギー供給に関する倫理委員会（以下，倫理委員会）」である。

原子炉安全委員会は，福島の事故から6日後の2011年3月17日に，連邦環境省からドイツ国内の原子力発電所17基のストレステスト[10]を要請された。原子炉安全委員会は，福島の事故を考慮に入れ，地震や洪水などの自然災害や事故，停電や冷却システムの停止，テロや航空機事故などの事象に対するドイツの原子力発電所の安全性を判断した[11]。

原子炉安全委員会は，ストレステストの結果，「福島の事故と比較した場合，ドイツの原子力発電所は停電や洪水が生じた場合，より高い安全性を有している。原子炉のタイプや建造年により耐久性は異なるが，古いタイプのものでも補強措置がとられた発電所では高い耐久性が認められる」との判断を下した。ドイツの原子力発電所は航空機の墜落に対しては安全性を確保しきれていないが，それ以外は重大な安全性の欠如を認めていない。短期間の調査のため，追加的な調査・検討も必要ではあるが，安全性の面から判断するのであれば，即時に原子力発電所を停止する必要はない，という見解であった。

もう一方の倫理委員会は，政治家，企業家，政治学者，社会学者，哲学者，労働組合，宗教家など，多くが「エネルギー政策のプロ」ではない人々によって構成された。脱原発がドイツにおける安定した電力供給や国際競争力の妨げにならないか，ドイツ国民に不利益を与えることにつながらないかなど，ドイツの今後のエネルギー政策の方向性について，科学技術的な視点ではなく，社会全般にわたる総合的な観点から検討した。

倫理委員会の最終報告書には「ドイツは，エネルギー転換への対策によって，国の経済や国民に負担をかけることなく，10年以内に脱原発を行うことが可能」と述べられている。原子炉安全委員会は「安全性の面から判断すれば，今すぐドイツの原発を止める必要はない」とし，倫理委員会は「早い段階での脱原発が可能」との判断を下した。結局メルケル首相は「技術，安全性」による判断よりも，社会的な総合判断を優先し，倫理委員会の提案にしたがう形で，ドイツの今後のエネルギー政策を決定する。

そしてドイツ連邦議会は，福島第一原発事故の半年前に決定した稼働年数延長を撤廃し，2022年12月31日までにすべての原子力発電所を廃止することを明記した原子力法の改正案を可決した。ドイツのエネルギー政策に大きな影響を与えるこの重大な決断は，福島の事故の約3ヵ月後に下された。

4. ドイツにおける再生可能エネルギー

先に述べたように，ドイツは「脱原発」を法で定めており，2022年末にはすべての原子力発電所が閉鎖される。したがって2023年からは原子力発電からエネルギーを得られなくなるため，それに代わるエネルギー源が必要となる。現在ドイツで新しいエネルギー源として注目されているのが，再生可能エネルギーである。

本節では，ドイツにおいて再生可能エネルギーがどのような位置付けにあり，いかにして成長してきたかを説明する。

4.1 再生可能エネルギーの位置付け

第3.1節でも触れた通り，戦後の経済復興とオイルショックの影響により，ドイツでは化石燃料の代わりとなるエネルギー源として原子力発電と再生可能エネルギーが注目された。当時は現実的なエネルギー源として，すでに技術的にも確立していた原子力が化石燃料の代替エネルギーとなったが，国民は当初から原子力発電の安全性への懸念を強く抱いていた。そして1986年にチェルノブイリで起こった事故により，ドイツは脱原発へと舵を切ることになった。

現在，化石エネルギーそして原子力発電に代わるものとして注目されているのが，再生可能エネルギーである。ドイツ語にはEnergiewende[12]という言葉があり，日本語ではエネルギーシフトと訳されることが多い。ドイツのエネルギーシフトとは，原発を撤廃し，かつ化石燃料の使用も減らして，再生可能エネルギー中心の経済・産業構造を構築していくことを意味する。

ドイツをはじめとしたEUは気候変動対策に積極的であり，ドイツは2020年までにCO_2を1990年比で40％，2050年までに85〜90％削減するという非

常に高い目標を立てている[13]。この目標を達成するためにも，再生可能エネルギーが果たす役割は大きい。

2013年の選挙により，CDUとSPDの大連立が誕生し，その連立協定の中でも「政府はエネルギーシフトを完成に導く」と宣言し，総電力消費量に占める再生可能エネルギー発電量の割合を，2025年までに40～45％，2035年までに55～60％に高めることを目標として定めている[14]。現在では長期目標として，2050年までに80％にまで引き上げることをめざしている。これは，ドイツが社会・経済そして気候変動対策などさまざまな分野で，今後再生可能エネルギーを中心としたエネルギー政策を展開していくことを示している。

ドイツの総電力に占める再生可能エネルギーの割合は，2012年で23.6％，2013年には25.4％に達し，2015年上半期には30％を超えている。このように，再生可能エネルギーはすでにドイツにおいて欠かせないエネルギー源としての位置付けを獲得しており，今後もさらにその拡大が見込まれている。しかし，この成長はここ数年で始まったことではなく，1990年代初めから行われてきたさまざまな政策のもとで達成されたものである。再生可能エネルギーは，CO_2排出の削減につながるという点で気候変動対策に有効であり，また純国産のエネルギーであることからエネルギーの安全保障という観点からも有効なエネルギー源として捉えられている。

4.2　再生可能エネルギーの拡大

4.2.1　第1次拡大／1990年～

先にも触れた通り，ドイツではチェルノブイリの事故をきっかけに，脱原子力の議論が本格化する。それとともに，原子力に代わるエネルギーとしての再生可能エネルギーが注目されるようになった。

まず1990年に，「電力供給法（Stromeinspeisungsgesetz）」[15]が制定される。これは，電力供給事業者に対し，当該事業者が経済活動を行っている地域内において発電される再生可能エネルギー起源の電力の買い取りを義務付けるというものである。簡単にいえば，電力会社は自分たちが電力を供給している地域内で，再生可能エネルギーにより発電された電力があれば，それを買い取らな

ければならない，ということである。このような買い取り義務は，国家レベルでの制度としてはドイツが最初に採用した。これによりドイツでは最初の風力発電ブームが起きる。

1998年には，1980年に党が誕生して以来，脱原子力と再生可能エネルギーの推進を一貫して訴えてきた緑の党とSPDの連立政権が誕生する。そして98年から電力自由化が始まり，消費者は自ら契約する電力会社を選べるようになる。この電力自由化により，一時的に電気料金は下がったが，電力会社の合併や買収などが進んだことで，必ずしも活発な競争にはつながらなかった。しかし自由化されたことで，消費者は再生可能エネルギーを利用して発電を行う電力会社を選んで契約を結ぶことも可能となり，再生可能エネルギーの拡大に間接的であれ影響を与えた。

1999年には環境税も導入された。ドイツ語の正式名称はエコロジー的税制改革（Ökologische Steuerreform）といい，石油燃料，天然ガス，液化石油ガス，電気等に課税される。再生可能エネルギーなど環境に負荷を与えないエネルギーは非課税となっている。環境税によって得られた税収は，企業が負担する社会保険料の値下げや，再生可能エネルギー普及のために活用されている。

4.2.2 本格的な拡大／2000年〜

2000年には，ドイツの再生可能エネルギーを飛躍的な拡大へと導くことになる「再生可能エネルギー法」[16]が制定された。この法律はSPD／緑の党連立政権のエネルギー政策の中心となるものであった。気候変動問題，環境保全および持続可能な発展のために，総電力供給における再生可能エネルギーの割合を2010年までに2倍以上にすることを目標とした。その目標達成のため，電力会社に対し再生可能エネルギー起源の電力を長期に固定した価格で買い取ることを義務付ける「固定価格買取制度（Feed-in Tariff : FIT）」を導入した。買い取り価格はエネルギー源別に設定し，買い取り期間は原則20年，そして再生可能エネルギーを優先的に接続・給電することなどを定めた。買い取り価格は，再生可能エネルギーの普及量，生産コストを考慮して，定期的に見直しを行う。再生可能エネルギーの拡大に伴い買い取り価格は低く設定されていく。

対象となるエネルギー源は，風力，太陽光，地熱，水力，廃棄物の埋め立てや下水処理施設から発生するメタンガス，バイオマスである。

「電力供給法」との違いは，まず再生可能エネルギー拡大の数値目標を具体的に設定したことにある。再生可能エネルギー法では，全エネルギー消費に占める再生可能エネルギーの割合を2010年までに2倍にするという数値目標を掲げた。同法が制定された2000年の時点における，ドイツの全電力供給に占める再生可能エネルギーの割合は約3％であったのが，2015年前半で32.5％まで上昇している（図17-1）[17]。

電力供給法では，再生可能エネルギーによる電力の買い取り価格は小売価格に対する比率で定められていた。しかし，この価格設定では，小売価格の変動により買い取り価格も上下するため，利益やリスクの見通しが立てづらかった。

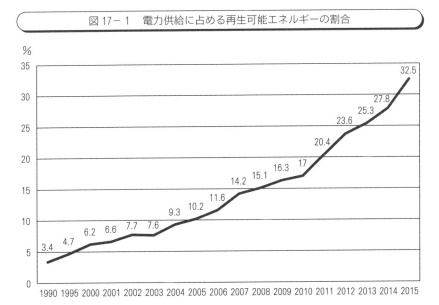

図17-1　電力供給に占める再生可能エネルギーの割合

出所：連邦環境省の資料を基に筆者作成。<http://www.bmwi.de/BMWi/Redaktion/PDF/I/infografik-fortschrittsbericht-erneuerbare-energien,property=pdf,bereich=bmwi2012,sprache=de,rwb=true.pdf>（2015年12月20日閲覧）

これに対し，再生可能エネルギー法による固定価格買取制度は，一定の価格での買い取りが保証される。そのため，再生可能エネルギーによる発電によって得られる利益を長期的に予測することが容易になり，リスクの軽減が可能となった。そのため再生可能エネルギー事業への新規参入がより一段と促されることとなったのである。

この固定価格買取制度が導入されたことにより，電力会社のみならず，投資家や企業，自治体，それまで発電とは無縁であった農家や一般市民などさまざまな人々が再生可能エネルギーによる発電に参加することが可能になり，ドイツにおける再生可能エネルギーは飛躍的な成長を遂げた。現在，再生可能エネルギーへの投資の40％以上が一般市民であり，農家と合わせると半数以上になる（図17-2）。このような草の根からの広がりが，ドイツ全体の再生可能エネルギーの普及につながっている（図17-3）。

図17-2　所有者別の再生可能エネルギー発電割合

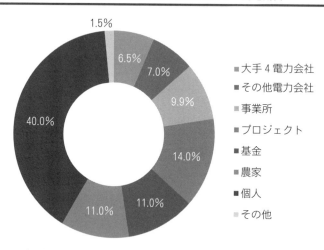

出所：AEE（再生可能エネルギーエージェント協会）の資料
　　　（AEE, 2014）を基に筆者作成。

4.2.3 新たな段階へ／FIT から FIP へ

再生可能エネルギー法は，2004 年，2009 年，2012 年そして 2014 年にも改正が行われ，その都度状況に合わせた細かな調整が行われてきた。固定価格買取制度（FIT）により自然エネルギーの電力シェアは大幅に拡大し，それに応じて買い取り価格も下げられてきた。2014 年の改正では，フィード・イン・プレミアム（FIP）と呼ばれる，直接販売による電力市場への参入を促す方向へと進んでいる。この FIP を段階的に実施し，2017 年までには入札制への全面的な移行をめざす。FIP でも一定の利益は期待できるが，FIT に比べると市場の変動リスクにもさらされる。しかし FIT は未熟な技術を支援し拡大させるのに適した方法であり，ドイツにおける再生可能エネルギーの拡大に十分な役割を果たしてきた。今後は，再生可能エネルギーの競争力を高めていくような仕組みへと切り替えられていく。

図 17-3 ドイツにおける再生可能エネルギーの成長

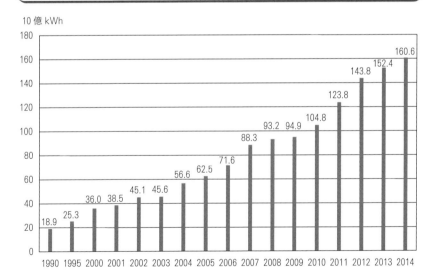

出所：連邦環境省の資料を基に筆者作成。<http://www.bmwi.de/DE/Themen/Energie/Erneuerbare-Energien/erneuerbare-energien-auf-einen-blick,did=645884.html>（2015 年 12 月 20 日閲覧）

このように，ドイツにおいて再生可能エネルギーが拡大した理由として，まず国が将来のエネルギー像をしっかりと描いたことが挙げられる。法律で原子力発電から撤退することを定め，国の方針として再生可能エネルギーに移行していくことを明確にした。そして，その目標達成のために政策や制度が整備されたことも再生可能エネルギーの拡大に大きく寄与した。FITが導入されたことにより，電力会社のみならず，投資家や企業，自治体，それまで発電とは無縁であった農家や一般市民などさまざまな人々が再生可能エネルギーによる発電へと進出していったのである。

4.3 再生可能エネルギー＝ビジネスチャンス

ドイツがエネルギーシフトにより再生可能エネルギーを中心としたエネルギー政策を進めていることは，すでに述べた通りである。これはもちろん，脱原子力，エネルギーの安全・安定供給，そして気候変動問題や持続可能な発展をめざすためのものである。

しかし，ドイツが国を挙げて再生可能エネルギーに力を入れているのは，このような環境・エネルギー政策の充実だけが理由ではなく，他にも重要な理由がある。

ドイツは，日本と同じく高度に発展した工業国である。世界トップの技術力を誇り，自動車・機械産業がドイツ経済を支えてきた。しかし現在，再生可能エネルギーをはじめとした環境技術分野が，今後のドイツの産業を支える柱として期待されている。

環境分野におけるビジネスは右肩上がりであり，雇用の伸びも順調である。2020年にはドイツの主要産業である自動車業界の売り上げを抜くと見込まれている（Roland Berger Strategy Consultants, 2014, pp. 32-33）。再生可能エネルギーエージェント協会の試算によれば，エネルギー分野だけに限っても，バイオマス発電にかかわる雇用は増え続け，2030年には石油や天然ガス等の従来のエネルギー源による発電の雇用数に並ぶと予想されている[18]。再生可能エネルギーによる雇用創出も順調であり（図17-4），このような労働市場への貢献も，世論が再生可能エネルギーを支持する一因となっている。「ドイツは

図17-4 ドイツの再生可能エネルギー分野における雇用の創出

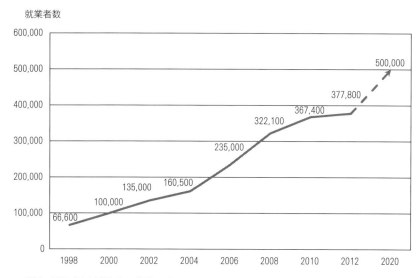

（注）2020年は見込みの数値である。
出所：AEEの資料を基に筆者作成。<http://www.unendlich-viel-energie.de/themen/erneuerbare-karriere/arbeitsmarkt/arbeitsmarkt2>（2015年12月20日閲覧）

環境意識が高い」といわれることが多いが，ドイツが環境分野に力を入れる理由は，環境への配慮だけではなく，「環境」をビジネスチャンスとして捉えていることにもあるといえる。

5．今後の展望

5.1　ドイツ　今後の課題

　ドイツは20年以上前から再生可能エネルギーの拡大をめざし，現在までは短期・中期的目標を着実に達成している。しかし今後もそれを維持し発展させ，2050年までに総電力消費量に占める再生可能エネルギー発電量の割合を80％にまで高めるという長期目標を達成するためには，いくつかの課題を克服して

いく必要がある。

　再生可能エネルギーの拡大に寄与してきた固定価格買取制度では，再生可能エネルギーによる電気を電力会社が買い取ることが義務付けられている。しかしそのコストは電気代に上乗せされるため，最終的には消費者が負担することとなる。それによりドイツでも電気代が上昇傾向にあるが，現在のところドイツでは再生可能エネルギーの拡大を国民は支持している（BMUB/UBA, 2015, p. 52）。しかしこのまま電気代が高騰を続けることがあれば，国民の世論に変化が生じることも予想される。そのため，前述のようにドイツでは固定価格買取制度から，再生可能エネルギーの競争力を高めるFIP制度へと移行を始めている。今後も再生可能エネルギーの普及速度に合わせて政策の見直しを行うことが必要である。

　再生可能エネルギーは自然からエネルギーを得るため，環境に負荷がかからない分，自然条件に発電量が左右されることが多い。電力使用量がピークに達する時間に発電のピークを合わせることは，自然エネルギーでは難しい。またドイツの場合，海に面していて風が安定的に吹く北部に風力発電が集中しているが，電力需要は産業が集中している南部や西部の方が高い。「発電」という点にのみ注目すれば，ドイツにおける再生可能エネルギーはかなりの電力生産が可能となっている。しかしその電力を安定的かつ効率的に供給するために，蓄電池の技術開発，送電線の整備，スマートグリッドの導入などを加速させることも不可欠である。

5.2　日本への展望

　日本やドイツのように，産業国でありながら資源が乏しい国にとっては，エネルギー政策は国の将来を考えるうえでも，非常に重要な課題である。ドイツは国がエネルギー政策の方向性と目標を明確に打ち出し，それを達成するために法律やシステムの整備を行ってきた。現在まではその成果が十分に表れているといえる。

　日本ではエネルギーを考えるとき，「脱原発」か「原発推進」か，という議論になることが多い。「脱原発」というのは，決してゴールではない。脱原発

を果たしたとしても，それに代わるエネルギー源がなければ，日本の経済や社会は成り立たない。それゆえ，原子力をはじめ，将来的にどのエネルギー源を使用していくかという方向性を今からきちんと定める必要があるだろう。ドイツのエネルギーシフトも30年近く前から始まり，今はまだ道半ばである。人口減少や技術開発などさまざまな視点から，将来の日本に適したエネルギー源を議論することが重要である。

【注】

1）資源エネルギー庁『エネルギー白書2015』，110頁。<http://www.enecho.meti.go.jp/about/whitepaper/2015pdf/>（2015年12月5日閲覧）
2）例えば風力エネルギーは，1970年代のオイルショック以前から，脱化石燃料の一手段と見られていた。風力技術開発に向けて，連邦科学研究省は1976年に大型風力装置を北ドイツに設置することを決定したが，装置の製造が大幅に遅れ83年にようやく完成した。しかし，実験は不成功に終わり88年に解体された。
3）1959年に制定されたドイツ原子力法の第1条は核技術の推進と安全性を同等としていたが，ヴュルガッセン判決ではこれを安全優先と解釈した。
4）2014年より連邦環境・自然保護・建築・原子炉安全省。
5）改正法では各原子炉の残余電力量（2000年1月1日からの発電量を，2,623テラワットに限る）を定めた。基本的には各原子炉は，残余電力量を発電し終わるまで稼働が可能である。しかし残余電力量をすべて発電しないで稼働を停止した原子炉がある場合，その残余電力量は，他の原子炉に譲渡することが認められていた。そのため，2002年の改正法では各原子炉の具体的な稼働停止時期が定められていなかった。
6）アンゲラ・メルケル（Angela Merkel），ドイツの政治家。ドイツ初の女性首相で，ドイツ再統一後初めての東ドイツ出身の首相。
7）SPDとCDUは本来そのイデオロギーの違いから，与党と野党に分かれて論争を戦わせるべき関係性である。原子力に関しても，SPDは脱原子力，CDUは原子力の維持というまったく異なる立場をとっていたため，この連立政権下では原子力政策に関しては正面から議論されることは少なかった。
8）2014年より再びCDUとSPDの大連立政権となる。
9）熊谷（2012），31頁。

10) ドイツのストレステストは，原子炉安全委員会が原子炉の耐久性に関して質問リストを作成し，電力会社に情報の提出を要請するというものである。調査には各州の原子炉規制当局や，原子炉の安全や放射線廃棄物の処理を担当する民間企業も加わった。日本でもストレステストが行われたが，ドイツでは電力会社から独立した委員会がストレステストを行ったのに対し，日本では電力会社が自らストレステストを行った。

11) 原子炉安全委員会の報告書。<http://www.rskonline.de/downloads/rsk_sn_sicherheitsueberpruefung_20110516_hp.pdf>（2015 年 12 月 20 日閲覧）

12) Energie はエネルギーを，Wende は変革を意味する。この Wende という言葉は，東西ドイツ再統一に向けた旧東ドイツの政治的方向転換を表現するときにも使われ，「大きな変革，方向転換」を意味する。

13) 連邦環境省。<http://www.bmub.bund.de/themen/klima-energie/klimaschutz/nationale-klimapolitik/>（2015 年 12 月 15 日閲覧）

14) 連立協定合意書，51 頁。<http://www.bundesregierung.de/Content/DE/_Anlagen/2013/2013-12-17-koalitionsvertrag.pdf;jsessionid=4A39591853947C56F00B37139711D761.s3t1?__blob=publicationFile&v=>（2015 年 12 月 10 日閲覧）

15) 「再生可能エネルギーを公共系統へ供給する法律」（Gesetz über die Einspeisung von Strom aus erneuerbaren Energien in das öffentliche Netz）。

16) Gesetz für den Ausbau erneuerbarer Energien : Erneuerbare-Energien-Gesetz 略して EEG と呼ばれることも多い。

17) http://www.bmwi.de/DE/Themen/Energie/Erneuerbare-Energien/erneuerbare-energien-auf-einen-blick.html（2015 年 12 月 20 日閲覧）

18) http://www.unendlich-viel-energie.de/mediathek/grafiken/beschaeftigte-in-den-bereichen-bioenergie-und-konventionelle-energiewirtschaft-in-deutschland（2015 年 12 月 10 日閲覧）

参考文献・関連資料

植月献二（2010）「EU における原子力の利用と安全性」『外国の立法 244』国立国会図書館 <http://www.ndl.go.jp/jp/data/publication/legis/pdf/024405.pdf>（2014 年 3 月 1 日閲覧）。

熊谷　徹（2012）『なぜメルケルは「転向」したのか──ドイツ原子力四〇年戦争の真実』日経 BP 社。

シュラーズ，M. A.（長尾伸一・長岡延孝監訳）（2007）『地球環境問題の比較政治学

――日本・ドイツ・アメリカ』岩波書店。

坪郷　實（2013）『脱原発とエネルギー政策の転換――ドイツの事例から』明石書店。

二宮書店編集部（2015）『データブック オブ・ザ・ワールド 2015――世界各国要覧と最新統計』二宮書店。

若尾祐司・本田　宏編（2012）『反核から脱原発へ――ドイツとヨーロッパ諸国の選択』昭和堂。

和田　武（2008）『飛躍するドイツの再生可能エネルギー――地球温暖化防止と持続可能社会構築を目指して』世界思想社。

AEE（Agentur für Erneuerbare Energien）(2014) "Großteil der Erneuerbaren Energien kommt aus Bürgerhand". *Renews Kompakt 2014. 01. 29.* <http://www.unendlich-viel-energie.de/media/file/284.AEE_RenewsKompakt_Buergerenergie.pdf>（2015 年 12 月 20 日閲覧）

Brunnengräber, A./Mez, L./Di Nucci, M. R./Schreurs, M. A.（2012）"Nukleare Entsorgung : Ein "wicked" und höchst konflikbehaftetes Gesellschaftsproblem". *Technikfolgenabschätzung-Theorie und Praxis* 21. Jg Heft 3 pp. 59-65.

Brunnengräber, A.（2013）"Die Anti-AKW-Bewegung im Wandel — Neue Herausforderung durch die Endlagersuche für hochradioaktive Abfälle". *Forschungsjournal Soziale Bewegung- PLUS* 3/2013 pp. 1-6.

Brunnengräber, A./Di Nucci, M. R.（Hrsg.）（2014）"Im Hürdenlauf zur Energiewende. Von Transformationen, Reformen und Innovationen".

Bundesministerium für Umwelt, Naturschutz, Bau und Reaktorsicherheit (BMUB)/Umweltbundesamt（UBA）(2015) "Umweltbewusstsein in Deutschland 2014". <https://www.umweltbundesamt.de/sites/default/files/medien/378/publikationen/umweltbewusstsein_in_deutschland.pdf>（2015 年 12 月 20 日閲覧）

Carlo C. Jaeger, Gustav Horn, Thomas Lux（2009）"Wege aus der Wachstumkrise". <http://www.bmub.bund.de/fileadmin/bmu-import/files/pdfs/allgemein/application/pdf/um_0946846_wachstumskrise_bf.pdf>（2015 年 12 月 20 日閲覧）

Mez, L.（2006）"Zur Endlagerfrage und der nicht stattfindenden sozialwissenschaftlichen Begleitforschung in Deutschland". In Hocke, P ; Grunwald, A.

Wohin mit dem radioaktiven Abfall? Perspektiven für eine sozialwissenschaftliche Endlagerforschung. pp. 39-54.

Mez, L.（2012）"Perspektiven der Atomkraft in Europa und global". In *Ende des Atomzeitalters? Von Fukushima in die Energiewende.* Bundeszentrale für politische Bildung 1247 pp. 51-66.

Roland Berger Strategy Consultants ; Büchele, R./Dr. Henzelmann, T./Panizza, P./Wiedemann, A.（2014）"GreenTech made in Germany 4.0 Umwelttechnologie-Atlas für Deutschland". <http://www.rolandberger.de/media/pdf/Roland_Berger_Greentech_Atlas_4_0_final_20141128.pdf>（2015年12月20日閲覧）

> 関連ホームページ

連邦環境省（BMUB）：http://www.bmub.bund.de/
連邦環境庁（UBA）：https://www.umweltbundesamt.de/
再生可能エネルギーエージェント協会（AEE）：http://www.unendlich-viel-energie.de/

索　引

A–Z

BEMS ……………………………122
CAFE 規制（Corporate Average Fuel Economy 規制）……………299
CEMS ……………………………122
CO_2 排出量規制値 ………………299
COP21 ……………………………292
CSR ………………………………316
─── 報告書 ……………………316
GATT ……………………………270
GRI（Global Reporting Initiative）ガイドライン ……………………318
HEMS ……………………………122
Home Energy Management System
　………………………………307
IPCC ………………………………89
ITCZ（熱帯収束帯）………………30
ITTO（国際熱帯木材機構）………40
PM 2.5 …………………………233
WTO ……………………………271
ZEV（Zero Emission Vehicle）規制
　………………………………299

ア

アクティブ方式 …………………112
アグロフォレストリー ……………35
足尾銅山 …………………………21
アニミズム ………………………36
アニュアルレポート ……………315
アマゾニア ………………………31
生きる力 …………………………132
イタイイタイ病 …………………21
1 次エネルギー …………………100
英国ナショナルトラスト …………189, 190, 197〜200
エクメーネ ………………………44
エコカー減税 ……………………296
エコテスト ………………………158
エコマーク ………………………153
エコラベル ………………………154
エコロジカル・フットプリント ………60, 256〜258
越境大気汚染 ……………………232
エネルギー効率 …………………59
エネルギーシフト Energiewende ……336
エネルギーの使用の合理化等に関する法律 ……………………………117
エネルギーミックス ……………304
欧州グリーン首都賞 ……………153
オゾン層 …………………………87
オゾンホール ……………………22, 25
オフサイト発電 …………………119
オーフス条約 ……………………224

オンサイト発電……………………119
温室効果ガス……………………292

カ

外部経済……………………………280
外部不経済 ………253, 268, 280, 294
学習指導要領………………………128
化石燃料……………………………40
家庭用蓄電池………………………305
金沢市伝統環境保存条例…………185
カリキュラム・マネジメント……138
環境アセスメント…………………225
環境会計……………………………314
環境教育………………………128, 151
　　　──指導資料………………132
環境クズネッツ仮説………………255
環境クズネッツ曲線…………255, 256
環境経済学 ………253, 254, 267, 268
環境建築……………………………111
環境首都……………………………152
　　　──コンテスト………………152
環境税 ………………263, 264, 266
環境責任……………………………245
環境に対する権利…………………218
環境配慮促進法……………………316
環境報告書…………………………316
環境保全型農業……………………171
環境モデル都市……………………122
環境容量 …………253, 254, 257, 264
企業の社会的責任…………………316
気候変動に関する政府間パネル（IPCC）
　　　………………24, 89, 105, 235

気候変動枠組条約……………237, 260
キハダマグロ事件…………………270
木は法廷に立てるか………………215
休閑 ………………………………35
急速充電器…………………………297
供給曲線……………………………274
京都議定書 ………108, 238, 260〜263, 292
京都メカニズム……………………108
倉敷市伝統美観保存条例…………184
クロス・カリキュラム……………138
グローバリゼーション……………166
限界消費便益………………………272
限界生産費用………………………274
原子力発電……………………303, 331
原子炉安全委員会…………………335
減農薬・減化学肥料栽培…………177
公害対策基本法……………………82
航空防除……………………………174
後継者不足…………………………173
耕作放棄……………………………171
更新性………………………………40
航続距離……………………………297
公聴手続……………………………227
国際公共財…………………………258
国際単位系…………………………99
国立教育政策研究所………………131
国立公園法…………………………84
固定価格買取制度（FIT）…267, 304, 338
古都保存法…………………………184

サ

再生可能エネルギー……………302, 329

───法	338
再生資源利用促進法	83
砂漠化	33
産業革命	50
酸性雨	87
直播栽培	167
市場の失敗	280
次世代自動車	294
持続可能	40
持続可能性	216
───報告書	316
持続可能な開発のための教育（ESD）	130
私的生活を尊重する権利	223
シビックトラスト	186〜188, 190, 199
社会的ジレンマ	260
社会的費用（供給）曲線	281
社会的余剰	276
習得・活用・探求	137
自由貿易均衡	279
重要伝統的建造物群保存制度	201
重要伝統的建造物群保存地区	201, 202, 204〜206
需要曲線	273
純一次生産力	45
消費者余剰	272
情報アクセス権	225
人権のグリーニング化	221
人口集中地区	66
人口転換モデル	54
人口爆発	43, 65
森林文化	36
水素社会	309
水素ステーション	311
水素・燃料電池戦略ロードマップ	311
ストックホルム宣言原則21	247
スマートグリッド	302
スマートコミュニティ	307
スマートシティ	122
スマートハウス	302
スマートメーター	306
生産者余剰	274
生物多様性条約	28
生物多様性の減少	22, 27
政府余剰	277
生命に対する権利	226
赤色土壌	32
石炭火力発電	303
ゼロエネルギービル（ZEB）	114
先住民	35
総合的な学習時間	139
疎生林（オープンフォレスト）	32

タ

第三のエコカー	301
太陽光発電	119, 304
太陽定数	104
脱原発	336
地域環境問題	107
チェルノブイリ原発事故	91, 331
地球温暖化	40, 291
───係数	105
───対策の推進に関する法律	104
地球環境問題	33, 98, 107

地球サミット（国連環境開発会議）
　　　　　‥‥‥‥‥‥‥‥‥‥‥40, 88
地球資源の有限性‥‥‥‥‥‥‥‥217
中央教育審議会‥‥‥‥‥‥‥‥‥131
地力‥‥‥‥‥‥‥‥‥‥‥‥‥‥39
沈黙の春‥‥‥‥‥‥‥‥‥‥‥‥21
テサロニキ宣言‥‥‥‥‥‥‥‥‥130
手続的権利‥‥‥‥‥‥‥‥‥‥‥223
デマンド・レスポンス‥‥‥‥‥‥306
電気自動車‥‥‥‥‥‥‥‥‥‥‥294
伝統，対流，放射（輻射）‥‥‥‥110
電力供給法‥‥‥‥‥‥‥‥‥‥‥337
東京大都市圏‥‥‥‥‥‥‥‥‥‥69
統合報告書‥‥‥‥‥‥‥‥‥‥‥316
トキ（学名：Nipponia nippon）‥‥‥169
　　───の野生復帰事業‥‥‥‥‥170
特別栽培‥‥‥‥‥‥‥‥‥‥‥‥176
都市‥‥‥‥‥‥‥‥‥‥‥‥‥‥67
　　───化‥‥‥‥‥‥‥‥‥‥‥‥67
　　───人口率‥‥‥‥‥‥‥‥‥‥65
　　───の温暖化‥‥‥‥‥‥‥‥‥65
　　───の低炭素化の促進に関する
　　法律‥‥‥‥‥‥‥‥‥‥‥‥122
土壌劣化‥‥‥‥‥‥‥‥‥‥‥‥57
特許公開‥‥‥‥‥‥‥‥‥‥‥‥312
トビリシ宣言‥‥‥‥‥‥‥‥‥‥128
トヨタ環境チャレンジ2050‥‥‥‥302
トリプルボトムライン
　　（Triple Bottom Line）‥‥‥‥321
トレイル溶鉱所事件‥‥‥‥‥‥‥232

ナ

内部化‥‥‥‥‥‥‥‥‥‥‥‥‥281
ナショナルトラスト法‥‥‥‥‥‥191
ナホトカ号重油流出事件‥‥‥‥‥242
南極環境保護議定書‥‥‥‥‥‥‥244
新潟水俣病‥‥‥‥‥‥‥‥‥‥‥21
2次エネルギー‥‥‥‥‥‥‥‥‥100
日本ナショナルトラスト‥‥‥‥‥197
　　───協会‥‥‥‥‥‥‥‥‥‥200
熱環境‥‥‥‥‥‥‥‥‥‥‥‥‥74
熱帯雨林‥‥‥‥‥‥‥‥‥‥‥‥30
熱帯季節林‥‥‥‥‥‥‥‥‥‥‥32
熱帯硬材‥‥‥‥‥‥‥‥‥‥‥‥38
熱帯夜‥‥‥‥‥‥‥‥‥‥‥‥‥74
熱帯林‥‥‥‥‥‥‥‥‥‥‥‥‥30
　　───行動計画（TFAP）‥‥‥‥40
熱中症‥‥‥‥‥‥‥‥‥‥‥‥‥75
ネプチューン計画‥‥‥‥‥‥194, 200
燃費規制‥‥‥‥‥‥‥‥‥‥‥‥294
燃料電池車‥‥‥‥‥‥‥‥‥‥‥294
農業革命‥‥‥‥‥‥‥‥‥‥‥‥48
農業従事者の高齢化‥‥‥‥‥‥‥173
農業生産系‥‥‥‥‥‥‥‥‥‥‥48

ハ

バイオエネルギー‥‥‥‥‥‥‥‥57
排出権取引‥‥‥‥‥‥‥261, 263〜266
パッシブ方式‥‥‥‥‥‥‥‥‥‥112
パリ協定‥‥‥‥‥‥‥‥239, 263, 292
ハンガーマップ‥‥‥‥‥‥‥‥‥53
反原発‥‥‥‥‥‥‥‥‥‥‥‥‥331

ビオトープ …………………………171
ビオマーク …………………………156
ピグー税 ……………………………283
非財務情報 …………………………315
非財務報告書 ………………………321
非伝統的焼畑耕作 ……………………39
ヒートアイランド ……………………73
フィード・イン・プレミアム（FIP）
　……………………………………341
福島第一原発 ………………………334
　──── 事故 ………………………91
不耕起栽培 …………………………177
普通充電器 …………………………297
プランテーション ……………………34
フリーライダー ……………………258
ブルーエンジェル …………………154
フロン …………………………………26
分散型発電システム ………………119
閉鎖経済均衡 ………………………278
ベオグラード憲章 …………………128
貿易利益 ……………………………279
ポリ塩化ビフェニール（PCB）………86

マ

マイクログリッド …………………119
真夏日 …………………………………74
マルサス ………………………………49

マングローブ林 ………………………32
密生林（クローズドフォレスト）………31
緑の革命 ………………………………51
水俣病 …………………………………21
　──── 被害者救済法 ………………82
無過失責任 …………………………241
猛暑日 …………………………………74
モータリゼーション ………………166
森の幼稚園 …………………………144
モントリオール議定書 ………………26

ヤ

焼畑耕作 ………………………………34
油濁賠償責任レジーム ……………241
予防原則（予防的アプローチ）…223, 236

ラ

ライフサイクル・アセスメント ………311
ラテライト ……………………………33
ラトソル ………………………………32
リオ宣言 ……………………………224
リスク ………………………………225
領域使用の管理責任 ………………233
倫理委員会 …………………………335
歴史まちづくり法 …………………205, 206
レスポンシブル・ケア報告書 ……317
ローマ・クラブ ………………………52

《著者紹介》（執筆順）

浜本　光紹（はまもと・みつつぐ）担当：序章，第13章
　獨協大学経済学部国際環境経済学科教授・環境共生研究所所長

中村　健治（なかむら・けんじ）担当：第1章
　獨協大学経済学部国際環境経済学科教授

犬井　正（いぬい・ただし）担当：第2章
　獨協大学学長・獨協大学経済学部国際環境経済学科教授

秋本　弘章（あきもと・ひろあき）担当：第3章
　獨協大学経済学部経営学科教授

山添　謙（やまぞえ・ゆずる）担当：第4章
　日本大学危機管理学部准教授

桑山　朗人（くわやま・あきと）担当：第5章
　朝日新聞東京本社編成局長補佐

木村　博則（きむら・ひろのり）担当：第6章
　株式会社石本建築事務所環境統合技術室長

安井　一郎（やすい・いちろう）担当：第7章
　獨協大学国際教養学部言語文化学科教授

岡村　りら（おかむら・りら）担当：第8章，第17章
　獨協大学外国語学部ドイツ語学科専任講師

大竹　伸郎（おおたけ・のぶお）担当：第9章
　獨協大学経済学部国際環境経済学科特任助手

米山　淳一（よねやま・じゅんいち）担当：第10章
　地域遺産プロデューサー・公益社団法人横浜歴史資産調査会常務理事／
　元財団法人日本ナショナルトラスト事務局長

大藤　紀子（おおふじ・のりこ）担当：第11章
　獨協大学法学部国際関係法学科教授

一之瀬高博（いちのせ・たかひろ）担当：第12章
　獨協大学法学部国際関係法学科教授

米山　昌幸（よねやま・まさゆき）担当：第14章
　獨協大学経済学部国際環境経済学科教授

黒川　文子（くろかわ・ふみこ）担当：第15章
　獨協大学経済学部経営学科教授

大坪　史治（おおつぼ・ふみはる）担当：第16章
　獨協大学経済学部経営学科専任講師

《監修者紹介》

浜本光紹（はまもと・みつつぐ）

1969 年　東京都生まれ。
1993 年　京都大学経済学部卒業。
1998 年　京都大学大学院経済学研究科博士後期課程修了，京都大学博士（経済学）。
同　年　地球環境戦略研究機関研究員。
1999 年　獨協大学経済学部専任講師。
2003 年　獨協大学経済学部助教授（2007 年に職位名称が准教授に変更）。
2010 年　獨協大学経済学部教授。
2013 年　獨協大学環境共生研究所所長（兼任），現在に至る。
専　攻　環境経済学。

主な著作

『排出権取引制度の政治経済学』有斐閣，2008 年。
『排出量取引と省エネルギーの経済分析――日本企業と家計の現状』（共著）日本評論社，2012 年。
『環境経済学入門講義』創成社，2014 年。
『温暖化対策の新しい排出削減メカニズム――二国間クレジット制度を中心とした経済分析と展望』（共著）日本評論社，2015 年。

（検印省略）

2016 年 9 月 20 日　初版発行　　　　　　　　　　　略称－環境学

環境学への誘い

監修者	浜 本 光 紹
編　者	獨協大学環境共生研究所

発 行 所	埼玉県草加市 学園町 1-1	**獨協大学環境共生研究所**
	電　話　048（946）2862　　Ｆ Ａ Ｘ　048（946）2862 http://www.dokkyo.ac.jp/kankyoken	
販　　売	東京都文京区 春日 2-13-1	**株式会社　創 成 社**
	電　話　03（3868）3867　　Ｆ Ａ Ｘ　03（5802）6802 出版部　03（3868）3857　　Ｆ Ａ Ｘ　03（5802）6801 http://www.books-sosei.com　振　替　00150-9-191261	

定価はカバーに表示してあります。

©2016 Mitsutsugu Hamamoto　　組版：緑　舎　　印刷：エーヴィスシステムズ
ISBN978-4-7944-3174-5 C3033　製本：宮製本所
Printed in Japan　　　　　　　　落丁・乱丁本はお取り替えいたします。